高等职业教育电子与信息大类"十四五"系列教材

物联网
与嵌入式技术应用开发

主　编　浦灵敏　宋林桂

副主编　胡宏梅　仲小英　姜子祥

U0172518

华中科技大学出版社
http://www.hustp.com
中国·武汉

图书在版编目(CIP)数据

物联网与嵌入式技术应用开发/浦灵敏,宋林桂主编. —武汉:华中科技大学出版社,2022.1
ISBN 978-7-5680-7787-3

Ⅰ.①物… Ⅱ.①浦… ②宋… Ⅲ.①物联网-高等学校-教材 ②微处理器-系统设计-高等学校-教材 Ⅳ.①TP393.4 ②TP18 ③TP332

中国版本图书馆 CIP 数据核字(2022)第 028080 号

物联网与嵌入式技术应用开发
Wulianwang yu Qianrushi Jishu Yingyong Kaifa

浦灵敏　宋林桂　主编

策划编辑:康　序
责任编辑:郭星星
封面设计:孢　子
责任监印:朱　玢

出版发行:华中科技大学出版社(中国·武汉)　　　电话:(027)81321913
　　　　　武汉市东湖新技术开发区华工科技园　　　邮编:430223
录　　排:武汉蓝色匠心图文设计有限公司
印　　刷:武汉开心印印刷有限公司
开　　本:787mm×1092mm　1/16
印　　张:19.75
字　　数:504 千字
版　　次:2022 年 1 月第 1 版第 1 次印刷
定　　价:55.00 元

PREFACE

    物联网中的"物"是指智能终端设备,智能终端设备的核心则是基于嵌入式技术的各类微控制器,微控制器通过对数据和信息的分析处理,实现智能化控制。在全球微控制器领域中,意法半导体(STMicroelectronics,ST)公司推出的基于 ARM Cortex-M 内核 STM32 系列微控制器由于高性能和高性价比而占据了物联网智能产品控制领域的重要地位。此外,ARM 公司利用其架构以及软件生态上的优势,与合作伙伴一起制定了统一的开发标准,并打造了通用软件解决方案,实现了从移动互联网向物联网的延伸,为物联网与嵌入式开发人员提供了全面、高效和易用的开发工具和配套资源包。

    本书采用的是意法半导体公司最新的开发工具 STM32CubeMX,它是一个综合性的嵌入式软件平台,其内部集成了 HAL 库(硬件抽象层,hardware abstraction layer),提供了规范化的函数和宏指令,允许用户使用图形化界面直观地对目标微控制器的引脚、时钟等进行初始化配置,快速生成基于 HAL 库的工程项目,允许用户在 MDK-ARM 等集成开发环境上进行程序二次开发,实现了对 STM32 系列微控制器的全面支持并增加了代码的可移植性,也大大降低了使用门槛。目前,基于 HAL 库的开发方式已经成为物联网与嵌入式技术开发的主流模式。

    本书依照高职物联网专业领域教育特点和嵌入式课程培养目标要求,本着"项目引领、任务驱动、产教融合"的工作手册式教材编写指导思想展开技能实践,具有如下特色和价值。

    (1)采用工作手册项目化的编写模式来组织教学内容,将学生需掌握的知识和技能以工作任务的形式呈现出来,从而完成整个项目的实施、评价,实现了"知行合一、以用促学"的目的。

    (2)本书以校企合作模式实施开发,结合了行业新技术和新规范,所有项目载体、素材均选自合作企业的实战培训内容,将企业资源引进课堂。同时,本书使用了最新的嵌入式STM32CubeMX 开发软件、HAL 库和主流物联网云端应用开发平台,紧跟嵌入式技术应用开发的潮流。

    (3)本书内容涵盖了 1+X 传感网应用开发职业技能考试中关于 STM32 微控制器基础应用开发、传感器数据采集、蓝牙数据通信、Wi-Fi 数据通信、NB-IoT 通信、LoRa 通信应用开发等相应国家职业技能标准所需的技能要求,可作为传感网应用开发(中级)职业技能的培训认证配套用书。

    (4)打破传统教材的学科体系,突出内容的实用性,将知识、技术和方法融合到项目中,由浅入深,层层递进,以实际工作任务为载体,贯穿训练所学知识和技能,将内容和学生未来的工作实践结合起来,培养岗位群所需的职业能力。

    本书结合编者多年从事物联网与嵌入式技术开发、教学和技能大赛指导等方面的经验,从物联网与嵌入式开发岗位的典型工作任务出发,构建了 10 个代表性的嵌入式应用案例,涉及软硬件开发环境的搭建、中断与按键控制、定时器与 LED 应用开发、串口驱动开发、数据采集与 LCD 显示、传感器驱动开发、无线通信控制、云端项目的建立和配置等典型工作技能。本书参考学时为 70 学时，建议采用理实一体化方式开展教学。各项目工作任务的建议学时如下。

项目名称	工作任务名称	建议学时
项目 1　走进物联网与嵌入式技术的世界	工作任务 1　认识 STM32 嵌入式微控制器	2
	工作任务 2　软硬件开发环境的搭建	2
	工作任务 3　项目工程的建立和使用	2
项目 2　按键点灯的设计与实现	工作任务 1　点亮一盏灯	2
	工作任务 2　LED 交替闪烁控制	2
	工作任务 3　按键控制 LED	2
项目 3　LED 调光灯的设计与实现	工作任务 1　LED 闪闪灯	2
	工作任务 2　LED 自动调光呼吸灯	2
	工作任务 3　LED 手动调光控制的设计与实现	2
项目 4　串口通信控制 LED 灯的设计与实现	工作任务 1　串口数据打印	2
	工作任务 2　串口数据接收及回显	2
	工作任务 3　串口点灯控制	2
项目 5　频率转换器的设计与实现	工作任务 1　双路电压监测应用开发	2
	工作任务 2　单通道数据转换的实现	2
	工作任务 3　多通道频率转换的实现	2
项目 6　数据采集及存储的设计与实现	工作任务 1　LCD 显示	2
	工作任务 2　双路温度数据的采集及显示	2
	工作任务 3　系统开关机次数的检测	2
项目 7　智能家居门禁系统的设计与实现	工作任务 1　IC 卡号和数据的读写	2
	工作任务 2　RFID 门禁系统的设计	2
	工作任务 3　手机蓝牙无线门禁系统的设计与实现	2
项目 8　智慧农业大棚温湿度采集及灯光风扇控制系统的设计与实现	工作任务 1　Wi-Fi 模块的配置及网络调试	2
	工作任务 2　基于 Wi-Fi 的局域网数据通信	2
	工作任务 3　基于新大陆云的大棚温湿度采集和灯光风扇控制系统	4
项目 9　智慧城市社区水质监测系统的设计与实现	工作任务 1　NB-IoT 模块的配置及网络调试	2
	工作任务 2　基于 NB-IoT 技术的远程数据通信	4
	工作任务 3　基于阿里云物联网平台的社区水质监测系统	4
项目 10　智慧教室无线灯光控制及环境监测系统的设计与实现	工作任务 1　LoRa 通信的建立	2
	工作任务 2　智慧教室灯光控制系统设计	4
	工作任务 3　智慧教室环境监测系统设计	4

　　本书由苏州健雄职业技术学院浦灵敏、宋林桂任主编,由苏州健雄职业技术学院胡宏梅、仲小英,上海企诺电子科技有限公司姜子祥任副主编。编写团队前期邀请了苏州快诺优物联网技术有限公司、苏州创泰电子有限公司等企业专家就课程项目进行了研讨,解剖并挖掘了适合高职学生教学的企业案例,后期相关的编写工作得到了苏州健雄职业技术学院人工智能学院领导的大力支持,许多同仁对此书提出了宝贵的意见和建议,在此一并表示感谢。

　　由于编者水平有限,书中难免存在一些疏漏和不足之处,敬请广大读者批评指正。

编者

教学资源二维码清单

名称	微课教学资源
项目 1　工作任务 3　项目工程的建立和使用(STM32CubeMX 基础配置)	
项目 2　工作任务 3　按键控制 LED(代码解析)	
项目 3　工作任务 2　LED 自动调光呼吸灯(工程配置讲解)	
项目 4　工作任务 3　串口点灯控制(工程配置及代码解析)	
项目 5　工作任务 1　双路电压监测应用开发(工程配置及代码解析)	
项目 6　工作任务 2　双路温度数据的采集及显示(工程配置及代码解析)	
项目 7　工作任务 3　手机蓝牙无线门禁系统的设计与实现(蓝牙通信调试)	
项目 8　工作任务 3　基于新大陆云的大棚温湿度采集和灯光风扇控制系统(云端项目的建立和配置)	
项目 9　工作任务 2　基于 NB-IoT 技术的远程数据通信(云端项目的建立及通信测试)	
项目 10　工作任务 2　智慧教室灯光控制系统设计(组网通信原理及代码解析)	

目录

CONTENTS

项目 1　走进物联网与嵌入式技术的世界

工作任务 1　认识 STM32 嵌入式微控制器/002

工作任务 2　软硬件开发环境的搭建/011

工作任务 3　项目工程的建立和使用/021

项目 2　按键点灯的设计与实现

工作任务 1　点亮一盏灯/032

工作任务 2　LED 交替闪烁控制/041

工作任务 3　按键控制 LED/046

项目 3　LED 调光灯的设计与实现

工作任务 1　LED 闪闪灯/053

工作任务 2　LED 自动调光呼吸灯/062

工作任务 3　LED 手动调光控制的设计与实现/069

项目 4　串口通信控制 LED 灯的设计与实现

工作任务 1　串口数据打印/079

工作任务 2　串口数据接收及回显/086

工作任务 3　串口点灯控制/095

项目 5　频率转换器的设计与实现

工作任务 1　双路电压监测应用开发/104

工作任务 2　单通道数据转换的实现/113

工作任务 3　多通道频率转换的实现/121

项目 6　数据采集及存储的设计与实现

工作任务 1　LCD 显示/130

工作任务 2　双路温度数据的采集及显示/141

工作任务 3　系统开关机次数的检测/153

项目 7　智能家居门禁系统的设计与实现

工作任务 1　IC 卡号和数据的读写/163

工作任务 2　RFID 门禁系统的设计/176

工作任务 3　手机蓝牙无线门禁系统的设计与实现/187

项目 8　智慧农业大棚温湿度采集及灯光风扇控制系统的设计与实现

工作任务 1　Wi-Fi 模块的配置及网络调试/200

工作任务 2　基于 Wi-Fi 的局域网数据通信/208

工作任务 3　基于新大陆云的大棚温湿度
　　　　　　采集和灯光风扇控制系统/221

| 项目 9 | 智慧城市社区水质监测系统的设计与实现 |

工作任务 1　NB-IoT 模块的配置及网络
　　　　　　调试/238

工作任务 2　基于 NB-IoT 技术的远程数据
　　　　　　通信/247

工作任务 3　基于阿里云物联网平台的社区
　　　　　　水质监测系统/260

| 项目 10 | 智慧教室无线灯光控制及环境监测系统的设计与实现 |

工作任务 1　LoRa 通信的建立/272

工作任务 2　智慧教室灯光控制系统设计/290

工作任务 3　智慧教室环境监测系统设计/299

参考文献

项目 1 走进物联网与嵌入式技术的世界

 项目导入

　　物联网是新一代信息技术的重要组成部分,是一种实现万物互联的网络,而物体能够被感知,其核心就是嵌入式微控制器,通过它对传感器等数据和信息的分析处理,实现对物体的智能化控制。可见,物联网是互联网与嵌入式系统发展到高级阶段的融合产物。本项目将通过嵌入式微控制器的介绍、软硬件开发环境的搭建和项目工程的建立,带领读者走进物联网与嵌入式技术的世界。

素养目标

　　(1)能按5S规范完成项目工作任务;

　　(2)能参与小组讨论,注重团队协作;

　　(3)能养成探索新技术、了解科技前沿的习惯;

　　(4)能严格按照软硬件安装和调试流程进行操作,具有较强的标准意识。

知识、技能目标

　　(1)了解物联网与嵌入式技术的概念和关系;

　　(2)掌握 STM32 嵌入式微控制器的主要特点、内部结构和系统组成;

　　(3)会按要求进行网络信息检索;

　　(4)会搭建 STM32 嵌入式微控制器软硬件开发环境;

　　(5)能使用软硬件工具新建项目工程。

项目内容

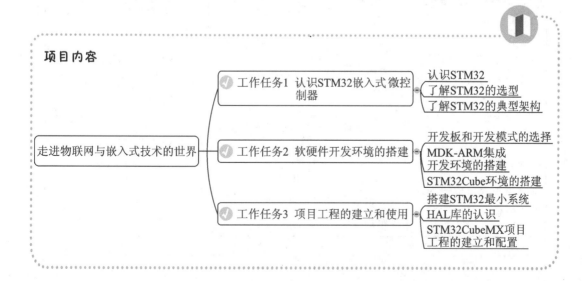

项目实施

工作任务 1　认识 STM32 嵌入式微控制器

任务描述

　　本任务要求学员利用互联网搜索查询 STM32 嵌入式微控制器的设计制造企业、产品介绍、分类方法和选型方法，总结归纳其在物联网领域的应用。

学习目标

　　(1)了解 STM32 嵌入式微控制器的特点；

　　(2)了解 STM32 嵌入式微控制器的命名规则；

　　(3)了解 STM32 嵌入式微控制器的典型应用；

　　(4)会 STM32 嵌入式微控制器选型。

任务导学

任务工作页及过程记录表

任务	认识 STM32 嵌入式微控制器		工作课时	2 课时
课前准备：预备知识掌握情况诊断表				
问题		回答/预习转向		
问题 1：物联网应用中常见的嵌入式微控制器有哪些？	会→问题 2； 回答：＿＿＿＿＿＿		不会→查阅资料，理解并记录常用嵌入式微控制器的应用	
问题 2：微控制器是如何命名的？是如何选型的？	会→问题 3； 回答：＿＿＿＿＿＿		不会→查阅资料，理解并记录 STM32 微控制器的产品线及芯片外设资源	
问题 3：STM32F103ZE 微控制器的典型架构是怎么样的？	会→课前预习； 回答：＿＿＿＿＿＿		不会→查阅 ST 公司官方网站的微控制器产品介绍文档，了解芯片内部的构成	
课前预习：预习情况考查表				
预习任务	任务结果		学习资源	学习记录
查看各种类型的嵌入式微控制器	结合具体物联网应用，观察和记录各自的特点并选型		(1)各芯片用户手册； (2)网络查阅	

续表

预习任务	任务结果	学习资源	学习记录
研究 STM32 系列微控制器在物联网中的典型应用	分领域进行归纳总结	(1)教材； (2)网上查询 STM32 微控制器的典型物联网应用	
研究 STM32F103ZET6 微控制器内部资源和主要特性	结合该微控制器的典型架构,对内部资源特别是外设种类和数量进行整理归纳	(1)教材； (2)STM32F103ZET6 数据手册	

课上：学习情况评价表

序号	评价项目	自我评价	互相评价	教师评价	综合评价
1	学习准备				
2	引导问题填写				
3	规范操作				
4	完成质量				
5	关键技能要领掌握				
6	完成速度				
7	5S 管理、环保节能				
8	参与讨论主动性				
9	沟通协作能力				
10	展示效果				

课后：拓展实施情况表

拓展任务	完成要求
全面比较 8051 单片机和 STM32 微控制器的特性	从速度、存储器容量、功能特性和产品应用等方面进行分析总结

 新知预备

1. 认识 STM32

随着物联网技术的飞速发展,人们对感知节点、网关和主控制系统的智能化提出了更高的要求,传统 51 单片机的性能及其编程方法已不能满足物联网系统开发的需求。STM32 微处理器是意法半导体(STMicroelectronics)公司推出的一系列微处理器(micro controller unit,MCU)的统称,如图 1-1-1 所示。STM32 中 32 是指数据总线的位数,表示一次性可以传输 32 位数据,它具有设计灵活、配置丰富、成本低廉、适用性强、性价比高等特点,广泛应用于智慧城市、智慧农业、智能家居和智慧交通等物联网领域。

图 1-1-1　STM32 微处理器

STM32 微控制器基于 ARM Cortex-M0、M1、M3、M4 和 M7 内核,这些内核由 ARM 公司设计,专门应用于高性能、低成本和低功耗的嵌入式产品中,而 Cortex 是 ARM 公司一个微处理器系列的统称,包括 Cortex-A、Cortex-R 和 Cortex-M 三类,如图 1-1-2 所示,其中 Cortex-A 系列主要用于高性能(advance)场合,如运行 Linux、Windows CE、Android 等操作系统的消费娱乐和无线产品;Cortex-R 系列主要面向对实时性(real time)要求高的场合,针对需要运行实时操作系统的控制系统;而 Cortex-M 系列主要用于微控制器(MCU)领域。本教材中讲解的 STM32 微控制器属于 Cortex-M 系列,该系列微处理器对功耗、成本、性能做了最大的平衡和优化。三个系列微处理器的定位和主要应用领域如表 1-1-1 所示。

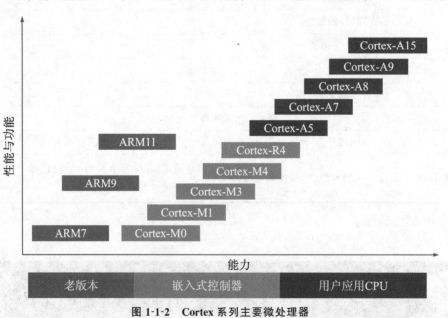

图 1-1-2　Cortex 系列主要微处理器

表 1-1-1　Cortex 系列微处理器的定位及主要应用领域

序号	微处理器系列	定位	主要应用领域
1	Cortex-A	面向开放式操作系统的高性能处理器	智能手机、数字电视、电子书阅读器、家用网关等

续表

序号	微处理器系列	定位	主要应用领域
2	Cortex-R	针对实时应用的卓越性能处理	汽车电子、网络、大容量存储控制器等
3	Cortex-M	用于具有确定性的微控制器应用的成本敏感型解决方案	微控制器系统,包括物联网智能传感器、医疗器械、家电、无线网络控制等

2. STM32 的选型

在所有项目的最初阶段,首先需要解决的问题是选择适合工程需要的微控制器,各个型号的 STM32 微控制器在主频(核心频率)大小、闪存(Flash)和静态随机存储器(SRAM)容量、封装形式、引脚数量、功耗、硬件接口等方面都有所不同,开发人员可以根据应用需求选择合适的 STM32 微控制器来完成项目设计。STM32 微控制器型号的各部分含义如图 1-1-3 所示。

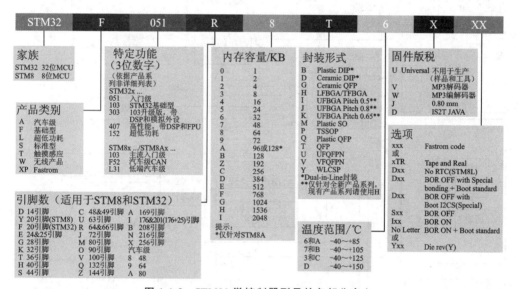

图 1-1-3　STM32 微控制器型号的各部分含义

在众多的 STM32 微控制器中,STM32F103 系列是目前最常使用也是最热门的微控制器型号。STM32F103 属于 ARM32 位 Cortex-M3 处理器,其最高主频可达 72 MHz,具备单周期乘法和硬件除法。芯片内部集成 32～512 KB Flash(相当于电脑硬盘)和 6～64 KB SRAM(相当于电脑内存)。下面以本教材中介绍的 STM32F103ZET6 微控制器型号为例介绍各部分的含义,如表 1-1-2 所示。

表 1-1-2　STM32F103ZET6 微控制器型号各部分含义

序号	型号组成部分	具体含义
1	STM32	代表 ST 集团研制的基于 Cortex-M 内核的 32 位微控制器
2	F	代表"基础型"产品类别
3	103	代表"基础型"产品系列

续表

序号	型号组成部分	具体含义
4	Z	代表微控制器引脚数,其中 T 代表 36 引脚,C 代表 48 引脚,R 代表 64 引脚,V 代表 100 引脚,Z 代表 144 引脚,I 代表 176 引脚
5	E	代表内嵌 Flash 容量,其中 6 代表 32 KB,8 代表 64 KB,B 代表 128 KB,C 代表 256 KB,D 代表 384 KB,E 代表 512 KB,G 代表 1 MB
6	T	代表微控制器封装形式,其中 H 代表 LFBGA 或 TFBGA 封装,T 代表 QFP 封装,U 代表 UFQFPN 封装等
7	6	代表工作温度范围,其中 6 代表 $-40 \sim +85$ ℃,7 代表 $-40 \sim +105$ ℃

3. STM32 系统架构

STM32F103 系列微控制器的典型系统架构如图 1-1-4 所示,STM32 主系统主要由 4 个驱动单元和 4 个被动单元构成。

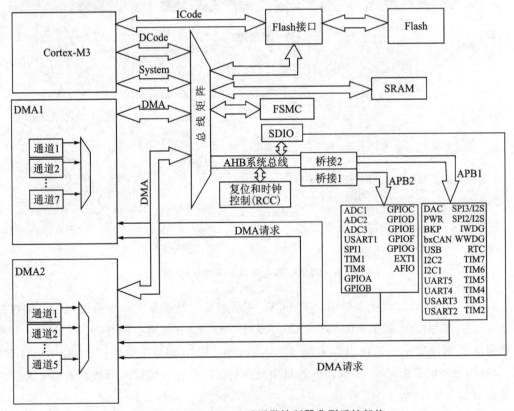

图 1-1-4　STM32F103 系列微控制器典型系统架构

4 个驱动单元指内核 DCode 总线、System 总线、通用 DMA1 和通用 DMA2。

4 个被动单元指 AHB 到 APB 的桥(连接所有的 APB 设备)、内部 Flash、内部 SRAM 和内部 FSMC。

其中,DCode 总线将 Cortex-M3 内核的数据总线与 Flash 的数据接口连接,用于常量加载和调试访问,而 ICode 总线将 Cortex-M3 内核的指令总线与 Flash 的指令接口连接,完成指令的预取。System 系统总线用于连接 Cortex-M3 内核的外部设备总线和总线矩阵,

DMA 总线用于连接 DMA 的 AHB 主控接口与总线矩阵,总线矩阵主要用于协调 M3 内核系统总线和 DMA 主控总线之间的访问仲裁,仲裁利用轮换算法。

AHB/APB 桥实现在 AHB、APB1 和 APB2 总线间同步连接,APB1 操作速度限于 36 MHz,APB2 操作速度可以达到全速 72 MHz。此外,STM32 的大多数外设,特别是 APB1 和 APB2 连接的外部设备,在使用前都要设置 RCC 寄存器来开启该外设的时钟。

可见,STM32 由 ICode 总线、DCode 总线、System 总线和 DMA 总线来驱动内部 SRAM、Flash、FSMC、AHB 系统总线,可以理解为 Cortex-M3 是中央大脑,通过 ICode、DCode、System 和 DMA 四路神经控制着 SRAM、Flash、FSMC、AHB 工作,SRAM、Flash 类似于人的记忆功能,而 FSMC、AHB 类似于人的眼耳口鼻手。

 任务实施

根据工作任务 1 的学习目标和相关预备知识,进行网络检索,获取任务要求的相关信息。

步骤 1: 以"ARM 嵌入式"等为关键词在百度中进行信息检索

从相关检索页面(见图 1-1-5)中,可以了解到 ARM 公司于 1991 年在英国成立,是全球领先的半导体知识产权提供商,它不制造芯片,不向终端用户出售芯片,而仅转让设计方案,由合作伙伴生产出各具特色的芯片,即包括意法半导体公司在内的世界各大半导体生产商都从 ARM 公司购买其设计的 ARM 微处理器内核。各大公司根据各自不同的应用领域,加入适当的外围电路,从而形成自己的 ARM 微处理器芯片投入市场,两者的关系如图 1-1-6 所示。

图 1-1-5 "ARM 嵌入式"检索页面

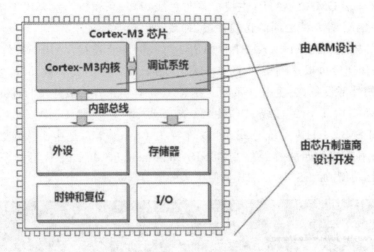

图 1-1-6　ARM 公司与芯片制造商的关系

进入 21 世纪之后,由于手机制造行业的快速发展,ARM 内核处理器的出货量呈现爆炸式增长,占据了全球智能手机市场的主导地位。2016 年 7 月,日本软银将 ARM 公司收购,并欲成为下一个潜力巨大的科技市场即物联网的领导者。

步骤 2： **以"STM32"等为关键词在百度中进行信息检索**

从相关检索页面(见图 1-1-7)中,可以了解到 STM32 的生产商意法半导体公司于 1987 年由意大利的 SGS 微电子公司和法国 Thomson 半导体公司合并而成,简称 ST 微电子公司,截至目前,ST 始终是世界十大半导体公司之一。

图 1-1-7　"STM32"检索页面

步骤 3： **访问 ST 公司官网,获取 STM32 产品介绍及分类**

登录 https://www.st.com 主页,在主菜单栏选择"产品"→"微控制器",可以看到 ST 公司的微控制器产品分为四大类:STM32 ARM Cortex 32 位微控制器、32 位 STM32MP1 系列微处理器、8 位微控制器 STM8 和经典 MCU,如图 1-1-8 所示。

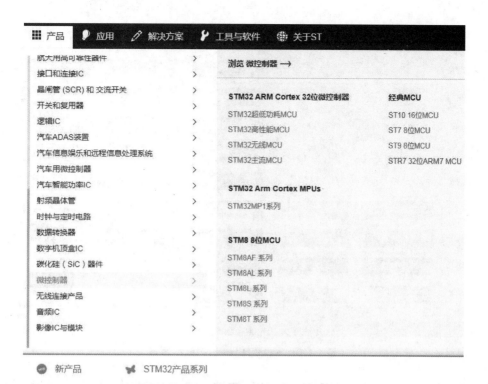

图 1-1-8　ST 微控制器产品分类

具体到 STM32 ARM Cortex 产品,根据内核架构又可以分为 4 种,选择"STM32 主流MCU"后,继续选择"STM32F1 系列",可以看到共包含 5 个产品线,如图 1-1-9 所示,它们的引脚、外设和软件均兼容。

	Product line	FCPU/MHz	Flash/Kb	RAM/Kb	USB 2.0 FS	FSMC	CAN 2.0B	3-phase MS Timer	I²S	SDIO	Ethement IEEE1588	HDMI CEC
• -40~105℃ range • USART, SPI, I²C • 16-and 32-bit timers • Temperature sensor • Up to 3×12-bit ADC • Dual 12-bit ADC • Low voltage 2.0~3.6V (5V tolerant I/Os)	STM32F100 Value line	24	16～512	4～32		•		•				•
	STM32F101	36	16～1024	4～80		•						
	STM32F102	48	16～128	4～16	•							
	STM32F103	72	16～1024	4～96	•	•	•	•	•	•		
	STM32F105 STM32F107	72	64～256	64	•		•	•	•		•	

图 1-1-9　STM32F1 系列产品线

进入 STM32F103 系列微控制器介绍页面,共介绍了 29 种微处理器,如图 1-1-10 所示,通过页面可以了解到 STM32F103 处理器采用 Cortex-M3 内核,CPU 最高速度达 72 MHz。该产品系列具有 16 KB～1 MB Flash、多种控制外设、USB 全速接口和 CAN。同时,在右侧的菜单选择"工具与软件",可以对 STM32F103 系列微控制器的开发工具、生态系统、嵌入式软件等有个初步的了解,相关内容将在工作任务 2 中做详细介绍。

步骤4：　进入 STM32F103ZE 产品详情页

进入 STM32F103ZE 产品详情页,可以看到它的总体介绍:主流增强型 ARM Cortex-M3 MCU,具有 512 KB Flash、72 MHz CPU、电机控制、USB 和 CAN。接下来是它的主要特性,如图 1-1-11 所示。

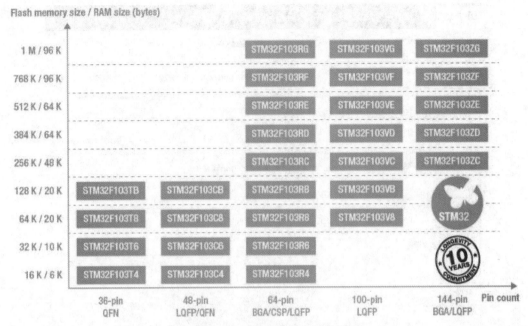

图 1-1-10　STM32F103 系列微控制器

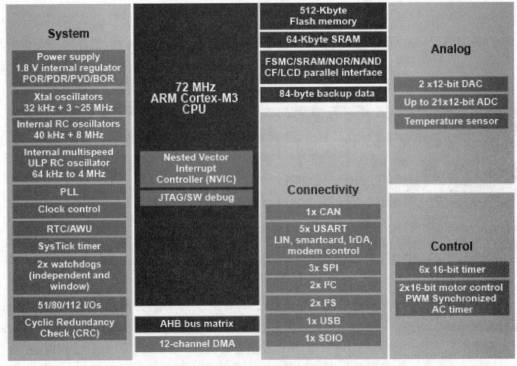

图 1-1-11　主要特性功能模块

可见,STM32F103ZET6 具有 64 KB SRAM、512 KB Flash、2 个基本定时器、4 个通用定时器、2 个高级定时器、2 个 DMA 控制器(共 12 个通道)、3 个 SPI、2 个 IIC、5 个串口、1 个 USB、1 个 CAN、3 个 12 位 ADC、2 个 12 位 DAC、1 个 SDIO 接口、1 个 FSMC 接口以及 112 个通用 I/O 端口。

> **步骤 5:** 以"**STM32 和物联网**"为关键词在百度中进行信息检索

万物互联的市场要求主控芯片不仅具有传统 MCU 的逻辑控制能力,还要在系统中集成更复杂的功能和小型化的需求,如传感器的数据处理、射频模块以及复杂算法等。从相关检索页面(见图 1-1-12)中,可以了解到 STM32 属于物联网关键技术中的嵌入式技术,越来越多的物联网产品采用 STM32 微控制器作为主控解决方案,如智能家居、智能驾驶、个人穿戴设备、城市环境监控设备等。

图 1-1-12 "STM32 和物联网"检索页面

> **工作任务 2** **软硬件开发环境的搭建**

任务描述

　　本任务要求学员挑选合适的学习 STM32 的工具和平台,选择最优的开发模式,并搭建基于 STM32CubeMX 工具和 HAL 库的 STM32 微控制器开发环境。

学习目标

　　(1)了解开发板的选型和常用的开发模式;

　　(2)能正确安装和使用 MDK-ARM(Keil μVision5)集成开发环境;

　　(3)能正确安装和配置 Java 环境;

　　(4)能正确安装 STM32CubeMX 图形化配置开发工具和 HAL 库。

任务导学

任务工作页及过程记录表

任务	软硬件开发环境的搭建		工作课时	2课时
课前准备:预备知识掌握情况诊断表				

问题	回答/预习转向	
问题1:STM32的开发工具和模式有哪些?	会→问题2; 回答:_____	不会→查阅资料,理解并记录目前常用的STM32开发工具和模式
问题2:为什么选择STM32Cube开发工具包?	会→问题3; 回答:_____	不会→查阅资料,了解STM32Cube开发工具包的组成和优势
问题3:开发环境搭建的注意事项有哪些?	会→课前预习; 回答:_____	不会→查阅资料,了解开发环境软件的组成和安装配置方法

课前预习:预习情况考查表

预习任务	任务结果	学习资源	学习记录
对比STM32各开发模式的特点	分析汇总,选择最合适的开发模式	(1)ST官方网站; (2)教材	
硬件开发板的选型	根据选型原则,选择采购合适的开发板	(1)教材; (2)各STM32网络店铺	
开发环境的搭建	下载和安装需要用到的开发软件及其工具包	(1)教材; (2)各软件的安装使用教程	

课上:学习情况评价表

序号	评价项目	自我评价	互相评价	教师评价	综合评价
1	学习准备				
2	引导问题填写				
3	规范操作				
4	完成质量				
5	关键技能要领掌握				
6	完成速度				
7	5S管理、环保节能				
8	参与讨论主动性				
9	沟通协作能力				
10	展示效果				

续表

课后：拓展实施情况表	
拓展任务	完成要求
学习采购的 STM32 开发板配套资料，搭建基本的使用环境	根据开发板配套资源，汇总主要的电路组成和软件资源，能够进行基本的操作使用

 新知预备

1. 开发板的选型原则

在学习 STM32 相关工作任务前，读者需要挑选一块合适的开发板。初学者选择开发板不用追求功能强大齐全，关键要看开发板的配套资料怎么样，讲得是否清楚，有无技术支持，某种程度上说配套资料比开发板本身还重要。初学者刚开始做的任务和物联网项目都是比较基础的，使用太强大的芯片会让人感觉产能过剩，对于本教材中各项目的学习，STM32F1系列微控制器就已经够用了，以后想深入学习可以买更强大的开发板，还可以访问 ST 公司的微控制器产品介绍网页，网页上详细列述了各个微控制器的性能数据，符合条件的用户也可以向 ST 公司申请相应评估板。

对于有一定基础的读者，可以选择 STM32 最小系统板，自行搭建外围电路，从而更好地理解外围电路的控制原理，并有助于提高系统的设计与制作能力。

2. 选择开发模式

在进行 STM32 应用程序开发时，首先要选择一种适宜的开发模式，不同的开发模式会导致后续的编程架构完全不一样。STM32 软件开发模式主要有三种：寄存器开发、标准固件库开发和 STM32Cube（STM32CubeMX 和 HAL/LL 库）开发，ST 公司对这几种开发模式进行了对比，如表 1-2-1 所示。

表 1-2-1　开发模式对比

开发模式		可移植性	优化（存储和指令速度）	难易程度	可读性	硬件覆盖范围
寄存器操作			+++			+
标准固件库		++	++	+	++	+++
STM32Cube	HAL	+++	+	++	+++	+++
	LL	+	+++	+	++	++

可见，虽然寄存器开发所占的存储空间较小，速度较快，但由于 STM32 的寄存器太多且使用复杂，并不适合物联网综合项目的开发。标准固件库将很多功能封装成函数，方便开发人员调用，且可读性有一定的提高。为了使开发人员更快地进行 STM32 应用程序的开发，ST 公司提供了一套完整的 STM32Cube 开发组件，通过最新的 STM32CubeMX 工具和 HAL/LL 库的结合，突出了程序在可移植性和可读性方面的优势，进一步提高了项目开发

的便利性。本教材中所有工作任务将基于 STM32CubeMX 工具和 HAL/LL 库进行开发。

3. 认识 STM32Cube

STM32Cube 是 ST 公司推出的一款全新的开发工具产品,进一步减少了开发工作的时间和费用,同时提高了程序的设计效率。它是软件工具和嵌入式软件库的结合,包括 PC 端图形化配置和 C 代码生成工具 STM32CubeMX、HAL/LL 嵌入式软件库以及一系列的中间件集合,如图 1-2-1 所示。STM32Cube 为了适应日益复杂的设计需求,采用了类似于堆立方体的积木式思想,从而可以任意扩展软件设计工具的功能。

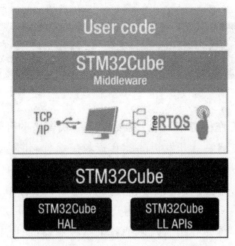

图 1-2-1　STM32Cube 平台组成

STM32CubeMX 软件允许用户使用图形化界面简单直观地对目标微控制器的引脚、时钟、中断等进行初始化配置,并能针对不同的集成开发环境,如 IAR、MDK-ARM、GCC 等快速生成开发项目。本教材利用 STM32CubeMX 作为项目建立和代码生成的工具,快速生成 STM32F103ZET6 微控制器的程序架构,并在 MDK-ARM 环境中进行修改,最终达到项目中各工作任务的要求。

HAL 库的英文全称为 hardware abstraction layer,即硬件抽象层,它是 ST 公司为 STM32 系列微控制器推出的硬件抽象层软件,HAL 库不同于以往的标准外设库,它可以大大提高程序在跨系列产品之间的可移植性。目前,HAL 库已经支持 STM32 全系列产品,是 ST 公司最新推出的替代标准外设库的产品。LL 库是 ST 公司新增的库,与 HAL 库相互独立,只不过 LL 库更接近底层,两者可以相互调用,它的使用方式与标准外设库基本一致,但效率更高。

4. MDK-ARM 集成开发环境

MDK-ARM 开发工具(microcontroller developer kit-ARM)是由 Keil 公司开发的。Keil 公司于 2005 年被 ARM 公司收购后,更加关注于为微控制器市场提供完整的解决方案。

Keil 公司的开发环境通常被称为 μVision,包含工业标准的 Keil C 编译器、宏汇编器、调试器、实时内核等组件,具有行业领先的 ARM C/C++ 编译工具链,支持 MDK-ARM、C51 开发工具。

MDK-ARM 为基于 Cortex-M、Cortex-R4、ARM7、ARM9 等处理器的设备提供了一个完整的开发环境。Keil for MDK-ARM 专为微控制器应用而设计,不仅易学易用,而且功能强大,能够满足大多数苛刻的物联网与嵌入式应用需求。

任务实施

步骤 1: 选购 STM32 开发板和开发工具

在网上找一家合适的商家,购买一款外设齐全的 STM32 开发板和相关工具。

本教材基于以 STM32F103ZET6 微控制器为核心的德飞莱 ARM 开发板开展实战学习,让学生掌握 STM32 常用外部设备和接口的原理和开发,实现典型的物联网项目应用。该开发板主要的资源如图 1-2-2 所示。

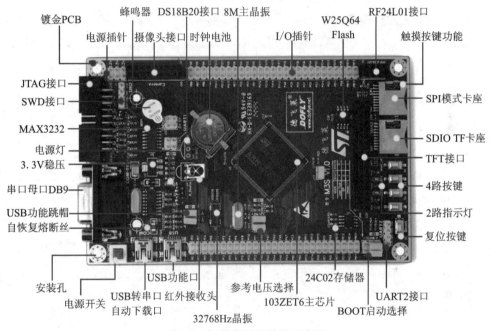

图 1-2-2 开发板及其外设资源

开发工具包括 USB 线、USB 转 TTL 线和 ST-Link 仿真器等,如图 1-2-3 所示。

miniUSB线   USB转TTL线   ST-Link仿真器

图 1-2-3 开发工具

ST-Link 仿真器是一个用于 STM32 微控制器系列的在线调试器和编程器,通过四线接口即可与 STM32 进行通信。USB 转 TTL 线主要用于 STM32 的串口控制和调试,USB 线可用于供电和下载,本教材中将使用串口直接下载。

步骤 2: MDK-ARM 开发环境的安装

1)下载安装包

可以通过 Keil 官网 https://www.keil.com 或者其他网络途径下载安装包,如 MDK-ARM V5.25。

2）安装 MDK-ARM

（1）双击安装包，进入程序安装的欢迎界面，如图 1-2-4 所示。勾选"I agree to all the terms of the preceding License Agreement"，并单击 Next 按钮，如图 1-2-5 所示。

（2）为软件选择安装路径，尽量不要选择有中文的文件目录，或者直接保持默认设置，单击 Next 按钮，如图 1-2-6 所示。

（3）进入个人信息注册界面，依次输入用户的基本信息，单击 Next 按钮，如图 1-2-7 所示。

（4）软件自动进入安装过程，如图 1-2-8 所示。

（5）安装结束后，提示安装设备驱动程序，单击"安装"按钮，如图 1-2-9 所示。

（6）MDK-ARM 开发环境安装成功，如图 1-2-10 所示。

图 1-2-4　MDK-ARM 欢迎界面

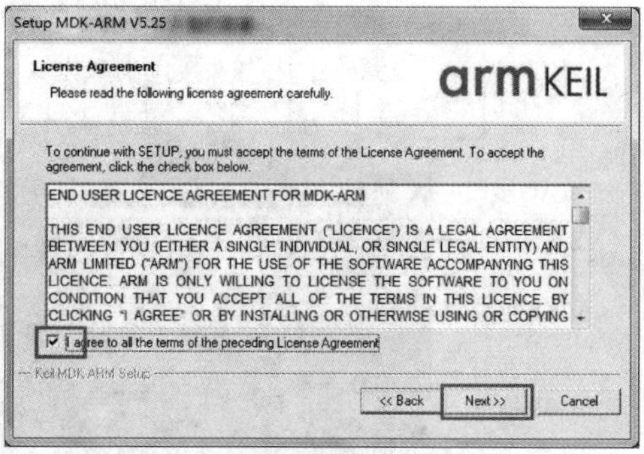

图 1-2-5　同意安装许可

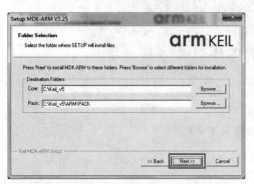

图 1-2-6　选择安装路径

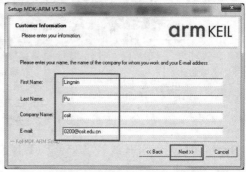

图 1-2-7　个人信息注册

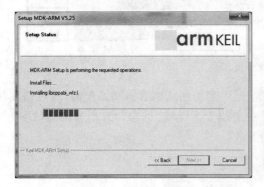

图 1-2-8　自动安装过程

图 1-2-9　安装设备驱动程序

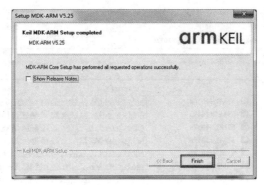

图 1-2-10　完成安装

3）安装 Pack

安装 STM32F10X 系列必要的芯片支持包，如图 1-2-11 所示。由于需要下载更新的软件包较多，建议进行离线更新，在安装包管理器的 File 菜单中选择 Import 选项，选择提前下载好的离线安装包"Keil.STM32F1xx_DFP.2.2.0"进行导入。

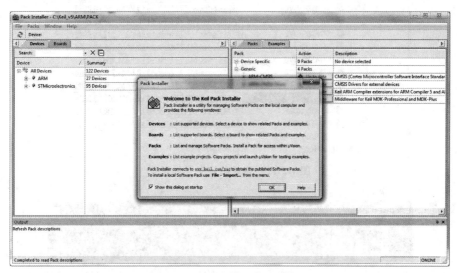

图 1-2-11　安装芯片支持包

安装包导入完成后，可以看到"STM32F103ZE"出现在 Pack Installer 窗口的器件列表中，如图 1-2-12 所示，表示 MDK-ARM 已能支持该款型号微控制器的开发。

步骤 3：　STM32CubeMX 的安装

1）安装 JRE

STM32CubeMX 的运行需要 Java 环境（Java runtime environment，JRE），JRE 是 Java 的核心运行环境，也是 Java 程序中最小的安装包，可以通过访问 Java 官网 https://www.java.com 或者其他网络途径下载安装包。安装界面如图 1-2-13 所示，单击"安装"按钮即可。

2）下载 STM32CubeMX

访问 ST 官网（www.st.com/stm32cube）获取最新版本的 STM32CubeMX 软件，如 STM32CubeMX 5.3.0。

3）安装 STM32CubeMX

（1）双击解压后的安装包，开始 STM32CubeMX 软件的安装，如图 1-2-14 所示。单击

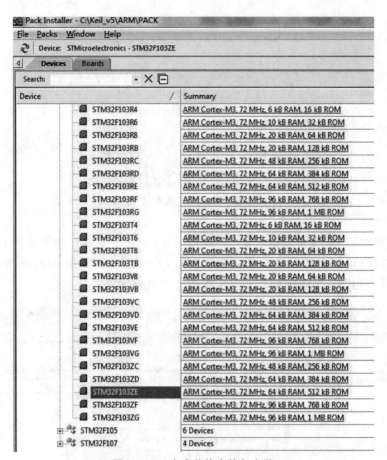

图 1-2-12　完成芯片支持包安装

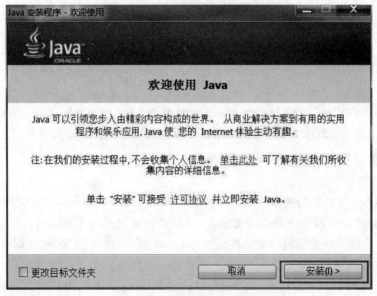

图 1-2-13　JRE 安装欢迎界面

Next 按钮。

（2）在 License agreement 窗口中，勾选"I accept the terms of this License agreement."，

如图 1-2-15 所示,单击 Next 继续安装。

　　(3)选择同意 ST 相关的使用和隐私条款,如图 1-2-16 所示,单击 Next。

　　(4)选择软件的安装路径,这里选择默认的路径,如图 1-2-17 所示,单击 Next。

　　(5)选择默认的快捷方式配置选项,如图 1-2-18 所示,单击 Next。

　　(6)显示软件包和总体安装进度界面,如图 1-2-19 所示,单击 Next。

　　(7)最后出现软件安装完成界面,如图 1-2-20 所示。

图 1-2-14　STM32CubeMX 欢迎界面

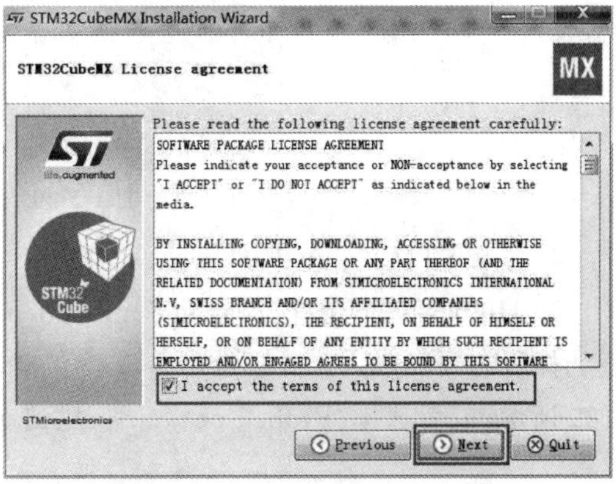

图 1-2-15　同意安装许可协议

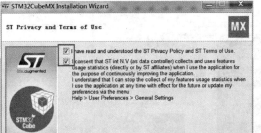

图 1-2-16　同意 ST 相关的使用和隐私条款

图 1-2-17　安装路径选择

图 1-2-18　快捷方式配置选项

图 1-2-19　安装进度显示

图 1-2-20 安装完成界面

4）安装 STM32CubeF1 Series 软件包

在 Help 菜单下选择"Manage embedded software packages"选项，如图 1-2-21 所示，继续选择所需要的嵌入式处理器软件支持包，如 STM32CubeF1 Series，进行在线安装，如图 1-2-22 所示，或者选择"From Local..."，找到本地下载好的软件包进行离线安装。

图 1-2-21 选择软件包管理菜单

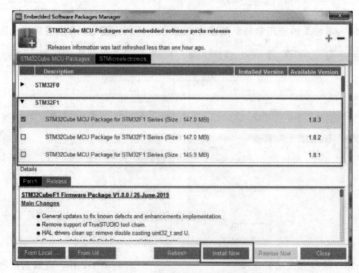

图 1-2-22 选择软件包型号进行安装

工作任务 3 项目工程的建立和使用

任务描述

　　本任务要求学员建立和正确配置基于 STM32CubeMX 工具和 HAL 库的 STM32F103ZE 微控制器通用环境,并生成和打开在 MDK-ARM 集成开发环境下的项目工程,编译和下载程序。

学习目标

　　(1)了解 STM32 最小应用系统;
　　(2)了解 HAL 库的组成和功能;
　　(3)会建立和配置基于 HAL 库的项目工程;
　　(4)会编译和下载程序。

任务导学

任务工作页及过程记录表

任务	项目工程的建立和使用		工作课时	2 课时
课前准备:预备知识掌握情况诊断表				
问题		回答/预习转向		
问题 1:STM32 最小系统的组成有哪些?	会→问题 2; 回答:＿＿＿＿＿		不会→查阅资料,理解并设计基本的最小系统外围电路	
问题 2:说说 STM32Cube HAL 库的组成和特点	会→问题 3; 回答:＿＿＿＿＿		不会→查阅资料,了解 STM32Cube 嵌入式软件包的构成和功能	
问题 3:STM32CubeMX 的项目如何建立和使用?	会→课前预习; 回答:＿＿＿＿＿		不会→查阅资料,学习 STM32CubeMX 和 MDK-ARM 的基本使用方法	
课前预习:预习情况考查表				
预习任务	任务结果	学习资源		学习记录
STM32 最小应用系统设计	使用 Altium Designer 绘制 STM32F103ZET6 微控制器最小系统	(1)开发板资料; (2)教材		
STM32CubeMX 的项目建立和配置	建立和配置第一个 STM32 项目	(1)教材; (2)软件相关帮助文档		
工程文件的打开和编译	打开开发板配套资料中的任一例程,并编译通过	(1)教材; (2)开发板配套资源		
课上:学习情况评价表				
序号	评价项目	自我评价	互相评价	教师评价	综合评价
1	学习准备				

续表

序号	评价项目	自我评价	互相评价	教师评价	综合评价
2	引导问题填写				
3	规范操作				
4	完成质量				
5	关键技能要领掌握				
6	完成速度				
7	5S 管理、环保节能				
8	参与讨论主动性				
9	沟通协作能力				
10	展示效果				

课后：拓展实施情况表

拓展任务	完成要求
下载开发板的配套 LED 例程，观察开发板上的相关现象，判断是否下载成功	使用教材中介绍的串口程序下载方法，下载点亮一盏 LED 的 hex 文件，观察程序下载成功后 LED 的状态变化

 新知预备

1. 搭建 STM32 最小系统

STM32 微控制器最小系统是指能正常工作并发挥其功能时所必需的组成部分，即正常运行的最小环境，一般来说，它主要包括时钟电路、复位电路、电源电路和下载电路。

1）时钟电路

时钟电路的作用是为芯片和外设提供基本的时钟信号，STM32 微控制器内部已经集成有 RC 振荡器，但其相比于外置晶振所产生的时钟频率仍存在一定的偏差。为了提供更为精准的时钟信号，STM32 微控制器普遍采用由晶振、电容、电阻构成的外置时钟电路，该外置时钟电路包括两个外部晶振：用于系统主要运行的 8 MHz 高频晶振和为 RTC 提供时钟信号的 32.768 kHz 低频晶振。如图 1-3-1 所示，系统时钟选择器可以选择内置 8M 振荡器、外置 8M 晶振或倍频器产生的频率。这个频率如同人类的心脏，给 STM32 提供一个周期性的信号，使得内部电路的运行节奏能和主频保持一致。

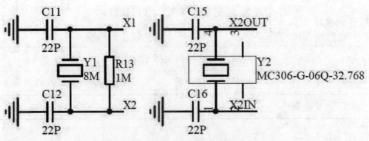

图 1-3-1　外部晶振电路原理图

2）复位电路

STM32 微控制器的复位电路如图 1-3-2 所示，可以同时实现上电复位和按键复位，在开发板上电瞬间，R14 和 C20 构成 RC 充电电路，复位引脚为低电平，对系统进行上电复位，随着电容充电完成，引脚变为高电平，则不会再进行复位重启。按钮 RESET 可以实现按键复位，当 RESET 按下时电路导通，此时 STM32 复位引脚直接接地，芯片将会复位重启。

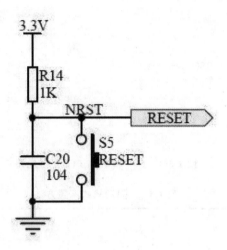

图 1-3-2　复位电路

3）电源电路

电源电路是整个系统的基础，它为芯片内核和外设提供合适且稳定的工作电源，保障各功能模块的正常运行，通过 LM1117 芯片将输入的 5 V 直流电压转换成 3.3 V 直流电压后为 STM32 微控制器供电，电源部分电路原理图如图 1-3-3 所示。

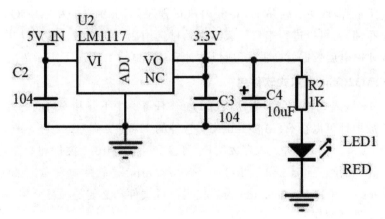

图 1-3-3　电源部分电路原理图

4）下载电路

STM32 支持多种程序下载方式，其中包括 USB 串口下载、JTAG 仿真下载和 SWD 下载三种。其中 USB 接口也是供电接口，可以为开发板提供 5 V 的电源，如图 1-3-4 所示。

STM32 微控制器有三种启动模式，如表 1-3-1 所示。通过配置启动模式选择引脚 BOOT0 和 BOOT1，通过设置在芯片复位时的电平状态决定芯片复位后从哪个区域开始执行程序。

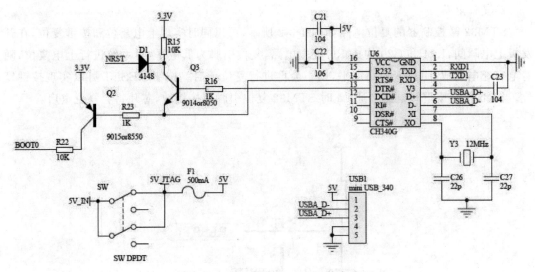

图 1-3-4　USB 转串口 TTL 下载电路

表 1-3-1　启动模式配置方法

启动模式选择引脚		启动区域	说明
BOOT1	BOOT0		
X	0	主 Flash	这是正常的工作模式
0	1	系统存储器	这种启动模式的程序功能由厂家设置,一般用于从串口下载程序
1	1	内置 SRAM	这种模式一般用于调试

本教材选用的开发板上可以通过 BOOT 引脚选择启动模式,当 BOOT0 为 0 时,启动区域为主 Flash 存储器,自动下载并在 Flash 内执行程序;当 BOOT0 为 1、BOOT1 为 0 时,启动区域为系统存储器,可以进行串口下载。本教材选用后者。一般不使用从内置 SRAM 启动,因为 SRAM 掉电后数据就会丢失,所以这种启动模式多数情况下用于调试。

2. 认识 STM32Cube 嵌入式软件包

STM32Cube 嵌入式软件包即为在项目 1 工作任务 2 中下载和安装的芯片支持包,嵌入式软件包的存放地址可以在 STM32CubeMX 软件的 Help 菜单 Updater Settings 选项中查看和设置,如图 1-3-5 所示。进入该存放路径,可以看到共有 10 个文件和文件夹,如图 1-3-6 所示,其中_htmresc、package. xml 和 Release_Notes. html 是软件包发布记录的网页及一些图标资源,License. md 和 Readme. md 为源代码许可文件和必要的项目介绍、使用及代码结构文件。其他文件介绍如下:

(1)Documentation:该文件夹里面是一个 STM32Cube 英文说明帮助文档,即为 STM32CubeF1 的用户手册。

(2)Drivers:该文件夹里面存放的是 STM32Cube 固件驱动函数库,其中 BSP 文件夹中存放板级支持包,用于开发板层的驱动,包括直接与硬件相关的 API;CMSIS 文件夹存放的是 ARM Cortex 微控制器的软件接口标准,本项目中定义了外设寄存器和地址映射的 STM32F1 系列微控制器的软件接口;STM32F1xx_HAL_Driver 文件夹保存的是所有外设的硬件抽象层驱动文件,包括 STM32F1 系列所有微控制器的 HAL 库头文件和源文件,统一了外设的接口函数。

（3）Middlewares：该文件夹保存的是中间件组件，里面有 ST 和 Third_Party 两个子文件夹。ST 文件夹下面存放的是与 STM32 相关的一些文件，包括图形用户界面协议栈（STemWin）和 USB 设备驱动等。Third_Party 文件夹保存的是第三方中间件协议栈，如 FatFS 文件系统、FreeRTOS 实时操作系统等。

（4）Projects：该文件夹存放的是一些可以直接编译的实例工程，这些例程是按照官方测试和评估开发板来分类的，包括 STM32F103RB-Nucleo、STM32VL-Discovery、STM3210C_EVAL 和 STM3210E_EVAL 四块开发板。

（5）Utilities：该文件夹中存放一些有关液晶显示、声音播放等其他组件。

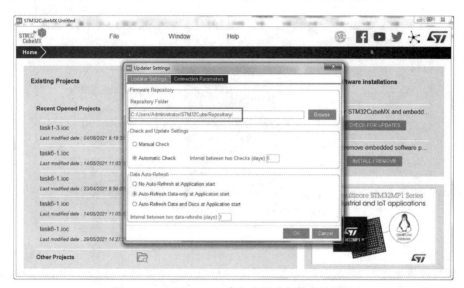

图 1-3-5　STM32Cube 嵌入式软件包的存放地址

图 1-3-6　STM32Cube 嵌入式软件包的构成

 任务实施

步骤 1： 新建工程

在 D 盘根目录新建保存所有项目工作任务的文件夹 STM32_Project,并在该文件夹下新建文件夹 task1-3,用于保存本任务工程。打开 STM32CubeMX 软件,依次选择 File→New Project 菜单,新建 STM32CubeMX 项目,如图 1-3-7 所示。

图 1-3-7　新建 STM32CubeMX 项目的界面

选择微控制器型号 STM32F103ZE,单击 Start Project 按钮,完成 STM32CubeMX 项目的新建,如图 1-3-8 所示。

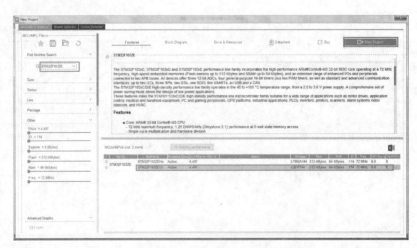

图 1-3-8　完成 STM32CubeMX 项目的新建

步骤 2： 配置外设

(1)在 RCC 设置中选择 HSE(外部高速时钟)和 LSE(外部低速时钟)为 Crystal/Ceramic Resonator(晶振/陶瓷谐振器),如图 1-3-9 所示。配置完成后,在芯片的 Pinout view 引脚视图中,相应的引脚功能同时被复用配置。

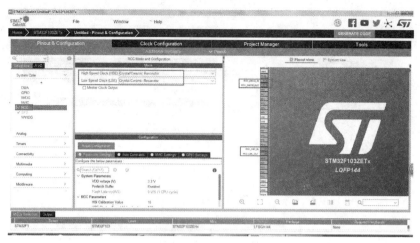

图 1-3-9　RCC 时钟源配置

（2）切换到 Clock Configuration 时钟配置选项卡，对 STM32 微控制器的时钟树进行配置，如图 1-3-10 所示，其中时钟源 HSE 为 8 MHz 外部晶体谐振器，将 PLLMul 锁相环的倍频配置为 9，System Clock MUX 系统时钟选择器的时钟源选择为 PLLCLK，使 SYSCLK 系统时钟和 HCLK 高性能总线时钟为 72 MHz，配置 Cortex 内核系统滴答定时器 Cortex System timer 的时钟源为 9 MHz，低速外设总线时钟 APB1 peripheral clocks 为 HCLK 的二分频 36 MHz，高速外设总线时钟 APB2 peripheral clocks 为 HCLK 的一分频 72 MHz。

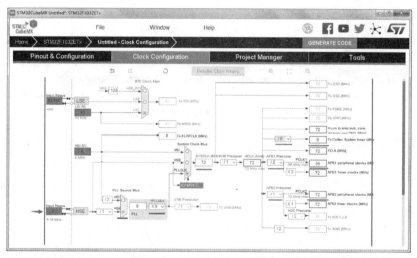

图 1-3-10　时钟配置

步骤 3：　保存 STM32CubeMX 工程

在 File 菜单中选择 Save Project 菜单，如图 1-3-11 所示，将工程保存到 task1-3 文件夹中，STM32CubeMX 的工程名称也为 task1-3。

步骤 4：　生成初始化工程

切换到 Project Manager 项目管理选项卡，在左侧的"Project"项目配置标签中进行工程代码保存设置，软件会将之前保存的工程名和工程路径自动填入"Project Name"和"Project Location"文本框中，只需在"Toolchain / IDE"单选框中勾选"MDK-ARM V5"，如图 1-3-12 所示。

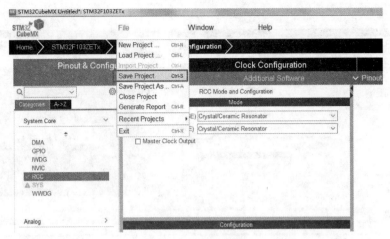

图 1-3-11　保存工程

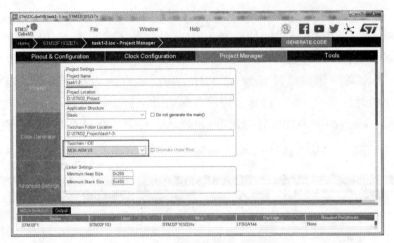

图 1-3-12　项目管理选项卡的设置

单击左侧的"Code Generator"代码生成配置标签,将"STM32Cube MCU packages and embedded software packs"单选框选项调整为"Copy only the necessary library files"。在 "Generated files"复选框中增加勾选"Generate peripheral initialization as a pair of '.c/.h' files per peripheral",如图 1-3-13 所示,为每一个外设生成一个.c 和.h 文件。

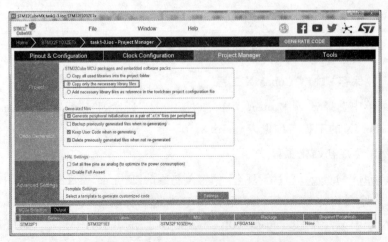

图 1-3-13　代码生成配置标签的设置

最后单击"GENERATE CODE"生成代码按钮,即可在工程文件夹 MDK-ARM 中生成相应的 Keil C 代码工程,如图 1-3-14 所示。代码生成的同时弹出询问对话框,单击 Open Project 按钮,如图 1-3-15 所示。

图 1-3-14　MDK-ARM 工程路径

图 1-3-15　代码在保存的路径下生成成功

打开后的 MDK-ARM 工程如图 1-3-16 所示,整个工程被分为 Application/MDK-ARM、Application/User、Drivers/STM32F1xx_HAL_Driver 和 Drivers/CMSIS 四个层。用户编程主要位于 Application/MDK-ARM 层的 main.c 主程序中。本教材接下来的所有工作任务都将在这个 MDK-ARM 集成开发环境中进行代码的完善和二次开发,为了实现任务要求,相关程序代码需添加于工程中各个 USER CODE BEGIN 和 USER CODE END 标识之间,使得在 STM32CubeMX 重新生成代码工程时不被覆盖。

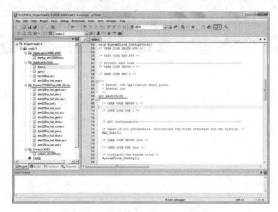

图 1-3-16　MDK-ARM 工程

步骤 5：   **编译下载程序**

在任务程序开发完成后，单击 MDK-ARM 集成开发环境工具栏中的 Build(F7)进行工程的编译，如图 1-3-17 所示。编译无误后会在工程目录的任务文件夹中生成 hex 文件，本工作任务中为 task1-3.hex，打开 mcuisp 串口下载工具，选择需要下载的 hex 文件、串口号、波特率和 BootLoader 的进入方式，单击"开始编程(P)"按钮，完成程序的下载，如图 1-3-18 所示，程序将在开发板复位后开始运行。

图 1-3-17   程序编译

图 1-3-18   程序下载

项目小结

项目 2 按键点灯的设计与实现

项目导入

通用输入/输出(general purpose input output,GPIO)端口是 STM32F1 系列微控制器的最基本外设,而按键和 LED 是典型的输入/输出设备。在基于嵌入式技术的物联网系统中,经常需要一些"开关量"控制许多结构简单的外部设备或者电路,这些设备有的需要通过 STM32 处理器控制,有的则需要向 STM32 处理器提供输入信号。本项目通过 GPIO 端口的介绍,使用 STM32CubeMX 和 HAL 库搭建 MDK-ARM 开发环境,带领读者实现 GPIO 端口按键和 LED 的基础控制设计。

素养目标

(1)能按 5S 规范完成项目工作任务;

(2)能参与小组讨论,注重团队协作;

(3)具有自主学习能力及一丝不苟的工作作风;

(4)能对工作任务进行收集、整理和学习总结;

(5)了解常见物联网系统的输入输出需求。

知识、技能目标

(1)掌握 STM32F1 系列微控制器 GPIO 端口的工作原理和配置方法;

(2)掌握 STM32F1 系列微控制器 SysTick 滴答定时器的工作原理和使用方法;

(3)掌握按键的原理和扫描识别方法;

(4)会使用 STM32 HAL 库操作 GPIO 端口;

(5)会利用 GPIO 端口实现点亮 LED 和控制 LED。

项目内容

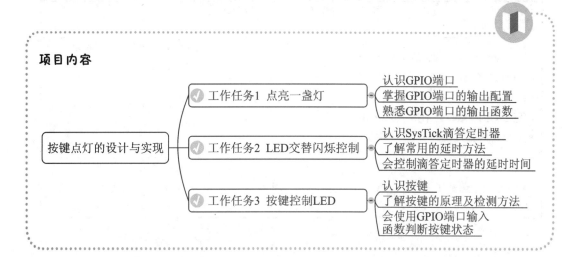

项目实施

工作任务 1　点亮一盏灯

任务描述

　　本任务要求使用 STM32CubeMX 完成时钟和 GPIO 端口的初始化配置，并生成开发项目 task2-1，通过 HAL 库函数设计点亮 PE5 端口的 LED2，相关电路如图 2-1-1 所示。

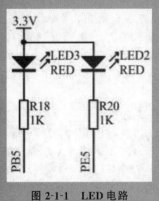

图 2-1-1　LED 电路

学习目标

　　(1)进一步掌握 STM32CubeMX 的基础配置；

　　(2)了解 GPIO 端口的相关工作模式；

　　(3)掌握 STM32CubeMX 中 GPIO 端口的输出配置；

　　(4)会使用 HAL 库中与 GPIO 相关的函数。

任务导学

任务工作页及过程记录表

任务	点亮一盏灯	工作课时	2 课时
课前准备:预备知识掌握情况诊断表			
问题	回答/预习转向		
问题 1:说说 STM32 的 GPIO 端口的基本情况	会→问题 2； 回答:_____	不会→查阅资料,理解并记录 STM32F103ZE 的引脚分布及特点	
问题 2:GPIO 端口的工作模式有哪些?	会→问题 3； 回答:_____	不会→查阅资料,理解并记录各种不同应用中的 GPIO 端口工作模式	
问题 3：HAL 库中与 GPIO 相关的函数主要有哪些?	会→课前预习； 回答:_____	不会→查阅 HAL 库中 GPIO 相关代码文件,根据注释了解其功能	

续表

课前预习:预习情况考查表

预习任务	任务结果	学习资源	学习记录
查看 STM32F103ZE 微控制器的 GPIO 引脚分布	结合芯片引脚图,观察并记录 GPIO 引脚的分类和数量	(1)芯片用户手册; (2)STM32CubeMX 工具	
研究本任务中对应 GPIO 引脚的工作模式	选择本任务合适的工作模式,并在 STM32CubeMX 中设置	(1)教材; (2)STM32CubeMX 工具	
研究 HAL 库中与本任务相关的 GPIO 函数及使用方法	结合各 GPIO 函数的功能,选择合适的函数和对应的参数	(1)教材; (2)HAL 库中与 GPIO 相关的初始化和驱动文件	

课上:学习情况评价表

序号	评价项目	自我评价	互相评价	教师评价	综合评价
1	学习准备				
2	引导问题填写				
3	规范操作				
4	完成质量				
5	关键技能要领掌握				
6	完成速度				
7	5S 管理、环保节能				
8	参与讨论主动性				
9	沟通协作能力				
10	展示效果				

课后:拓展实施情况表

拓展任务	完成要求
修改程序,实现 LED2 小灯每隔一段时间闪烁	使用 HAL_GPIO_WritePin( )函数和 for 循环函数完成小灯循环反复闪烁,循环周期为 1 s 左右

 新知预备

1. 认识 GPIO 端口

GPIO 端口是 STM32 最常用的设备之一,端口 STM32F103ZET6 共有 7 组端口(GPIOA、GPIOB、GPIOC、GPIOD、GPIOE、GPIOF、GPIOG),每组端口有 16 个引脚(Pin0~Pin15),如表 2-1-1 所示。它总共有 112 个 I/O 端口,这些 I/O 端口均具备控制 LED 点亮与

熄灭的功能。

表 2-1-1 STM32F103ZET6 引脚

序号	端口	引脚	数量
1	GPIOA	PA0～PA15	16
2	GPIOB	PB0～PB15	16
3	GPIOC	PC0～PC15	16
4	GPIOD	PD0～PD15	16
5	GPIOE	PE0～PE15	16
6	GPIOF	PF0～PF15	16
7	GPIOG	PG0～PG15	16

在 HAL 库中，每个引脚 GPIO _pins 的定义如表 2-1-2 所示。

表 2-1-2 GPIO _pins 定义

引脚定义	描述
GPIO_PIN_x	x 为 0～15，引脚 x 被选择
GPIO_PIN_ALL	所有引脚被选择
GPIO_PIN_MASK	引脚屏蔽

STM32F103 系列微控制器 GPIO 引脚的内部结构如图 2-1-2 所示，每个引脚电路主要由保护二极管、输入驱动器、输出驱动器、输入数据寄存器、输出数据寄存器组成，其中输入驱动器包括 TTL 施密特触发器、带开关的上拉电阻和下拉电阻，输出驱动器包括多路选择器、输出控制电路和一对互补的 MOS 管。输入驱动器和输出驱动器是每个 GPIO 引脚内部结构的核心部分。

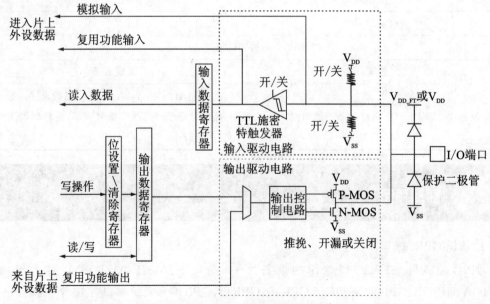

图 2-1-2 GPIO 引脚内部结构图

2. GPIO 端口相关函数

使用 HAL 库的优点在于不用手动添加初始化代码,STM32CubeMX 会根据软件设置自动生成初始化函数代码。本任务中自动生成的 HAL 库 GPIO 初始化函数代码见程序清单 2-1。

程序清单 2-1

```
/*GPIO初始化函数*/
static void MX_GPIO_Init(void)
{
  GPIO_InitTypeDef GPIO_InitStruct={0};
  /*使能GPIO端口时钟*/
  __HAL_RCC_GPIOE_CLK_ENABLE();  //使能外部晶振
  /*配置GPIO引脚初始化电平,其中:
    #define LED2_Pin GPIO_PIN_5
    #define LED2_GPIO_Port GPIOE*/
  HAL_GPIO_WritePin(LED2_GPIO_Port, LED2_Pin, GPIO_PIN_SET);  //默认输出高电平
  /*通过结构体变量初始化GPIO引脚:LED2_Pin*/
  GPIO_InitStruct.Pin=LED2_Pin;
  GPIO_InitStruct.Mode=GPIO_MODE_OUTPUT_PP;  //推挽输出
  GPIO_InitStruct.Pull=GPIO_NOPULL;//内部无上拉、下拉
  GPIO_InitStruct.Speed=GPIO_SPEED_FREQ_LOW;//低速
  HAL_GPIO_Init(LED2_GPIO_Port,&GPIO_InitStruct);
}
```

可见,GPIO 初始化顺序包括定义结构体变量、使能时钟、配置 GPIO 引脚初始化电平和通过结构体变量初始化 GPIO,其中涉及 HAL_GPIO_Init() 和 HAL_GPIO_WritePin() 函数,其定义如表 2-1-3 和表 2-1-4 所示。

表 2-1-3 HAL_GPIO_Init()函数定义

函数原型	void HAL_GPIO_Init(GPIO_TypeDef * GPIOx, GPIO_InitTypeDef * GPIO_Init)
功能描述	通过 GPIO_Init 中指定的参数初始化 GPIOx 端口
输入参数 1	GPIOx:端口号,x 可以是 A～G(取决于设备的使用),用来选择与 GPIO 连接的外设

输入参数 2	GPIO_Init:指向指定 GPIO 外设配置信息的 GPIO_InitTypeDef 结构体指针。
	/ *GPIO 初始化结构体定义 */
	typedef struct
	{
	  uint32_t Pin;//指定配置的 GPIO 引脚
	  uint32_t Mode;//为选择的引脚指定工作模式
	  uint32_t Pull;//指定上拉还是下拉
	  uint32_t Speed;//指定引脚速度
	}GPIO_InitTypeDef;

返回值	无

表 2-1-4　HAL_GPIO_WritePin()函数定义

函数原型	void HAL_GPIO_WritePin(GPIO_TypeDef * GPIOx, uint16_t GPIO_Pin, GPIO_PinState PinState)
功能描述	置位或清除选择的数据端口位
输入参数 1	GPIOx:端口号,x 可以是 A~G(取决于设备的使用),用来选择与 GPIO 连接的外设
输入参数 2	GPIO_Pin:指定要写入的端口位,这个参数是 GPIO_PIN_x,x 取 0~15 中任意值
输入参数 3	指定要写入的所选择端口位的值,这个参数可以是 GPIO_PinState 的枚举值之一: 　GPIO_PIN_RESET:清除端口引脚 　GPIO_PIN_SET:置位端口引脚
返回值	无

3. GPIO 工作模式

STM32F1 系列微控制器的 GPIO 在使用前需要对端口数据的方向、内部引脚电路和速度等参数进行配置,每个 GPIO 引脚都可以通过软件配置成 8 种输入输出模式,如表 2-1-5 所示。

表 2-1-5　GPIO 引脚的 8 种输入输出模式

序号	输入输出模式	代号	用途	说明
1	输入浮空	IN_Floating	常用于按键采集	
2	输入上拉	In Push-Up(IPU)	在没有信号输入输出时,将该引脚电平设置为高电平(3.3 V)	
3	输入下拉	In Push-Down(IPD)	在没有信号输入输出时,将该引脚电平设置为低电平(0 V)	
4	模拟输入	Analog In(AIN)	常用于 ADC 采集	
5	开漏输出	OUT_OD	常用于 IIC、UART 通信,需外置上拉电阻	OD 为 Open-Drain,代表开漏
6	推挽输出	OUT_PP	常用于 I/O 端口控制	PP 为 Push-Pull,代表推挽式
7	推挽复用功能	AF_PP	常用于微控制器内部资源	AF 为 Alternate-Function,代表复用功能
8	开漏复用功能	AF_OD	常用于微控制器内部资源	

在 STM32F103ZET6 微处理器的 HAL 库中,GPIO 输入输出模式 GPIO_mode 的常量定义如表 2-1-6 所示。

表 2-1-6　GPIO_mode 的常量定义

序号	引脚模式定义	描述
1	GPIO_MODE_INPUT	浮空输入模式
2	GPIO_MODE_OUTPUT_PP	推挽输出模式

续表

序号	引脚模式定义	描述
3	GPIO_MODE_OUTPUT_OD	开漏输出模式
4	GPIO_MODE_AF_PP	复用功能推挽模式
5	GPIO_MODE_AF_OD	复用功能开漏模式
6	GPIO_MODE_AF_INPUT	复用功能输入模式
7	GPIO_MODE_ANALOG	模拟模式
8	GPIO_MODE_IT_RISING	上升沿触发外部中断模式
9	GPIO_MODE_IT_FALLING	下降沿触发外部中断模式
10	GPIO_MODE_IT_RISING_FALLING	上升/下降沿触发外部中断模式
11	GPIO_MODE_EVT_RISING	上升沿触发外部事件模式
12	GPIO_MODE_EVT_FALLING	下降沿触发外部事件模式
13	GPIO_MODE_EVT_RISING_FALLING	上升/下降沿触发外部事件模式

本任务需要将对应控制 LED 亮灭的 PE5 引脚设置为推挽输出模式,推挽结构的两个 MOS 管分别受到互补信号的控制。通过配置位设置/清除寄存器或者输出数据寄存器的值,途经 P-MOS 管和 N-MOS 管,最终输出到 I/O 端口。这里要注意 P-MOS 管和 N-MOS 管总是一个管导通另一个管截止,当设置输出的值为高电平时,P-MOS 管处于开启状态,N-MOS 管处于关闭状态,此时 I/O 端口的电平就由 P-MOS 管设定为高电平;当设置输出的值为低电平时,P-MOS 管处于关闭状态,N-MOS 管处于开启状态,此时 I/O 端口的电平就由 N-MOS 管设定为低电平。可见,该模式下 I/O 端口的电平一定是输出的电平。同时,I/O 端口的电平也可以通过输入电路进行读取。

此外,GPIO 端口还可以与其他外设共用,实现串口通信、ADC、存储器扩展等复用和重映射功能,相关应用在接下来的项目中介绍。

STM32 微控制器内部在 GPIO 端口的输出部分设计了多个响应速度不同的输出驱动电路,用户可以根据自己的需要配置合适的驱动电路,通过选择响应速度来选择不同的输出驱动模块,以达到最佳的噪声控制和降低功耗的目的。在工作模式配置中,GPIO 输出速度的定义如表 2-1-7 所示。

表 2-1-7　GPIO 输出速度定义

序号	引脚速度模式	描述
1	GPIO_SPEED_FREQ_LOW	低速(2 MHz)
2	GPIO_SPEED_FREQ_MEDIUM	中速(10 MHz)
3	GPIO_SPEED_FREQ_HIGH	高速(50 MHz)

　　每个 GPIO 内部电路都有 3 种状态,在工作模式配置中,GPIO 上拉、下拉的激活 GPIO_pull 的定义如表 2-1-8 所示。

表 2-1-8　GPIO 上拉、下拉模式的定义

序号	引脚上拉、下拉模式	描述
1	GPIO_NOPULL	不激活上拉和下拉
2	GPIO_PULLUP	上拉激活
3	GPIO_PULLDOWN	下拉激活

　　在输入模式时,上拉将不确定的引脚信号通过一个电阻钳位在高电平,即 I/O 端口的电平信号直接进入输入数据寄存器,但是在 I/O 端口悬空(在无信号输入)的情况下,输入端的电平可以保持在高电平,并且在 I/O 端口输入为低电平的情况下,输入端的电平也还是低电平。同理,下拉将不确定的引脚信号通过一个电阻钳位在低电平,即 I/O 端口的电平信号直接进入输入数据寄存器,但是在 I/O 端口悬空(在无信号输入)的情况下,输入端的电平可以保持在低电平,并且在 I/O 端口输入为高电平的情况下,输入端的电平也还是高电平。这样就避免了外部电路在没有上拉和下拉的情况下,出现引脚状态不确定的情况。设计实际电路时,会在 GPIO 端口的外部设计上下拉电阻,这和在内部配置 PULLUP 和 PULLDOWN 是一个目的,且效果相同,如图 2-1-3 所示。

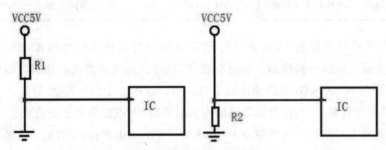

图 2-1-3　引脚上拉和下拉电阻电路

　　在输出模式时,一般选择不激活上拉和下拉(NOPULL),引脚才能根据程序设计的数据进行输出。

 任务实施

步骤 1：　**硬件电路分析**

　　由模电和数电知识可以得知,PE5 或 PB5 端口为共阳极,输入低电平(0 V)时,LED2、LED3 才能点亮,其中 R18 和 R20 起限流分压的作用。

步骤 2：　**建立 STM32CubeMX 工程并生成 HAL 库初始代码**

　　(1)在 STM32_Project 文件夹下新建文件夹 task2-1,用于保存本任务工程。

　　(2)新建 STM32CubeMX 工程。

　　参考项目 1 工作任务 3 相关内容。

　　(3)选择微控制器型号。

参考项目 1 工作任务 3 相关内容,选择型号为 STM32F103ZE 的微控制器。

(4)配置微控制器时钟树。

参考项目 1 工作任务 3 相关内容,配置 RCC,将 HCLK 配置为 72 MHz,PCLK1 配置为 36 MHz,PCLK2 配置为 72 MHz。

(5)配置 GPIO。

①对 PE5 进行引脚配置,找到对应引脚设置 GPIO_Output 功能模式和用户标记,如图 2-1-4 和图 2-1-5 所示。输入用户对该引脚的标记,此处输入 LED2,如图 2-1-6 所示,与实际的硬件电路对应起来。

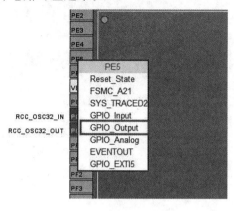

图 2-1-4 设置为输出模式

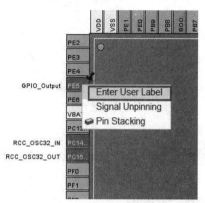

图 2-1-5 选择用户标记

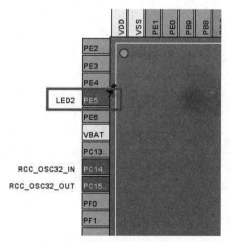

图 2-1-6 输入用户标记 LED2

②查看和选择 PE5 口的配置情况,如图 2-1-7 所示。选择引脚状态,默认为高电平(High)、推挽输出模式(Output Push Pull)、无上拉和下拉、低速输出。

(6)保存 STM32CubeMX 工程。

选择 File→Save Project 菜单,将项目保存至文件夹 task2-1 中,单击"确定"按钮,保存 STM32CubeMX 工程。

(7)生成基于 HAL 库的项目工程。

参考项目 1 工作任务 3 相关内容,进行工程保存参数和 C 代码生成的配置,最后单击"GENERATE CODE"生成代码按钮,生成点亮一盏灯的 HAL 库初始工程。

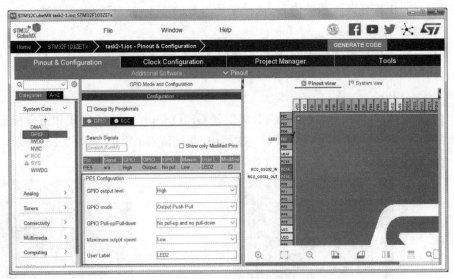

图 2-1-7　配置后的 PE5 引脚信息

步骤 3：　基于 HAL 库的代码完善

在 main 函数的 while 循环中添加点亮 LED 的应用程序，见程序清单 2-2。

程序清单 2-2

```
    /*函数声明*/
void SystemClock_Config(void);
static void MX_GPIO_Init(void);
int main(void)
{
    /*微控制器配置*/
    /*复位所有外设,初始化闪存接口和滴答定时器*/
    HAL_Init();
    /*配置系统时钟*/
    SystemClock_Config();
    /*初始化所有被配置的外设*/
    MX_GPIO_Init();
    /*无限循环*/
    /*USER CODE BEGIN WHILE*/
    while (1)
    {
        //输出低电平点亮 LED
        HAL_GPIO_WritePin(LED2_GPIO_Port,LED2_Pin,GPIO_PIN_RESET);
        /*USER CODE END WHILE*/
    }
}
```

步骤 4：　工程编译和调试

程序编写并调试无误后，连接 USB 串口下载线，选择编译生成的 task2-1.hex 文件，下载程序，程序将在开发板复位后开始运行，可以观察到 LED2 小灯被点亮。

工作任务 2 LED 交替闪烁控制

任务描述

　　本任务要求实现 LED2 和 LED3 交替闪烁,其中交替的时间可变。具体要求为系统启动后,LED2 和 LED3 每隔 2 s 交替闪烁,并逐渐以每次 0.1 s 缩短闪烁周期,直至闪烁时间为 0.1 s 后恢复 2 s 周期,不断循环此过程。

学习目标

　　(1)进一步掌握 STM32 GPIO 端口的配置和编程方法;

　　(2)了解 SysTick 的工作原理;

　　(3)会正确使用 HAL 库函数控制端口状态取反;

　　(4)会正确使用 HAL 库延时函数。

任务导学

任务工作页及过程记录表

任务	LED 交替闪烁控制	工作课时	2 课时

课前准备:预备知识掌握情况诊断表		
问题	回答/预习转向	
问题 1:程序中常见的延时方式有哪些?	会→问题 2; 回答:＿＿＿＿＿	不会→查阅资料,列出常见的延时方式,并比较各自特点
问题 2:SysTick 的定时原理是什么?	会→问题 3; 回答:＿＿＿＿＿	不会→查阅资料,理解滴答定时器的工作原理和应用
问题 3:HAL 库中与延时相关的函数主要有哪些?	会→课前预习; 回答:＿＿＿＿＿	不会→查阅 HAL 库中与延时相关的代码文件,根据注释了解其功能

课前预习:预习情况考查表			
预习任务	任务结果	学习资源	学习记录
利用 SysTick 定义一个自己的延时函数	查看 SysTick 处理函数,添加自定义的任意毫秒定时函数	(1)芯片用户手册; (2)HAL 库	
思考交替变化闪烁的实现思路	使用 Visio 软件画出本任务 SysTick 交替变化闪烁的程序流程图	(1)教材; (2)Visio 绘图工具	
研究 HAL 库中与本任务相关的延时函数和 GPIO 函数及其使用方法	结合延时函数和 GPIO 函数的功能,选择并修改相关函数以及对应参数	(1)教材; (2)HAL 库中 HAL_Delay() 函数和与 GPIO 相关的初始化和驱动文件	

续表

课上：学习情况评价表					
序号	评价项目	自我评价	互相评价	教师评价	综合评价
1	学习准备				
2	引导问题填写				
3	规范操作				
4	完成质量				
5	关键技能要领掌握				
6	完成速度				
7	5S 管理、环保节能				
8	参与讨论主动性				
9	沟通协作能力				
10	展示效果				

课后：拓展实施情况表	
拓展任务	完成要求
实现 LED2 和 LED3 以 1 s 固定时间交替闪烁	配合引脚状态切换操作，使用 HAL_Delay( ) 函数完成 LED2 和 LED3 的交替延时

 新知预备

1. 延时方式的选择

在基于 STM32 的物联网应用开发中，程序设计时常用到延时功能，如本任务中要求两个 LED 按照不同的周期交替闪烁，在后续项目中还会涉及传感器数据的定时采集和发送。STM32 微控制器的延时编程一般有以下三种方式：

1）普通延时法

普通延时法是让 STM32 微控制器执行一些无关紧要的工作来达到延时目的，通常使用 for 或者 while 等循环语句实现。但这种延时法不够精准，往往仅用于某些简单的演示，在实际项目开发中应用较少。

2）使用定时器外设

通过 STM32 微控制器内部的定时器外设实现准确延时的方法，需要占用某个定时器资源，其具体实现方法将在接下来的项目中做介绍。

3）SysTick 定时器延时

通过 SysTick 倒计时实现延时的方法，不需要浪费一个定时器，能节省微控制器资源，同时能实现准确延时。因此，SysTick 定时器被广泛应用于 STM32 微控制器的基本延时操作，对于复杂的延时应用会使用普通定时器外设。本任务的延时操作较简单，选用 SysTick 定时器。

2. 认识 SysTick

SysTick 为系统滴答定时器,它是 Cortex-M3 内核的外设,所有相同的内核均通用,与具体的微控制器生产企业无关。SysTick 定时器常用来实现延时操作,或者用于设置实时系统的心跳时钟。SysTick 是一个 24 位的倒计时定时器,如同一个沙漏,随着时间的推移,沙漏上半部分的沙越来越少。当 SysTick 计数到 0 时,将自动重装载设定的定时初值,开始新一轮计数,如同沙漏上半部分的沙流完后自动颠倒沙漏进行下一轮的计时。

在日常使用 STM32 且不需要使用操作系统时,通常是用 SysTick 定时器实现延时功能,SysTick 定时器运行是不需要系统参与的,当对 SysTick 定时器初始化后,滴答定时器的运行不占用系统资源、不占用系统中断。SysTick 定时器有属于自己的中断,当设定好计数频率后,滴答定时器会按照设定好的时间自动进入滴答定时器中断处理任务。

3. HAL 库相关函数

在 HAL 库的 stm32f1xx_hal.c 文件中提供了采用 SysTick 的延时函数 HAL_Delay(),用户直接调用该函数就可以产生精确的软件延时,它的函数定义如表 2-2-1 所示。

表 2-2-1　HAL_Delay()函数定义

函数原型	void HAL_Delay(_IO uint32_t Delay)
功能描述	由 SysTick 作为时钟源,提供以 ms 为单位的精确延时
输入参数	Delay:指定延时时间长度(以 ms 为单位)
返回值	无

GPIO 的输出信号切换控制函数 HAL_GPIO_TogglePin()在 HAL 库的 stm32f1xx_gpio.c 文件中,用户调用该函数可以直接切换引脚的输出信号状态,它的函数定义如表 2-2-2 所示。

表 2-2-2　HAL_GPIO_TogglePin()函数定义

函数原型	void HAL_GPIO_TogglePin(GPIO_TypeDef * GPIOx, uint16_t GPIO_Pin)
功能描述	对指定 GPIO 引脚的状态取反
输入参数 1	GPIOx:端口号,x 可以是 A~G(取决于设备的使用),用来选择与 GPIO 连接的外设
输入参数 2	GPIO_Pin:指定要状态取反的端口位,这个参数是 GPIO_PIN_x,x 取 0~15 任意值
返回值	无

stm32f1xx_it.c 文件中定义了滴答定时器的中断函数,SysTick_Handler()是 HAL 库配置的 STM32 微控制器运行时每隔 1 ms 被调用的一个中断处理函数,可以将需要周期性运行或者处理的工作放在该函数中。本任务中需要判断交替闪烁时间是否依次为 2000 ms →1900 ms→1800 ms…→100 ms,可以将 1 ms 的时间间隔变化放在此函数中进行定义。

 任务实施

步骤 1:　建立 STM32CubeMX 工程并生成 HAL 库初始代码

(1)在 STM32_Project 文件夹下新建文件夹 task2-2,用于保存本任务工程。

（2）新建 STM32CubeMX 工程。

参考项目 1 工作任务 3 相关内容。

（3）选择微控制器型号。

参考项目 1 工作任务 3 相关内容，选择型号为 STM32F103ZE 的微控制器。

（4）配置微控制器时钟树。

参考项目 1 工作任务 3 相关内容，配置 RCC，将 HCLK 配置为 72 MHz，PCLK1 配置为 36 MHz，PCLK2 配置为 72 MHz，STM32F1 系列微控制器的 SysTick 时钟源来自 HCLK（即 AHB）。这里将其配置为 HCLK 时钟频率的 1/8，即 Cortex 内核系统滴答定时器 Cortex System timer 的时钟源为 9 MHz，当然也可以直接选为 HCLK。

（5）配置 GPIO。

对 PE5 和 PB5 进行引脚配置，找到对应引脚设置 GPIO_Output 功能模式和用户标记。输入用户对该引脚的标记，此处输入 LED2 和 LED3，与实际的硬件电路对应起来，PB5 和 PE5 引脚的初始电平分别是 High 和 Low，即一开始 LED2 亮、LED3 灭，具体配置如图 2-2-1 所示。

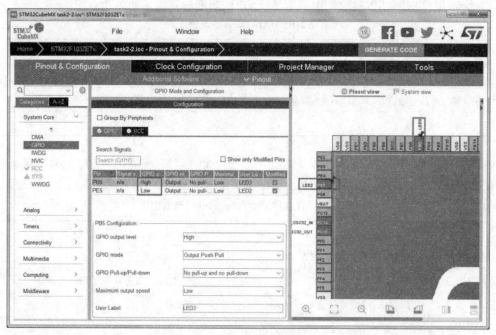

图 2-2-1　GPIO 配置

（6）保存 STM32CubeMX 工程。

选择 File→Save Project 菜单，将项目保存至文件夹 task2-2 中，单击"确定"按钮，保存 STM32CubeMX 工程。

（7）生成基于 HAL 库的项目工程。

参考项目 1 工作任务 3 相关内容，进行工程保存参数和 C 代码生成的配置，最后单击"GENERATE CODE"生成代码按钮，生成 LED 交替闪烁控制的 HAL 库初始工程。

步骤 2：　基于 HAL 库的代码完善

在 stm32f1xx_it.c 文件的滴答定时器处理函数 SysTick_Handler() 中添加定时 1 ms 周期的处理函数 myTick()，见程序清单 2-3。

程序清单 2-3

```
    void SysTick_Handler(void)
{

    /*USER CODE BEGIN SysTick_IRQn 0*/
     void myTick(void);
     myTick();//定义自己的 1 ms 滴答定时器处理函数
    /*USER CODE END SysTick_IRQn 0*/
    HAL_IncTick();

}
```

在 main.c 文件中添加 myTick()函数,以 1 ms 的时间间隔累加进行交替时间的判断,见程序清单 2-4。

程序清单 2-4

```
void SystemClock_Config(void);
static void MX_GPIO_Init(void);
/*用户代码区-------------------- */
/*USER CODE BEGIN 0*/
void myTick(void)
{
  static uint16_t time=0; //次数
  static uint32_t m=2000;
   if(++time>=m)   // 每隔 m 毫秒交替 1 次
      {
          HAL_GPIO_TogglePin(LED2_GPIO_Port,LED2_Pin);   //LED2 状态取反
          HAL_GPIO_TogglePin(LED3_GPIO_Port,LED3_Pin);   //LED3 状态取反
           m=m-100;
           if(m==100)
             {
                 m=2000;
             }
           time=0;
      }
}
/*USER CODE END 0*/
```

步骤 3: 工程编译和调试

程序编写并调试无误后,连接 USB 串口下载线,选择编译生成的 task2-2.hex 文件,下载程序,程序将在开发板复位后开始运行,可以观察到 LED2 和 LED3 每隔 2000 ms 递减交替闪烁,并不断循环。

工作任务 3　**按键控制 LED**

任务描述

　　本任务要求使用与 PE2 端口和 PE3 端口连接的按键分别控制 LED2 和 LED3 的亮灭,相关按键电路如图 2-3-1 所示。

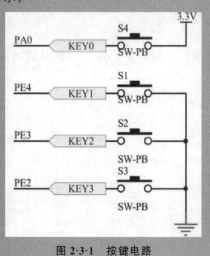

图 2-3-1　按键电路

学习目标

　　(1)掌握按键驱动和按键扫描检测的原理;

　　(2)掌握 STM32CubeMX 中 GPIO 端口的输入配置;

　　(3)会正确使用 HAL 库函数读取 GPIO 端口状态。

任务导学

任务工作页及过程记录表

任务	按键控制 LED		工作课时	2 课时
课前准备:预备知识掌握情况诊断表				
问题	回答/预习转向			
问题 1:说说按键的用途和原理	会→问题 2; 回答:＿＿＿＿＿＿		不会→查阅资料,了解常用的电子输入设备及其分类和特点	
问题 2:按键的检测方法有哪些?	会→问题 3; 回答:＿＿＿＿＿＿		不会→查阅资料,理解并记录常用的按键检测方法及原理	
问题 3:比较不同检测方法的优缺点	会→课前预习; 回答:＿＿＿＿＿＿		不会→从技术难度、资源占用和成本等方面进行比较	
课前预习:预习情况考查表				
预习任务	任务结果	学习资源		学习记录
查看按键原理图,描述一次完整按键的过程	结合电路原理图和实际抖动时间,记录按键按下瞬间、稳定后和松手后的按键波形	(1)教材; (2)网络查询; (3)示波器		

续表

预习任务	任务结果	学习资源	学习记录
设计具有硬件防抖功能的按键电路	结合数字电路和相关元器件特性，使用 Altium Designer 绘制具有硬件防抖功能的按键电路	(1)网络查询； (2)电子技术相关教材	
研究按键扫描和软件延时去抖的原理和程序设计	根据原理及判别流程编写出按键识别的相关核心代码	(1)教材； (2)网络查询	

课上：学习情况评价表				
序号	评价项目	自我评价	互相评价	教师评价	综合评价
---	---	---	---	---	---
1	学习准备				
2	引导问题填写				
3	规范操作				
4	完成质量				
5	关键技能要领掌握				
6	完成速度				
7	5S 管理、环保节能				
8	参与讨论主动性				
9	沟通协作能力				
10	展示效果				

课后：拓展实施情况表	
拓展任务	完成要求
使用 SysTick 完成按键的定时扫描和判断	结合 SysTick 的 1 ms 自动定时中断，设置相应的标志位，实现每隔 20 ms 扫描识别按键状态

 新知预备

1. 认识按键

在物联网应用系统中，通常要求微控制器有人机交互功能，需要输入信息，实现对系统的控制，这时就需要用到按键。与 LED 一样，按键也与 GPIO 引脚连接，可实现外部控制信号的输入，从而可以控制外部硬件等。

按键按照结构原理可分为两类，一类是触点式开关按键，如机械式开关按键、导电橡胶式开关按键等；另一类是无触点式开关按键，如电气式按键、磁感应按键等。前者造价低，后者寿命长。目前,微控制器系统中最常见的是触点式开关按键,其主要功能是把机械通断转换为电气上的逻辑关系,也就是说,它能提供标准的 TTL 逻辑电平,以便与通用数字系统的逻辑电平相容。

机械式按键在按下或释放时,由于机械触点弹性振动的作用,通常伴随着一定时间的机械抖动,其抖动过程如图 2-3-2 所示,抖动时间的长短取决于按键的机械特性和操作状态,一般为 10～100 ms。

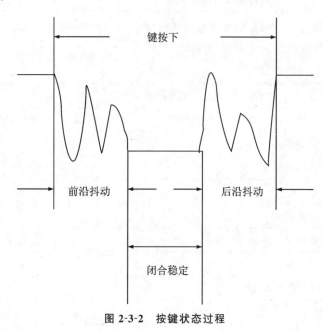

图 2-3-2 按键状态过程

2. 按键检测的方法

按键的抖动处理是按键检测设计时考虑的核心问题,如果在触点抖动期间检测按键的通断状态,可能导致一次按键产生的开关状态被 STM32 微控制器检测到多次。为了避免这种错误,必须消除机械按键产生的前沿和后沿抖动,可从硬件、软件两方面予以考虑,在按键数量较少的情况下,可采用硬件去抖方法,而在按键数量较多的情况下,应采用软件去抖方法。结合开发板硬件电路实际情况,本项目采用软件去抖方法。

软件去抖的措施是在检测到有按键按下时,执行一个 10～100 ms(具体时间应视所使用的按键进行调整)的延时程序,待前沿抖动消失后,再检测该按键的引脚电平,如果仍保持闭合状态电平,则确认该按键确实被稳定地按下去了;同理,在检测到按键释放后,也应采用相同的步骤消除后沿抖动的影响,从而可确认按键确实稳定地松开了。

为了能够查询按键引脚电平的变化,可以采用循环扫描或者中断的方式进行判断,本任务将采用循环扫描的方式进行按键的识别。这种方式占用硬件资源少,编程简单,但由于需要占用大量微控制器时间,可能存在无法及时响应其他输入的问题,一般只用于小型项目中。对于大型的程序设计任务,多采用中断的方式进行按键的响应,这种方式的实现将在后续项目中介绍。

在 HAL 库中,GPIO 的输入信号读取函数同样在 stm32f1xx_gpio.c 文件中,用户调用该函数可以直接读取引脚的输入信号状态,它的函数定义如表 2-3-1 所示。

表 2-3-1 HAL_GPIO_ReadPin 函数定义

函数原型	GPIO_PinState HAL_GPIO_ReadPin(GPIO_TypeDef * GPIOx, uint16_t GPIO_Pin)
功能描述	读取指定的输入端口引脚值
输入参数 1	GPIOx：端口号，x 可以是 A～G(取决于设备的使用)，用来选择与 GPIO 连接的外设
输入参数 2	GPIO_Pin：指定要状态取反的端口位，这个参数是 GPIO_PIN_x，x 取 0～15 中任意值
返回值	GPIO_PinState：输入端口引脚状态返回值

 任务实施

步骤 1： **硬件电路分析**

开发板中共有 4 个交互按键，其中 S1(KEY1)、S2(KEY2)、S3(KEY3)的一端都是接地，这使得当按下不同按键时，PE4、PE3、PE2 的信号会被拉低，而 S4(KEY0)的一端接 3.3 V 电源，当按下此按键时，PA0 的信号会被拉高。

步骤 2： **建立 STM32CubeMX 工程并生成 HAL 库初始代码**

(1)在 STM32_Project 文件夹下新建文件夹 task2-3，用于保存本任务工程。

(2)新建 STM32CubeMX 工程。

参考项目 1 工作任务 3 相关内容。

(3)选择微控制器型号。

参考项目 1 工作任务 3 相关内容，选择型号为 STM32F103ZE 的微控制器。

(4)配置微控制器时钟树。

参考项目 1 工作任务 3 相关内容，配置 RCC，将 HCLK 配置为 72 MHz，PCLK1 配置为 36 MHz，PCLK2 配置为 72 MHz。

(5)配置 GPIO。

对 PE5 和 PB5 进行引脚配置，找到对应引脚设置 GPIO_Output 功能模式和用户标记。输入用户对该引脚的标记 LED2 和 LED3。接下来对 PE2 和 PE3 进行引脚配置，找到对应引脚设置 GPIO_Input 功能模式和用户标记，输入用户对该引脚的标记 KEY2 和 KEY3，并设置输入上拉模式，如图 2-3-3 所示，与实际的硬件电路对应起来。

(6)保存 STM32CubeMX 工程。

选择 File→Save Project 菜单，将项目保存至文件夹 task2-3 中，单击"确定"按钮，保存 STM32CubeMX 工程。

(7)生成基于 HAL 库的项目工程。

参考项目 1 工作任务 3 相关内容，进行工程保存参数和 C 代码生成的配置，最后单击"GENERATE CODE"生成代码按钮，生成按键点灯的 HAL 库初始工程。

步骤 3： **基于 HAL 库的代码完善**

打开 main.c，完善主函数和按键扫描函数，完善后的 main.c 见程序清单 2-5。

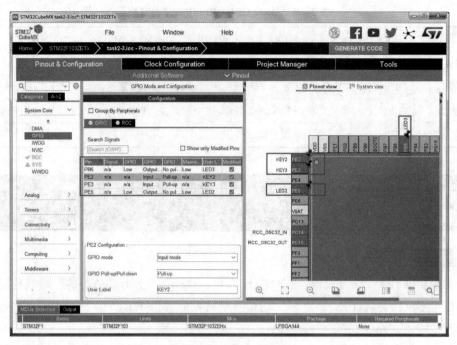

图 2-3-3　GPIO 端口配置

程序清单 2-5

```
#include"main.h"
#include"gpio.h"
void SystemClock_Config(void);
/*USER CODE BEGIN 0*/
uint8_t keyvalue;
//按键扫描函数
uint8_t Key_Scan(void)
{
    if(HAL_GPIO_ReadPin(KEY2_GPIO_Port,KEY2_Pin)==RESET)
    {
        HAL_Delay(10);   //延时去抖
        if(HAL_GPIO_ReadPin(KEY2_GPIO_Port,KEY2_Pin)==RESET)
        {
            while(HAL_GPIO_ReadPin(KEY2_GPIO_Port,KEY2_Pin)==RESET);  //松手检测
            return 1;//按下 KEY2 并松手
        }
    }
    if(HAL_GPIO_ReadPin(KEY3_GPIO_Port,KEY3_Pin)==RESET)
    {
        HAL_Delay(10);   //延时去抖
        if(HAL_GPIO_ReadPin(KEY3_GPIO_Port,KEY3_Pin)==RESET)
        {
            while(HAL_GPIO_ReadPin(KEY3_GPIO_Port,KEY3_Pin)==RESET);
```

```
                    return 2;//按下 KEY3 并松手
        }
}
    return 0;   //没有按下
}
/*USER CODE END 0*/
int main(void)
{
    HAL_Init();
    SystemClock_Config();
    MX_GPIO_Init();
    while (1)
    {
        /*USER CODE BEGIN 3*/
        keyvalue=Key_Scan();   //获取按键函数返回值
        if(keyvalue==1)
        HAL_GPIO_TogglePin(LED2_GPIO_Port,LED2_Pin);
        else if(keyvalue==2)
        HAL_GPIO_TogglePin(LED3_GPIO_Port,LED3_Pin);
    }
    /*USER CODE END 3*/
}
```

步骤 4: **下载调试程序**

程序编写并调试无误后,连接 USB 串口下载线,选择编译生成的 task2-3.hex 文件,下载程序,程序将在开发板复位后开始运行,按下 KEY2 和 KEY3 按键可以分别控制 LED2 和 LED3 的亮灭。

项目小结

项目 **3** LED 调光灯的设计与实现

 项目导入

STM32F1 系列微控制器支持多个中断,同时也允许多种多样的中断,如 I/O 端口外部中断、定时器中断和串口中断等。在实际开发中,为了提高物联网系统的运行精度和效率,经常会在程序中嵌入中断和定时器控制,从而使 STM32 微控制器具有良好的分时操作和实时处理能力。本项目通过 LED 调光灯的设计和实现,使用 STM32CubeMX 和 HAL 库搭建 MDK-ARM 开发环境,带领读者使用定时器、PWM(脉冲宽度调制)和外部中断等方法实现 LED 不同显示效果的控制。

素养目标

(1)能按 5S 规范完成项目工作任务;

(2)能参与小组讨论,注重团队协作;

(3)会根据已学课程知识实现相关技术的理解和迁移;

(4)了解定时器和中断在典型物联网系统开发中的应用。

知识、技能目标

(1)掌握 STM32F1 系列微控制器中断的工作原理和编程配置方法;

(2)掌握定时器的工作原理和使用方法;

(3)会使用 STM32CubeMX 准确配置定时器和中断功能;

(4)能通过 STM32 定时器实现精确延时和定时处理;

(5)会利用 STM32 HAL 库编程实现 PWM 信号的输出;

(6)会使用中断方式检测按键的状态。

项目内容

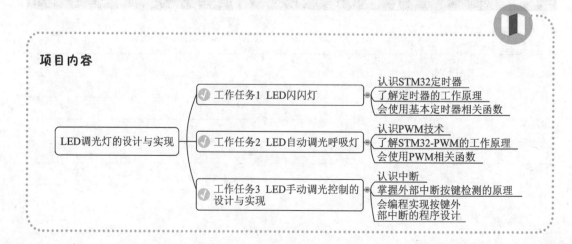

LED调光灯的设计与实现

工作任务1 LED闪闪灯
- 认识STM32定时器
- 了解定时器的工作原理
- 会使用基本定时器相关函数

工作任务2 LED自动调光呼吸灯
- 认识PWM技术
- 了解STM32-PWM的工作原理
- 会使用PWM相关函数

工作任务3 LED手动调光控制的设计与实现
- 认识中断
- 掌握外部中断按键检测的原理
- 会编程实现按键外部中断的程序设计

项目实施

工作任务 1 | **LED 闪闪灯**

任务描述

　　本任务要求使用 TIM6 定时器精确控制 LED2 和 LED3 灯的闪烁,周期为 1 s,即定时时间为 500 ms,每隔 500 ms 灯亮一次,再隔 500 ms 灯灭一次。

学习目标

　　(1)了解 STM32 定时器的工作原理;

　　(2)能正确选用中断源,会设置中断源的优先级;

　　(3)会使用 STM32CubeMX 配置定时器中断及其相关参数;

　　(4)会编程实现定时器中断回调函数的程序设计。

任务导学

任务工作页及过程记录表

任务	LED 闪闪灯		工作课时	2 课时
课前准备:预备知识掌握情况诊断表				
问题		回答/预习转向		
问题 1:定时器延时有哪些优势?	会→问题 2; 回答:＿＿＿＿＿			不会→查阅资料,与其他延时方式比较,归纳总结使用定时器延时的优点
问题 2:基本定时器工作原理是什么?	会→问题 3; 回答:＿＿＿＿＿			不会→查阅资料,回顾 51 单片机定时器相关知识,理解定时器的工作原理
问题 3:STM32 微控制器定时器的主要功能有哪些?	会→课前预习; 回答:＿＿＿＿＿			不会→查阅资料,分别说明三种不同类型定时器的功能和特点
课前预习:预习情况考查表				
预习任务	任务结果		学习资源	学习记录
使用 STM32CubeMX 配置基本定时器的工作参数与中断功能	根据任务要求,对基本定时器的各项参数进行初步配置		(1)STM32CubeMX 帮助文档; (2)网络查询; (3)教材	

续表

预习任务	任务结果	学习资源	学习记录
基本定时器定时时间的计算方法	根据定时器的参数配置，计算出 1 次定时溢出时间	(1)教材； (2)网络查询	
回调函数的定义及使用方法	写出回调函数的作用，并在 main.c 文件中定义基本定时器的回调函数	(1)教材； (2)HAL 库函数定义	

课上：学习情况评价表

序号	评价项目	自我评价	互相评价	教师评价	综合评价
1	学习准备				
2	引导问题填写				
3	规范操作				
4	完成质量				
5	关键技能要领掌握				
6	完成速度				
7	5S 管理、环保节能				
8	参与讨论主动性				
9	沟通协作能力				
10	展示效果				

课后：拓展实施情况表

拓展任务	完成要求
使用定时器实现秒表设计	使用定时器和显示模块实现 0~59 的计数，时间间隔为 1 s

 新知预备

1. 认识 STM32 定时器

定时器相当于微控制器的闹钟，它的主要模块由一个 16/32 位计数器及其相关的自动重装载寄存器组成，计数时钟可以通过可编程预分频器进行分频，计数器可以采用递增、递减、递增/递减方式计数。计数器、预分频器、自动重装载寄存器可以通过软件方式读写，即使在计数器运行时也可以进行读写操作。

定时器基于某一个时钟开始计数，一旦产生溢出就使对应的标志位被置 1，通过不断扫描这个标志位来判断计数有没有完成。如果打开了中断功能，那么在溢出的时候中断标志位将被置 1。

按照定时器的位置,STM32 定时器家族可以分为外设定时器和内核定时器。内核定时器主要指的是系统节拍定时器,外设定时器可以根据定时器的功能分为常规定时器和专用定时器,其中,常规定时器又可以分成高级定时器、通用定时器和基本定时器,如表 3-1-1 所示。STM32F1 系列微控制器中,除了互联型的产品,共有 8 个常规定时器,编号为 TIM1~TIM8,其中包括 2 个高级控制定时器、4 个通用定时器和 2 个基本定时器。

表 3-1-1　常规定时器分类

定时器类型	定时器	计数器分辨率	计数器类型	捕获/比较通道数	挂载总线/接口时钟	定时器时钟
高级定时器	TIM1	16 位	递增/递减	4	APB2/72 MHz	72 MHz
	TIM8	16 位	递增/递减	4	APB2/72 MHz	72 MHz
通用定时器	TIM2	16 位	递增/递减	4	APB1/36 MHz	72 MHz
	TIM3	16 位	递增/递减	4	APB1/36 MHz	72 MHz
	TIM4	16 位	递增/递减	4	APB1/36 MHz	72 MHz
	TIM5	16 位	递增/递减	4	APB1/36 MHz	72 MHz
基本定时器	TIM6	16 位	递增	0	APB1/36 MHz	72 MHz
	TIM7	16 位	递增	0	APB1/36 MHz	72 MHz

TIM6 和 TIM7 属于基本定时器,是一个 16 位的向上计数的定时器,并且只能定时,没有外部 I/O 端口;TIM2/3/4/5 是通用定时器,为一个 16 位的可以向上/下计数的定时器,可以实现精准定时、测量输入信号的脉冲长度(输入捕获)或者产生输出波形(PWM)等,每个定时器有 4 个外部 I/O 端口;TIM1/8 是高级定时器,为一个 16 位的可以向上/下计数的定时器,可以定时,可以输出比较和输入捕捉,还可以与三相电机互补输出信号,每个定时器有 8 个外部 I/O 端口。

2. 基本定时器的工作原理

本任务中使用的 TIM6 基本定时器是三种定时器中功能和使用方法最简单的定时器,当向上累加的时钟脉冲数超过预定值时,就能触发计数值溢出更新事件、中断和 DMA 请求,然后计数器的计数值被置 0,重新向上计数。基本定时器的内部结构框图如图 3-1-1 所示。

基本定时器使用的时钟源都是 TIMxCLK,即内部时钟 CK_INT,时钟源经过 PSC 预分频器分频后驱动脉冲计数器(CNT COUNTER),计数器具有自动重装载寄存器,其中保存的是定时器的溢出值,如果使能中断了,定时器就会产生溢出中断。

如图 3-1-2 所示,定时器的定时时间即为计数器的溢出时间,由自动重装载寄存器值 ARR、计数器时钟 CK_CNT、预分频系数 PSC、定时器时钟 TIMxCLK 等参数共同决定,定时时间 Time 的计算公式如下:

$$Time = \frac{(PSC+1) \times (ARR+1)}{TIMxCLK}$$

3. 基本定时器相关函数

对于定时器的相关配置,STM32CubeMX 会根据软件设置自动生成。本任务在 HAL

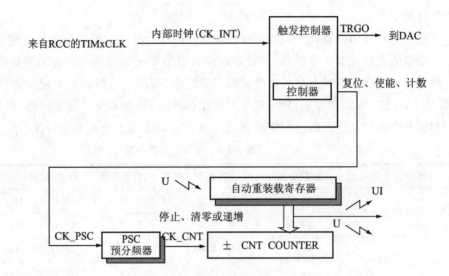

图 3-1-1　基本定时器的内部结构框图

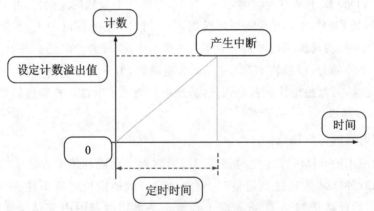

图 3-1-2　基本定时器定时原理示意图

库的 MX_TIM6_Init 函数中对定时器 TIM6 的工作参数进行了配置,其函数代码见程序清单 3-1。

程序清单 3-1

```
        /*具体参数根据实际任务需求调整*/

    static void MX_TIM6_Init(void)

{

    TIM_MasterConfigTypeDef sMasterConfig={0};

    /*htim6 为定时器 6 初始化后的结构体*/

    htim6.Instance=TIM6;//TIM6 为定时器 6 的时基地址
```

```
htim6.Init.Prescaler=7200- 1;   //预分频系数
htim6.Init.CounterMode=TIM_COUNTERMODE_UP; //向上计数模式
htim6.Init.Period=999;//计数重装载值
htim6.Init.AutoReloadPreload=TIM_AUTORELOAD_PRELOAD_DISABLE;
if (HAL_TIM_Base_Init(&htim6) !=HAL_OK)
{
 Error_Handler();
}
sMasterConfig.MasterOutputTrigger=TIM_TRGO_RESET;
sMasterConfig.MasterSlaveMode=TIM_MASTERSLAVEMODE_DISABLE;
if (HAL_TIMEx_MasterConfigSynchronization(&htim6, &sMasterConfig)!=HAL_OK)
{
 Error_Handler();
}
}
```

stm32f1xx_hal_tim.c 文件中定义了与定时器相关的接口函数,基本定时器主要用于独立时间计时功能,定时时间到时,可等待微控制器检查标志位(查询方式),或发生定时器中断,实际操作中一般都是让定时器产生中断。相关函数定义如表 3-1-2 和表 3-1-3 所示。

表 3-1-2　HAL_TIM_Base_Start()函数定义

函数原型	HAL_StatusTypeDef　HAL_TIM_Base_Start(TIM_HandleTypeDef ＊ htim)
功能描述	在轮询方式下启动定时器运行
输入参数	＊htim:定时器句柄的地址
返回值	HAL 状态(HAL_StatusTypeDef;返回 HAL_OK 表示启动成功)
注意事项	1.该函数在定时器初始化完成之后调用; 2.函数需要由用户调用,用于轮询方式下启动定时器

表 3-1-3　HAL_TIM_Base_Start_IT()函数定义

函数原型	HAL_StatusTypeDef　HAL_TIM_Base_Start_IT(TIM_HandleTypeDef ＊ htim)
功能描述	使能定时器的更新中断,并在中断模式下启动定时器
输入参数	＊htim:定时器句柄的地址
返回值	HAL 状态(HAL_StatusTypeDef;返回 HAL_OK 表示启动成功)
注意事项	1.该函数在定时器初始化完成之后调用; 2.函数需要由用户调用,用于中断方式下启动定时器; 3.启动前需要调用宏函数__HAL_TIM_CLEAR_IT 来清除更新中断标志

在定时器 TIM6 中断发生后,进入对应的中断服务程序 TIM6_IRQHandler,在中断服务程序中调用 HAL_TIM_IRQHandler()定时器中断通用处理函数,完成相应的中断类型判断和中断标志位的清除,最后调用 HAL_TIM_PeriodElapsedCallback()中断回调函数,由用户根据任务需求完成函数内容设计。定时器中断通用处理函数和中断回调函数的定义如表 3-1-4 和表 3-1-5 所示。

表 3-1-4　HAL_TIM_IRQHandler()函数定义

函数原型	void HAL_TIM_IRQHandler(TIM_HandleTypeDef * htim)
功能描述	定时器中断通用处理函数,用于对定时器中断请求的处理
输入参数	* htim:定时器句柄的地址
返回值	无

表 3-1-5　HAL_TIM_PeriodElapsedCallback()函数定义

函数原型	void HAL_TIM_PeriodElapsedCallback(TIM_HandleTypeDef * htim)
功能描述	中断回调函数,用于处理所有定时器的更新中断,用户在该函数内编写实际的任务处理程序
输入参数	* htim:定时器句柄的地址
返回值	无
注意事项	1.该函数由定时器中断通用处理函数 HAL_TIM_IRQHandler()调用,完成所有定时器的更新中断的任务处理; 2.函数内部根据定时器句柄实例判断哪个定时器产生本次更新中断; 3.函数由用户根据具体的处理任务编写

 任务实施

步骤 1:　**建立 STM32CubeMX 工程并生成 HAL 库初始代码**

(1)在 STM32_Project 文件夹下新建文件夹 task3-1,用于保存本任务工程。

(2)新建 STM32CubeMX 工程。

参考项目 1 工作任务 3 相关内容。

(3)选择微控制器型号。

参考项目 1 工作任务 3 相关内容,选择型号为 STM32F103ZE 的微控制器。

(4)配置微控制器时钟树。

参考项目 1 工作任务 3 相关内容,配置 RCC,将 HCLK 配置为 72 MHz,PCLK1 配置为 36 MHz,PCLK2 配置为 72 MHz。

(5)配置 GPIO。

对 PE5 和 PB5 进行引脚配置,找到对应引脚设置 GPIO_Output 功能模式和用户标记。输入用户对该引脚的标记 LED2 和 LED3,相关参数配置如图 3-1-3 所示,两个引脚的初始电平分别是 Low 和 High,定时取反后可以实现流水灯效果。

(6)配置 TIM6。

展开 Pinout&Configuration 选项卡左侧的 Timers 选项,选择 TIM6,激活(Activated)定时器 TIM6,在参数设置选项卡(Parameter Settings)中配置相关参数,如图 3-1-4 所示。

①Prescaler (定时器分频系数):7200-1;

②Counter Mode(计数模式):Up(向上计数模式);

③Counter Period(自动重装载值):999;

④auto-reload preload:Disable。

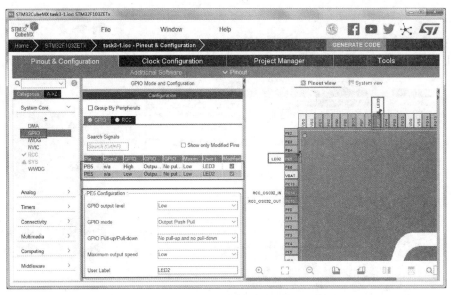

图 3-1-3　GPIO 端口配置

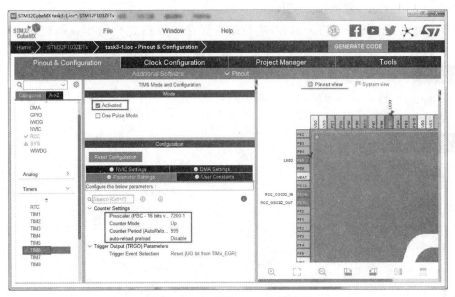

图 3-1-4　定时器 TIM6 参数配置

根据定时器溢出时间公式,内部时钟 TIMxCLK＝72 MHz,可以得出本任务的溢出时间为

$$\text{Time}=\frac{(\text{PSC}+1)\times(\text{ARR}+1)}{\text{TIMxCLK}}=\frac{(7200-1+1)\times(999+1)}{72\times10^6}\text{s}=0.1\text{ s}=100\text{ ms}$$

配置完后,展开 Pinout&Configuration 选项卡左侧的 System Core 选项,选择 NVIC,勾选 TIM6 global interrupt(使能定时器 6 全局中断),设置其 Preemption Priority(抢占优先级)为 1 级,如图 3-1-5 所示。

(7)保存 STM32CubeMX 工程。

选择 File→Save Project 选项,将项目保存至文件夹 task3-1 中,单击"确定"按钮,保存 STM32CubeMX 工程。

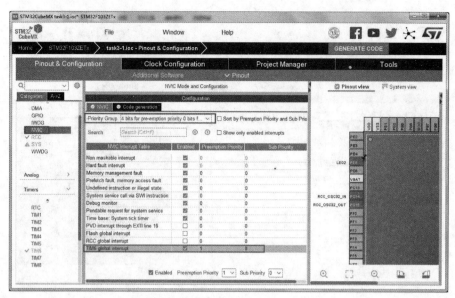

图 3-1-5　定时器 TIM6 中断配置

(8)生成基于 HAL 库的项目工程。

参考项目 1 工作任务 3 相关内容,进行工程保存参数和 C 代码生成的配置,最后单击"GENERATE CODE"生成代码按钮,生成 LED 闪闪灯的 HAL 库初始工程。

步骤 2：　基于 HAL 库的代码完善

打开 main.c,输入开启定时器 TIM6 中断代码,并编写 TIM6 中断回调函数,完善后的 main.c 见程序清单 3-2。

程序清单 3-2

```
#include"main.h"
/*私有变量定义*/
TIM_HandleTypeDef htim6;
/*函数原型说明*/
void SystemClock_Config(void);
static void MX_TIM6_Init(void);
/*用户代码区*/
/*USER CODE BEGIN 0*/
//TIM6 中断回调函数
void HAL_TIM_PeriodElapsedCallback(TIM_HandleTypeDef*htim)
{
    static uint32_t i=0;// 中断次数初始值为 0    if(TIM6==htim->Instance) //判断中断是否来自 TIM6
    {
        i++;
        if(i==5)//5 次中断后,LED 状态翻转
        {
        HAL_GPIO_TogglePin(LED2_GPIO_Port,LED2_Pin);
```

```
          HAL_GPIO_TogglePin(LED3_GPIO_Port,LED3_Pin);
          i=0;
        }
      }
    }
/*USER CODE END 0*/
int main(void)
{
  /*MCU Configuration*/
  /* 复位所有外设,初始化存储器接口和滴答定时器 */
  HAL_Init();
  /* 配置系统时钟*/
  SystemClock_Config();
  /*初始化所有被配置的外设*/
  MX_GPIO_Init();
  MX_TIM6_Init();
/*USER CODE BEGIN 2 */
if(HAL_TIM_Base_Start_IT(&htim6)! = HAL_OK) //使能定时器 6 中断
    {
      Error_Handler();
    }
  /*USER CODE END 2*/
  /*无限循环*/
  /*USER CODE BEGIN WHILE */
  while (1)
    {
/*USER CODE END WHILE*/
    /*USER CODE BEGIN 3*/
    }
    /*USER CODE END 3*/
}
```

> 步骤 3:   工程编译和调试

程序编写并调试无误后,连接 USB 串口下载线,选择编译生成的 task3-1. hex 文件,下载程序,程序将在开发板复位后开始运行,可以观察到 LED2 和 LED3 小灯每隔 500 ms 闪烁,并伴随流水灯效果。

工作任务2 **LED 自动调光呼吸灯**

任务描述

　　本任务要求使用定时器 TIM3 产生 PWM 信号,控制 LED3 小灯的自动调光,实现 LED3 逐渐由暗到明,再由明到暗的呼吸效果,并不断循环。

学习目标

　　(1)掌握 PWM 技术的工作原理和应用;

　　(2)会使用 STM32CubeMX 工具配置定时器输出 PWM 信号;

　　(3)会编写实现 PWM 信号输出的应用程序。

任务导学

任务工作页及过程记录表

任务	LED 自动调光呼吸灯	工作课时	2 课时
课前准备:预备知识掌握情况诊断表			

问题	回答/预习转向	
问题 1:什么是 PWM?	会→问题 2; 回答:＿＿＿＿＿＿	不会→查阅资料,了解 PWM 的工作原理及其应用
问题 2:PWM 信号的产生方式有哪些?	会→问题 3; 回答:＿＿＿＿＿＿	不会→查阅资料,归纳总结微控制器 PWM 信号的产生方式,并比较各自的优缺点
问题 3:定时器产生 PWM 信号的原理是什么?	会→课前预习; 回答:＿＿＿＿＿＿	不会→查阅资料,学习 PWM 信号的端口映射和生成模式

课前预习:预习情况考查表			
预习任务	任务结果	学习资源	学习记录
PWM 信号的周期和占空比计算	根据本任务中配置的参数和 PWM 信号生成样式,列出计算结果	(1)网络; (2)教材	
STM32CubeMX 的项目定时器 PWM 参数的配置	为项目初步配置合理的 PWM 参数	(1)教材; (2)软件相关帮助文档	
HAL 库中 PWM 信号生成函数的使用	根据 PWM 相关函数的定义配置合理的参数	(1)教材; (2)HAL 库函数定义	

续表

课上：学习情况评价表				
序号	评价项目	自我评价	互相评价	教师评价	综合评价
1	学习准备				
2	引导问题填写				
3	规范操作				
4	完成质量				
5	关键技能要领掌握				
6	完成速度				
7	5S 管理、环保节能				
8	参与讨论主动性				
9	沟通协作能力				
10	展示效果				

课后：拓展实施情况表	
拓展任务	完成要求
实现对直流电机转速的控制	使用 STM32 开发板，连接一个电机驱动模块和直流电机，实现直流电机转速的逐渐增加和减小

 新知预备

1. 认识 PWM 技术

PWM(脉冲宽度调制)是利用微控制器的数字输出对模拟电路进行控制的一种有效技术，即使用数字信号达到模拟信号的效果。在 STM32 系统中，通过定时器的控制，STM32 的特殊 I/O 端口(不是所有 I/O 端口都可以输出 PWM 信号)输出一个高低电平快速变化的方波，通过对定时器参数的修改，可以改变方波的频率和占空比。

如图 3-2-1 所示，该波形为一个经过 PWM 调制的方波信号，从中可以看出，在一个周期内，高电平持续了 4 ms，低电平持续了 6 ms，整个周期为 10 ms。通过这些信息，首先可以算出占空比(占空比是指在一个周期内，信号处于高电平的时间占据整个信号周期的百分比)，根据图中的参数可以得到该波形的占空比为 4 ms/10 ms＝40%。接着我们可以算出频率，可以得到该波形频率为 $1/(10×10^{-3} \text{ s})＝100$ Hz。在后面的波形中，频率保持不变，占空比变为 60% 和 80%。

2. STM32 PWM 工作原理

STM32 的定时器中除了 TIM6 和 TIM7，其他定时器都可以用来输出 PWM 信号，其中高级定时器 TIM1 和 TIM8 可以同时产生多达 7 路 PWM 输出，通用定时器能同时产生 4 路

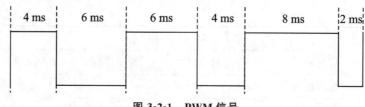

图 3-2-1　PWM 信号

PWM 输出,通过对定时器的配置,这 4 个通道可以同时输出同频率、不同占空比的方波。本任务通过 PWM 来控制 LED3(PB5 控制)的亮暗,需要打开定时器 TIM3 的第 2 个通道即 TIM3_CH2,开启重映射功能,则 PWM 信号能通过 PB5 对 LED 的亮暗进行调制,如表 3-2-1 所示。本开发板上与 LED2 连接的 PE5 引脚不具备复用输出比较功能,不能输出 PWM 信号。

表 3-2-1　　TIM3 通道端口映射

复用功能	TIM3_REMAP[1:0]=00 (没有重映射)	TIM3_REMAP[1:0]=10 (部分重映射)	TIM3_REMAP[1:0]=11 (完全重映射)
TIM3_CH1	PA6	PB4	PC6
TIM3_CH2	PA7	PB5	PC7
TIM3_CH3	PB0		PC8
TIM3_CH4	PB1		PC9

为了实现调光效果,需要不断变化 PB5 输出的 PWM 信号占空比;为了点亮 LED3,需要将 PB5 设置成低电平,当 PB5 为高电平时,LED 处于熄灭状态。当 LED 通过 PWM 进行调制时,LED 亮灭的时间得到了周期性的控制,PWM 占空比越高即高电平维持的时间越长,LED 点亮的时间就越短,LED 看上去就会暗一些;PWM 占空比越低即低电平维持的时间越长,LED 点亮的时间越长,LED 看上去就会亮许多。这也说明了不同占空比的 PWM 信号等同于不同的平均电压。

定时器 TIM3 的每一个通道都有一个捕获比较寄存器,将寄存器值和计数器值进行比较,根据比较结果输出高/低电平,实现 PWM 信号的输出。STM32 微控制器的定时器可输出两种模式的 PWM 信号,如图 3-2-2 和图 3-2-3 所示。

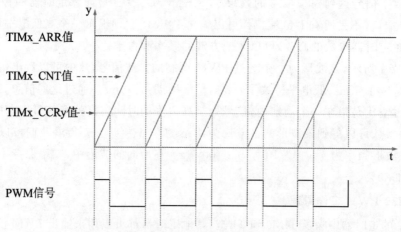

图 3-2-2　PWM 信号生成过程示意图(PWM1 模式)

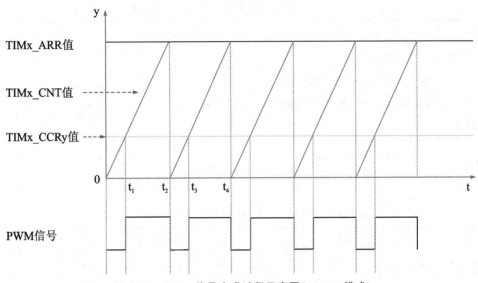

图 3-2-3　PWM 信号生成过程示意图(PWM2 模式)

在两种模式下,TIMx_CNT(计数器当前值)与 TIMx_CCR2(捕获/比较值)仅决定是有效电平还是无效电平,有效电平可以是高电平也可以是低电平。在 STM32CubeMX 中可通过设置输出极性(CH Polarity),确定有效或无效电平为最终输出的高电平或低电平。

PWM1 模式:向上计数时,一旦 TIMx_CNT<TIMx_CCR2,通道 2 便为有效电平,否则为无效电平;向下计数时,一旦 TIMx_CNT>TIMx_CCR2,通道 2 便为无效电平,否则为有效电平。

PWM2 模式:向上计数时,一旦 TIMx_CNT<TIMx_CCR2,通道 2 便为无效电平,否则为有效电平;向下计数时,一旦 TIMx_CNT>TIMx_CCR2,通道 2 便为有效电平,否则为无效电平。

这里以 PWM2 模式中的向上计数模式为例,ARR 为定时器重装载值,CCR2 为通道 2 比较值,有效电平为高电平。t 时刻对 CNT 值和 CCR2 值进行比较,如果 CNT 值小于 CCR2 值,输出低电平;如果 CNT 值大于 CCR2 值,输出高电平。

PWM 信号的生成样式与计数器寄存器值(TIMx_CNT)、自动重装载寄存器值(TIMx_ARR)以及捕获/比较寄存器值(TIMx_CCRy)有关。当定时器从 0 开始向上计数时,$0 \sim t_1$ 段,定时器的 TIMx_CNT 值小于 TIMx_CCRy 值,输出低电平;$t_1 \sim t_2$ 段,定时器的 TIMx_CNT 值大于 TIMx_CCRy 值,输出高电平;当 TIMx_CNT 值达到 ARR 值时,定时器溢出,重新向上计数,至此一个 PWM 周期完成,循环此过程。可见,一个完整的 PWM 波形所持续的时间(周期)由 TIMx_ARR 值决定,占空比由 TIMx_CCRy 值决定。

3. HAL 库 PWM 相关函数

通用和高级定时器除了基本的定时和计数功能外,还集成了输入捕获、输出比较和 PWM 输出等功能,其中与 PWM 控制有关的函数包括定时器 PWM 输出启动函数 HAL_TIM_PWM_Start()和定时器捕获/比较寄存器设置函数__HAL_TIM_SET_COMPARE(),它们的定义如表 3-2-2 和表 3-2-3 所示。

表 3-2-2　HAL_TIM_PWM_Start( )函数定义

函数原型	HAL_StatusTypeDef　HAL_TIM_PWM_Start(TIM_HandleTypeDef ＊htim,uint32_t Channel)
功能描述	在轮询方式下启动 PWM 信号输出
输入参数 1	＊htim:定时器句柄的地址
输入参数 2	Channel:定时器通道号,取值范围是 TIM_CHANNEL_1～ TIM_CHANNEL_4
返回值	HAL 状态
注意事项	1.该函数在定时器初始化完成之后调用; 2.函数需要由用户调用,用于启动定时器的指定通道输出 PWM 信号

表 3-2-3　__HAL_TIM_SET_COMPARE( )函数定义

函数原型	__HAL_TIM_SET_COMPARE(_HANDLE_,_CHANNEL_,_COMPARE_)
功能描述	设置捕获/比较寄存器的 TIMx_CCR 值,在输出 PWM 信号时,用于改变 PWM 信号的占空比
输入参数 1	_HANDLE_:句柄的地址,本任务中为定时器 3 的句柄地址 &htim3
输入参数 2	_CHANNEL_:定时器通道号,取值范围是 TIM_CHANNEL_1～ TIM_CHANNEL_4
输入参数 3	_COMPARE_:写入捕获/比较寄存器 TIMx_CCR 的值
返回值	无
注意事项	1.该函数是宏函数,进行宏替换,不发生函数调用; 2.函数需要由用户调用,用于 PWM 输出时,改变 PWM 信号的占空比

 任务实施

根据工作任务 1 的学习目标和相关预备知识,进行网络检索,获取任务要求的相关信息。

步骤 1： 建立 STM32CubeMX 工程并生成 HAL 库初始代码

(1)在 STM32_Project 文件夹下新建文件夹 task3-2,用于保存本任务工程。

(2)新建 STM32CubeMX 工程。

参考项目 1 工作任务 3 相关内容。

(3)选择微控制器型号。

参考项目 1 工作任务 3 相关内容,选择型号为 STM32F103ZE 的微控制器。

(4)配置微控制器时钟树。

参考项目 1 工作任务 3 相关内容,配置 RCC,将 HCLK 配置为 72 MHz,PCLK1 配置为 36 MHz,PCLK2 配置为 72 MHz。

(5)配置 TIM3 输出 PWM 信号。

进入 STM32CubeMX 配置工具的主界面,单击 STM32F103ZE 微控制器的 PB5 引脚,选择功能为 TIM3_CH2,即连接 LED3 的引脚 PB5 被映射为 TIM3 的 CH2 输出通道,将该通道引脚的用户标签设置为 LED_PWM,如图 3-2-4 所示。

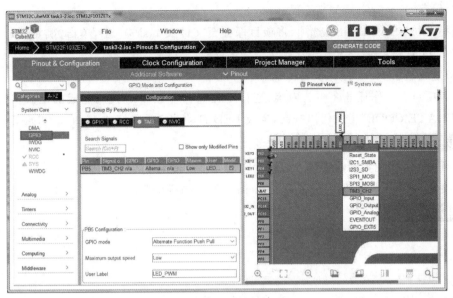

图 3-2-4　TIM3 输出通道配置

根据 PB5 所对应的定时器和通道号,展开 Pinout&Configuration 选项卡左侧的 Timers 选项,选择 TIM3,其输出 PWM 信号的配置过程如图 3-2-5 所示,相关参数说明如下:

①将 TIM3 的时钟源配置为 Internal Clock(内部时钟),产生 PWM 信号的通道号为 CH2;

②将 TIM3 的分频系数设置为 71,则定时器时钟频率为 1 MHz;

③计数模式为向上计数,重装载值为 999,则定时器溢出周期(即 PWM 周期)为 1000×0.001 ms=1 ms,溢出频率(即 PWM 频率)为 1/(1 ms)=1000 Hz;

④配置 TIM3 通道 CH2 输出的 PWM 信号为 PWM1 模式;

⑤配置 PWM 信号的输出极性为 Low,即有效电平为低电平,无效电平为高电平。

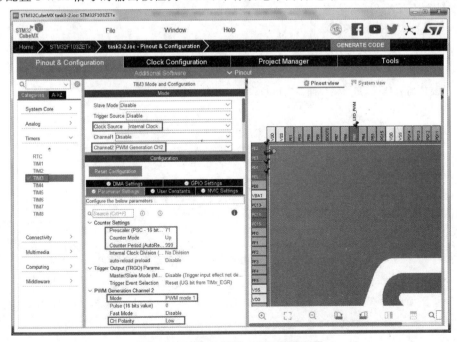

图 3-2-5　TIM3 输出 PWM 信号配置

(6)保存 STM32CubeMX 工程。

选择 File→Save Project 选项,将项目保存至文件夹 task3-2 中,单击"确定"按钮,保存 STM32CubeMX 工程。

(7)生成基于 HAL 库的项目工程。

参考项目 1 工作任务 3 相关内容,进行工程保存参数和 C 代码生成的配置,最后单击 "GENERATE CODE"生成代码按钮,生成 LED 自动调光呼吸灯的 HAL 库初始工程。

步骤 2:　基于 HAL 库的代码完善

打开 main.c,在主函数中输入启动定时器 TIM3 输出 PWM 的代码,并编写 TIM3 占空 比连续变化的输出比较函数,完善后的 main.c 见程序清单 3-3。

程序清单 3-3

```
/*包含头文件*/
#include"main.h"
/*私有变量定义*/
TIM_HandleTypeDef htim3;
/*函数原型声明*/
void SystemClock_Config(void);
static void MX_GPIO_Init(void);
static void MX_TIM3_Init(void);
/**
  *@brief 应用程序入口.
  *@返回值为 int 类型
  */
int main(void)
{
  /*USER CODE BEGIN 1*/
uint16_t dutyCycle=0;
  /*USER CODE END 1*/
  /*微控制器配置--------------------------------------------------------*/
  /*复位所有外设,初始化存储器接口和滴答定时器*/
  HAL_Init();
  /*配置系统时钟*/
  SystemClock_Config();
  /*初始化所有被配置的外设*/
  MX_GPIO_Init();
  MX_TIM3_Init();
  /*USER CODE BEGIN 2*/
  HAL_TIM_PWM_Start(&htim3,TIM_CHANNEL_2);  //使能 TIM3 输出 PWM 信号
  /*USER CODE END 2*/
  /*无限循环*/
  /*USER CODE BEGIN WHILE*/
```

```
    while (1)
    {
        //逐渐由暗转明
        while (dutyCycle<1000)
        {
            dutyCycle++;   //通过自动修改占空比来改变 LED 灯的自动调光
            __HAL_TIM_SET_COMPARE (&htim3, TIM_CHANNEL_2, dutyCycle);
            HAL_Delay(3);
        }
        //逐渐由明到暗
        while (dutyCycle)
        {
            dutyCycle-- ;   //通过自动修改占空比来改变 LED 灯的自动调光
            __HAL_TIM_SET_COMPARE (&htim3, TIM_CHANNEL_2, dutyCycle);
            HAL_Delay(3);
        }
        HAL_Delay(200);
    /*USER CODE END WHILE * /
    }
}
```

步骤 3： **工程编译和调试**

程序编写并调试无误后，连接 USB 串口下载线，选择编译生成的 task3-2.hex 文件，下载程序，程序将在开发板复位后开始运行，可以观察到 LED3 自动逐渐变亮，然后逐渐变暗，不断循环，且具有呼吸灯的效果。

工作任务 3 LED 手动调光控制的设计与实现

任务描述

本任务要求设计一个可通过按键控制的 LED 调光系统，具体要求为使用外部中断实现按键识别功能，当按下 KEY1 按键时，LED3 开始进入呼吸灯显示模式，当按下 KEY2 按键后，LED3 将停留在当前亮度，即通过按键实现 LED 的手动调光。

学习目标

(1) 理解中断的概念及中断管理过程；

(2) 掌握外部中断按键检测的原理；

(3) 进一步掌握 PWM 信号的输出控制方法；

(4) 会使用 STM32CubeMX 完成外部中断的配置；

(5) 会编写实现按键外部中断的程序。

任务导学

任务工作页及过程记录表

任务	LED 手动调光控制的设计与实现	工作课时	2 课时

课前准备:预备知识掌握情况诊断表

问题	回答/预习转向	
问题 1:什么是中断?	会→问题 2; 回答:＿＿＿＿＿	不会→查阅资料,结合现实生活中的实例,了解中断的概念和应用
问题 2:阐述中断优先级的分组及规则	会→问题 3; 回答:＿＿＿＿＿	不会→查阅资料,了解在不同的优先级下,中断申请的响应和嵌套问题
问题 3:LED 如何实现手动调光?	会→课前预习; 回答:＿＿＿＿＿	不会→查阅资料,回顾 LED 调光原理,列出与手动调光相关的函数和参数

课前预习:预习情况考查表

预习任务	任务结果	学习资源	学习记录
外部中断的程序设计流程	结合外部中断的特点,列出中断处理的步骤	(1)网络; (2)教材	
STM32CubeMX 的项目外部中断参数的配置	为项目配置合理的按键外部中断参数	(1)教材; (2)软件相关帮助文档	
HAL 库外部中断回调函数的使用	根据外部中断相关函数的定义配置合理的参数	(1)教材; (2)HAL 库函数定义	

课上:学习情况评价表

序号	评价项目	自我评价	互相评价	教师评价	综合评价
1	学习准备				
2	引导问题填写				
3	规范操作				
4	完成质量				
5	关键技能要领掌握				
6	完成速度				
7	5S 管理、环保节能				
8	参与讨论主动性				
9	沟通协作能力				
10	展示效果				

课后:拓展实施情况表

拓展任务	完成要求
使用外部中断实现多功能按键的调光控制	短按按键,LED3 开始进入呼吸灯显示模式; 长按按键,LED3 将停留在当前亮度

新知预备

1. 认识中断

中断是指在嵌入式系统运行过程中,当出现某些异常情况需要干预时,微控制器能自动停止正在运行的程序并转入处理异常事件的程序,处理完毕后又返回原被暂停的程序继续运行,其执行过程如图 3-3-1 所示。打个比方,如同你现在正在看电影,此时烧的开水响了,这个时候你需要将电影暂停,跑去将烧开的水处理好后再回来接着看电影。

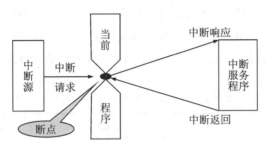

图 3-3-1　中断执行过程

STM32F1 系列微控制器的中断系统由嵌套向量中断控制器(NVIC)管理,NVIC 与STM32 内核接口紧密相连,可以实现低延迟的中断处理,并能高效处理晚到的中断。NVIC 管理着多种多样的中断,如外部 GPIO、ADC、USART、I2C 等。由于有很多中断源,程序需要对中断优先级进行分组管理,STM32 使用 4 位(bit)设置中断优先级,并将优先级分为抢占优先级(Preemption Priority)和响应优先级(Sub Priority),共有 5 组,其分组情况如表 3-3-1 所示,优先级数值越小,优先级别越高。

表 3-3-1　STM32 中断优先级分组

优先级分组	抢占优先级	响应优先级
第 0 组:NVIC_PriorityGroup_0	0(无)	4 位/16 级(0~15)
第 1 组:NVIC_PriorityGroup_1	1 位/2 级(0~1)	3 位/8 级(0~7)
第 2 组:NVIC_PriorityGroup_2	2 位/4 级(0~3)	2 位/4 级(0~3)
第 3 组:NVIC_PriorityGroup_3	3 位/8 级(0~7)	1 位/2 级(0~1)
第 4 组:NVIC_PriorityGroup_4	4 位/16 级(0~15)	0(无)

程序执行过程中的规则说明如下:

(1)多个中断同时提出中断申请时,先比较抢占优先级,抢占优先级高的中断先执行;

(2)抢占优先级高的中断可以打断抢占优先级低的中断,实现中断嵌套;

(3)如果抢占优先级相同,则比较响应优先级,但响应优先级高的中断不能打断响应优先级低的中断;

(4)若抢占优先级和响应优先级都相同,比较中断编号,编号越小,优先级越高。

2. STM32 外部中断

中断一般由硬件引起,分为内核中断和外部中断。本任务需要获取外部按键的状态,故采用外部 GPIO 端口中断的方式,STM32 的每个 GPIO 引脚都可以作为外部中断的中断输入端口,STM32F103 的中断控制器支持 19 个外部中断/事件请求(对于互联型产品是 20个)。每个中断均设有状态位,每个中断/事件都有独立的触发和屏蔽设置。STM32F103 的19 个外部中断如下。

线 0~15:对应外部 I/O 端口的输入中断。

线 16:连接到 PVD 输出。

线 17:连接到 RTC 闹钟事件。

线 18:连接到 USB 唤醒事件。

可见,STM32F1 系列微控制器供 GPIO 引脚使用的中断线有 16 条,即 EXTI0~EXTI15。STM32 本身的 GPIO 引脚数量大于 16,因此需要制定 GPIO 引脚与中断线映射的规则。ST 公司制定了统一规则:所有 GPIO 端口的 0 号引脚共用 EXTI0,1 号引脚共用 EXTI1,以此类推,15 号引脚共用 EXTI15,使用前再将某个 GPIO 引脚与中断线进行映射,同时,每个外部中断线对应一个中断处理函数,用来存放中断处理程序,如表 3-3-2 所示。

表 3-3-2　GPIO 与外部中断的映射关系

GPIO	EXTI_Line	NVIC_IRQChannel	中断处理函数
PA0~PG0	EXTI0	EXTI0_IRQn	EXTI0_IRQHandler
PA1~PG1	EXTI1	EXTI1_IRQn	EXTI1_IRQHandler
PA2~PG2	EXTI2	EXTI2_IRQn	EXTI2_IRQHandler
PA3~PG3	EXTI3	EXTI3_IRQn	EXTI3_IRQHandler
PA4~PG4	EXTI4	EXTI4_IRQn	EXTI4_IRQHandler
PA5~PG5	EXTI5		
PA6~PG6	EXTI6		
PA7~PG7	EXTI7	EXTI9_5_IRQn	EXTI9_5_IRQHandler
PA8~PG8	EXTI8		
PA9~PG9	EXTI9		
PA10~PG10	EXTI10		
PA11~PG11	EXTI11		
PA12~PG12	EXTI12	EXTI15_10_IRQn	EXTI15_10_IRQHandler
PA13~PG13	EXTI13		
PA14~PG14	EXTI14		
PA15~PG15	EXTI15		

编写中断处理程序的流程包括以下几个步骤:

(1)设置中断触发条件;

(2)设置中断优先级;

(3)使能外设中断;

(4)清除中断标志;

(5)编写中断处理函数。

外部 GPIO 中断可由上升沿、下降沿和高低电平三种方式触发。此外,中断处理函数的任务必须要简短,通常外部中断用于进行某个 I/O 端口的状态改变或对运行的某个数据进行运算,不建议加入延时操作,否则将大大增加系统的不稳定性。

HAL 库的 stm32f1xx_it.c 文件中定义了 GPIO 端口的中断处理函数 HAL_GPIO_EXTI_IRQHandler(),其定义如表 3-3-3 所示,而实际调用的是外部中断回调函数 HAL_GPIO_EXTI_Callback(),其定义如表 3-3-4 所示,这是 PE3 和 PE4 引脚触发之后的回调函数,真正的按键中断处理在此函数中进行。

表 3-3-3 HAL_GPIO_EXTI_IRQHandler()函数定义

函数原型	void HAL_GPIO_EXTI_IRQHandler(uint16_t GPIO_Pin)
功能描述	作为所有外部中断发生后的通用处理函数
输入参数	GPIO_Pin:连接对应外部中断线的引脚,范围是 GPIO_PIN_0~GPIO_PIN_15
返回值	无
注意事项	1.所有外部中断服务程序都调用该函数完成中断处理; 2.函数内部根据 GPIO_Pin 的取值判断中断源,并清除对应外部中断线的中断标志; 3.函数内部调用外部中断回调函数 HAL_GPIO_EXTI_Callback(),完成实际的处理任务; 4.该函数由 STM32CubeMX 自动生成

表 3-3-4 HAL_GPIO_EXTI_Callback()函数定义

函数原型	void HAL_GPIO_EXTI_Callback(uint16_t GPIO_Pin)
功能描述	外部中断回调函数,用于处理具体的中断任务
输入参数	GPIO_Pin:连接对应外部中断线的引脚,范围是 GPIO_PIN_0~GPIO_PIN_15
返回值	无
注意事项	1.该函数由外部中断通用处理函数 HAL_GPIO_EXTI_IRQHandler()调用,完成所有外部中断的任务处理; 2.函数内部根据 GPIO_Pin 的取值判断中断源,并执行对应的中断任务; 3.该函数由用户根据实际任务需求编写

 任务实施

步骤 1: **建立 STM32CubeMX 工程并生成 HAL 库初始代码**

(1)在 STM32_Project 文件夹下新建文件夹 task3-3,用于保存本任务工程。

(2)新建 STM32CubeMX 工程。

参考项目 1 工作任务 3 相关内容。

(3)选择微控制器型号。

参考项目 1 工作任务 3 相关内容,选择型号为 STM32F103ZE 的微控制器。

(4)配置微控制器时钟树。

参考项目 1 工作任务 3 相关内容,配置 RCC,将 HCLK 配置为 72 MHz,PCLK1 配置为

36 MHz，PCLK2 配置为 72 MHz。

（5）配置 TIM3 输出 PWM 信号。

进入 STM32CubeMX 配置工具的主界面，单击 STM32F103ZE 微控制器的 PB5 引脚，选择功能为 TIM3_CH2，即连接 LED3 的引脚 PB5 被映射为 TIM3 的 CH2 输出通道，将该通道引脚的用户标签设置为 LED_PWM。

根据 PB5 所对应的定时器和通道号，展开 Pinout&Configuration 选项卡左侧的 Timers 选项，选择 TIM3，其输出 PWM 信号的配置过程如图 3-3-2 所示，相关参数说明如下：

①将 TIM3 的时钟源配置为 Internal Clock（内部时钟），产生 PWM 信号的通道号为 CH2；

②将 TIM3 的分频系数设置为 71，则定时器时钟频率为 1 MHz；

③计数模式为向上计数，重装载值为 99，则定时器溢出周期（即 PWM 周期）为 100×0.001 ms＝0.1 ms，溢出频率（即 PWM 频率）为 $1/(0.1$ ms$)$＝10 kHz；

④配置 TIM3 通道 CH2 输出的 PWM 信号为 PWM1 模式；

⑤配置 PWM 信号的输出极性为 Low，即有效电平为低电平，无效电平为高电平。

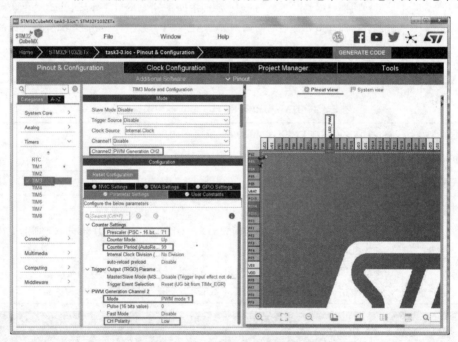

图 3-3-2　TIM3 输出 PWM 信号配置

（6）配置按键外部中断。

返回 STM32CubeMX 配置工具的主界面，依次单击 STM32F103ZE 微控制器的 PE3 和 PE4 引脚，选择功能为 GPIO_EXTI3 和 GPIO_EXTI4，并分别设置用户标签为 KEY2 和 KEY1，如图 3-3-3 所示，展开 Pinout&Configuration 选项卡左侧的 System Core 选项，选择 GPIO，将 PE3 和 PE4 引脚 GPIO 模式配置为 External Interrupt Mode with Falling edge trigger detection（下降沿触发外部中断模式），GPIO 上拉下拉功能配置为 Pull-up（上拉）。

最后，对按键的 NVIC 进行配置，展开 Pinout&Configuration 选项卡左侧的 System Core 选项，选择 NVIC，勾选使能两个按键的外部中断，并配置优先级，如图 3-3-4 所示，两个外部中断抢占优先级分别设置为 1 和 2。

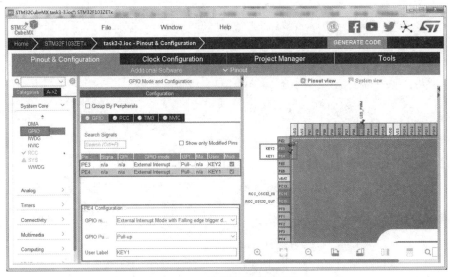

图 3-3-3　按键外部中断配置

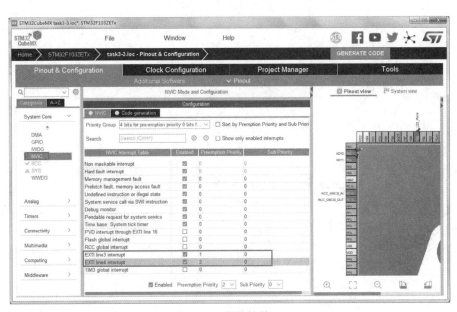

图 3-3-4　配置按键的 NVIC

步骤 2：　基于 HAL 库的代码完善

打开 main.c，完善主函数和外部中断回调处理函数，完善后的 main.c 见程序清单 3-4。

程序清单 3-4

```
/*包含头文件*/
 #include"main.h"
/*私有变量定义*/
    TIM_HandleTypeDef htim3;
    /*USER CODE BEGIN PV*/
    uint8_t key_value=0;//存取外部中断按键值
    uint16_t pwmvalue=0;  //PWM 占空比值
```

```c
uint8_t pwmmode=0;//=0 表示上升  = 1 表示下降
uint8_t pwmstop=0;//存取停止时的 PWM 值
/*USER CODE END PV*/
/*函数原型声明*/
void SystemClock_Config(void);
static void MX_GPIO_Init(void);
static void MX_TIM3_Init(void);
/*户代码区*/
/*USER CODE BEGIN 0*/
void HAL_GPIO_EXTI_Callback(uint16_t GPIO_Pin)    //外部中断回调函数
{
     if(GPIO_Pin==KEY1_Pin)
          key_value=1;   // KEY1 被按下
     if(GPIO_Pin==KEY2_Pin)
          key_value=2;//KEY2 被按下
}
/*USER CODE END 0*/
/**
  *@brief 应用程序入口.
  *@返回值为 int 类型
  */
int main(void)
{
   /*微控制器配置*/
   /*复位所有外设,初始化存储器接口和滴答定时器*/
   HAL_Init();
   /* 配置系统时钟*/
   SystemClock_Config();
   /* 初始化所有被配置的外设*/
   MX_GPIO_Init();
   MX_TIM3_Init();
   /*`USER CODE BEGIN 2*/
   HAL_TIM_PWM_Start(&htim3,TIM_CHANNEL_2); //使能 TIM3 输出 PWM 信号
   /*USER CODE END 2*/
   /*无限循环*/
   /*USER CODE BEGIN WHILE*/
   while (1)
   {
      if(key_value==1)
        {
            if(pwmmode==0)
              {
                 pwmvalue++;
```

```
            if(pwmvalue>=50)
              {
                pwmmode=1;
              }
          }
        else
          {
          if(pwmvalue>0)
              pwmvalue--;
          else
              pwmmode=0;
          }
        __HAL_TIM_SET_COMPARE(&htim3,TIM_CHANNEL_2,pwmvalue);
        }
        else if(key_value==2 )
        {
          pwmstop=pwmvalue;    //保留当前 PWM 值
          __HAL_TIM_SET_COMPARE(&htim3,TIM_CHANNEL_2,pwmstop);
        }
          HAL_Delay(50);
    /*USER CODE END WHILE*/
    /*USER CODE BEGIN 3*/
  }
    /*USER CODE END 3*/
}
```

> **步骤 3：**　**工程编译和调试**

程序编写并调试无误后,连接 USB 串口下载线,选择编译生成的 task3-3. hex 文件,下载程序,程序将在开发板复位后开始运行,可以观察到按下 KEY1 按键后,LED3 开始进入呼吸灯自动调光模式,当按下 KEY2 按键后,LED3 将停留在当前调光亮度。

项目 4 串口通信控制 LED 灯的设计与实现

 项目导入

　　物联网是指两个或多个设备之间在一定距离内的数据传输，实现物物相连，早期多采用有线方式。串口是各类物联网智能设备中常见的通信接口之一，无论是普通程序调试还是连接外部串口器件，串口的应用范围都十分广泛。STM32 微控制器串口是与外界进行信息交换的工具之一，支持全双工通信方式，可以在接收外设数据的同时发送指令控制外设。本项目通过串口通信的介绍，使用 STM32CubeMX 和 HAL 库搭建 MDK-ARM 开发环境，并结合看门狗，带领读者完成 STM32 串口数据的发送和接收、上位机串口的运行与调试等，实现 LED 灯的控制和程序死机重启。

素养目标

　　（1）能按 5S 规范完成项目工作任务；

　　（2）能参与小组讨论，注重团队协作；

　　（3）会根据已学课程知识实现相关技术的理解和迁移；

　　（4）了解常见物联网系统微控制器与外设通信的接口需求。

知识、技能目标

　　（1）掌握 STM32F1 系列微控制器串口的工作原理和编程配置方法；

　　（2）掌握看门狗的工作原理和使用方法；

　　（3）会使用 STM32CubeMX 准确配置串口和看门狗功能；

　　（4）会利用串口配置程序和数据收发程序，实现 LED 灯的控制；

　　（5）会使用串口与 PC 上位机进行通信与调试。

项目内容

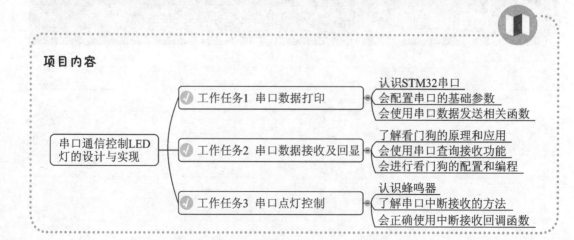

项目实施

工作任务 1 **串口数据打印**

任务描述

本任务要求使用串行通信接口连接 STM32 系统与上位机,使用 STM32 串口以 1 s 为周期向 PC 端串口调试助手发送"hello x",其中 x 为打印次数,每隔 1 s,次数加 1。

学习目标

(1)了解串口的工作原理及应用;

(2)会使用 STM32CubeMX 对串口进行基础配置;

(3)会编程实现 STM32 串口查询模式发送功能。

任务导学

任务工作页及过程记录表

任务	串口数据打印		工作课时	2 课时
课前准备:预备知识掌握情况诊断表				
问题		回答/预习转向		
问题 1:传统物联网的有线通信接口有哪些?	会→问题 2; 回答:＿＿＿＿＿＿		不会→查阅资料,总结归纳典型物联网产品的通信接口	
问题 2:串行通信有哪些特点?	会→问题 3; 回答:＿＿＿＿＿＿		不会→查阅资料,了解串行通信的优缺点和应用场景	
问题 3:串口发送数据有哪些模式?	会→课前预习; 回答:＿＿＿＿＿＿		不会→查阅资料,重点学习阻塞模式的原理和使用方法	
课前预习:预习情况考查表				
预习任务	任务结果		学习资源	学习记录
了解 STM32 与外设进行串口通信的连接方式(TTL 电平)	使用 Altium Designer 绘制 TXD 和 RXD 交叉连接的电路图		(1)开发板资料; (2)教材	
学习配置 STM32CubeMX 的项目串口参数	为项目配置合理的主要串口参数		(1)教材; (2)软件相关帮助文档	
了解 HAL 库串口发送函数的使用方法	根据发送函数的定义配置合理的参数		(1)教材; (2)HAL 库函数定义	

续表

课上：学习情况评价表					
序号	评价项目	自我评价	互相评价	教师评价	综合评价
1	学习准备				
2	引导问题填写				
3	规范操作				
4	完成质量				
5	关键技能要领掌握				
6	完成速度				
7	5S 管理、环保节能				
8	参与讨论主动性				
9	沟通协作能力				
10	展示效果				
课后：拓展实施情况表					
拓展任务			完成要求		
使用串口中断发送模式完成本任务的要求			配置串口中断发送函数和发送完成回调函数，实现串口"Hello＋x"数据的打印		

 新知预备

1. 认识 STM32 串口

在物联网系统中，微控制器经常使用串行通信接口（简称串口）与外围设备或其他微控制器进行数据交换，如图 4-1-1 所示，串口是使用一条数据线将数据一位一位地传输，使用多根线便可完成不同系统和外设之间的通信，长距离传输时成本较低，但数据的传送速度较慢，且控制方式比并行通信复杂。串行通信按时钟控制方式可以分为异步通信和同步通信，通常使用的是异步通信。

图 4-1-1　串行数据传输

串口是 STM32 在应用中最常用到的一种接口，又分为通用同步/异步收发器（USART，

Universal Synchronous/Asynchronous Receiver/Transmitter)和通用异步收发器(UART,
Universal Asynchronous Receiver/Transmitter)。STM32F1 系列微控制器有多个收发器外
设模块,STM32F103ZET6 微控制器最多可提供 5 路独立串口,通过映射等方案,最大可扩
展到 10 个串口,包括 3 个 USART 和 2 个 UART,分别是 USART1、USART2、USART3、
UART4 和 UART5。USART 和 UART 都具有异步通信功能,异步通信对硬件要求低,使
用简单灵活,适合应用于数据的随机发送和接收。异步通信规定传输的数据格式由起始位
(start bit)、数据位(data bit)、校验位(parity bit)和停止位(stop bit)组成,如图 4-1-2 所示,
由于每个字节都要建立一次同步,所以实际传送效率不高。本项目 STM32 系统采用异步通
信方式,端口能够在一根线上发送数据,同时在另一根线上接收数据。

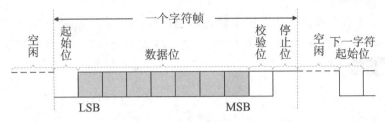

图 4-1-2　异步通信传输数据格式

在实际使用中,对 STM32 串口的配置通常只需要设置串口号、波特率、数据位、停止位
和校验位等参数,使用串口发送和接收相关函数进行处理。波特率(baud rate)表示每秒钟
传送的位(bit)数,即调制速率,这是一个衡量通信速度的参数,单位是位/秒(b/s)。例如,每
秒钟传送11 520 个字符,而每个字符格式包含 10 位(1 个起始位、1 个停止位、8 个数据位),
这时的波特率为 $10 \text{ b} \times 11\ 520 \text{ s}^{-1} = 115\ 200 \text{ b/s}$。在串口异步通信传输中,通信双方需要确
定数据的传输速率。起始位为数据帧的开始,低电平逻辑 0,占 1 位。数据位为主体内容,长
度为 5~8 位,一般设置成 8。校验位用于校验数据传输是否正确,可选奇/偶校验或者无校
验,本项目串口任务选择无校验。停止位表示数据帧的结束,高电平逻辑 1,长度可选 0.5、
1、1.5 和 2 位,本项目选择 1 位。

为方便进行串口项目的开发,近年来普遍采用 USB 转串口 TTL 电平转换电路,可实现
上位机串口调试助手和 STM32 串口之间的快速通信,整个通信只需要使用地线(GND)、发
送线(TXD)和接收线(RXD)3 根线便可完成,本教材开发板采用 CH340 USB 转串口芯片,
并且同时实现了串口自动程序下载控制。STM32F103ZET6 微控制器 USART/UART 的
外部引脚映射如表 4-1-1 所示,STM32F1 的各个收发器外设的工作时钟来源于不同的 APB
总线,USART1 挂载在 APB2 总线上,最大频率为 72 MHz;其他 4 个收发器则挂载在 APB1
总线上,最大频率为 36 MHz。

表 4-1-1　STM32F103ZET6 串口引脚分布

引脚名称	APB2 (最高 72 MHz)	APB1(最高 36 MHz)			
	USART1	USART2	USART3	UART4	UART5
TX	PA9/PB6	PA2/PD5	PB10/PD8/PC10	PA0/PC10	PC12
RX	PA10/PB7	PA3/PD6	PB11/PD9/PC11	PA1/PC11	PD2

续表

引脚名称	APB2（最高 72 MHz）	APB1（最高 36 MHz）			
	USART1	USART2	USART3	UART4	UART5
sCLK	PA8	PA4/PD7	PB12/PD10/PC12	—	—
nCTS	PA11	PA0/PD3	PB13/PD11	—	—
nRTS	PA12	PA1/PD4	PB14/PD12	—	—

2. 串口相关函数

使用 HAL 库后不需要手动添加串口初始化代码，STM32CubeMX 会根据软件设置自动生成，本任务中自动生成的 HAL 库串口 USART1 初始化函数代码见程序清单 4-1。

程序清单 4-1

```
void MX_USART1_UART_Init(void)
{
    huart1.Instance= USART1;//串口 1
    huart1.Init.BaudRate= 115200;//配置 UART 通信波特率
    huart1.Init.WordLength= UART_WORDLENGTH_8B; //指定收发时帧中数据位的数量
    huart1.Init.StopBits= UART_STOPBITS_1;//指定发送时停止位的数量
    huart1.Init.Parity= UART_PARITY_NONE;   //指定校验模式
    huart1.Init.Mode= UART_MODE_TX_RX;//指定是否启用发送和接收模式
    huart1.Init.HwFlowCtl=  UART_HWCONTROL_NONE;//指定是否启用硬件流控模式
    huart1.Init.OverSampling = UART_OVERSAMPLING_16; //指定过采样 16 是否启用
    if (HAL_UART_Init(&huart1) ! =  HAL_OK)//判断初始化后的状态
    {
        Error_Handler();
    }
}
```

USART1 初始化函数通过结构体成员变量的设置，定义了串口号、波特率和流控等参数。本任务采用串口轮询模式发送，使用超时管理机制的 HAL_UART_Transmit() 发送函数发送数据，其定义如表 4-1-2 所示。该函数通过串口发送指定长度的数据，如果超时后没有发送完成，则不再发送，返回超时标志。

表 4-1-2　HAL_UART_Transmit() 函数定义

函数原型	HAL_StatusTypeDef HAL_UART_Transmit(UART_HandleTypeDef * huart, uint8_t * pData, uint16_t Size, uint32_t Timeout)
功能描述	在阻塞模式下发送一定数量的数据
输入参数 1	* huart：指向按照特定配置的串口 UART 处理，本任务中为 huart1
输入参数 2	* pData：指向数据缓冲区
输入参数 3	Size：要发送的数据量
输入参数 4	Timeout：超时持续时间
返回值	HAL 状态

此外,串口还可以使用 HAL_UART_Transmit_IT()函数和 HAL_UART_Transmit_DMA()函数通过中断模式和 DMA 模式进行数据发送,两个函数的定义如表 4-1-3 和表 4-1-4 所示。在中断模式发送完成后,自动调用 HAL_UART_TxCpltCallback()全程数据发送完成回调函数和 HAL_UART_TxHalfCpltCallback()半程数据发送完成回调函数,两者的定义如表 4-1-5 和表 4-1-6 所示。

表 4-1-3　HAL_UART_Transmit_IT()函数定义

函数原型	HAL_StatusTypeDef HAL_UART_Transmit_IT(UART_HandleTypeDef * huart, uint8_t * pData,uint16_t Size)
功能描述	在中断模式下发送一定数量的数据
输入参数 1	* huart:指向按照特定配置的串口 UART 处理,本任务中为 huart1
输入参数 2	* pData:指向数据缓冲区
输入参数 3	Size:要发送的数据量
返回值	HAL 状态

表 4-1-4　HAL_UART_Transmit_DMA()函数定义

函数原型	HAL_StatusTypeDef HAL_UART_Transmit_DMA(UART_HandleTypeDef * huart, uint8_t * pData, uint16_t Size)
功能描述	在 DMA 模式下发送一定数量的数据
输入参数 1	* huart:指向按照特定配置的串口 UART 处理,本任务中为 huart1
输入参数 2	* pData:指向数据缓冲区
输入参数 3	Size:要发送的数据量
返回值	HAL 状态

表 4-1-5　HAL_UART_TxCpltCallback()函数定义

函数原型	void HAL_UART_TxCpltCallback(UART_HandleTypeDef * huart)
功能描述	TX 全程数据传输结束回调
输入参数	* huart:指向按照特定配置的串口 UART 处理,本任务中为 huart1
返回值	无

表 4-1-6　HAL_UART_TxHalfCpltCallback()函数定义

函数原型	void HAL_UART_TxHalfCpltCallback(UART_HandleTypeDef * huart)
功能描述	TX 半程数据传输结束回调
输入参数	* huart:指向按照特定配置的串口 UART 处理,本任务中为 huart1
返回值	无

任务实施

步骤1：　建立 STM32CubeMX 工程并生成 HAL 库初始代码

(1)在 STM32_Project 文件夹下新建文件夹 task4-1,用于保存本任务工程。

(2)新建 STM32CubeMX 工程。

参考项目 1 工作任务 3 相关内容。

(3)选择微控制器型号。

参考项目 1 工作任务 3 相关内容,选择型号为 STM32F103ZE 的微控制器。

(4)配置微控制器时钟树。

参考项目 1 工作任务 3 相关内容,配置 RCC,将 HCLK 配置为 72 MHz,PCLK1 配置为 36 MHz,PCLK2 配置为 72 MHz。

(5)配置 USART 串口外设的参数。

展开 Pinout&Configuration 选项卡左侧的 Connectivity 菜单,选择 USART1,对 USART1 的工作参数进行配置,如图 4-1-3 所示,将 USART1 的模式配置为 Asynchronous(异步),在 Parameter Settings(参数配置)标签下,设置 USART1 的 Baud Rate(波特率)为 115 200 b/s,设置 Data Direction(数据方向)为 Receive and Transmit(接收与发送),可以看到 PA9 和 PA10 上已配置好串口功能,PA10 设置为 RX(接收),PA9 设置为 TX(发送)。

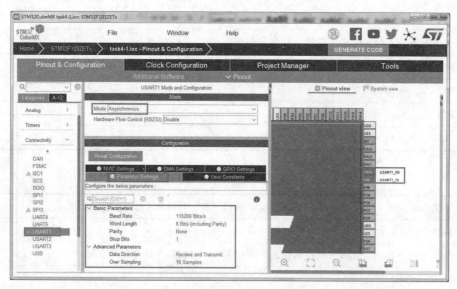

图 4-1-3　USART1 串口参数配置

(6)保存 STM32CubeMX 工程。

选择 File→Save Project 选项,将项目保存至文件夹 task4-1 中,单击"确定"按钮,保存 STM32CubeMX 工程。

(7)生成基于 HAL 库的项目工程。

参考项目 1 工作任务 3 相关内容,进行工程保存参数和 C 代码生成的配置,最后单击"GENERATE CODE"生成代码按钮,生成串口数据打印的 HAL 库初始工程。

> **步骤 2**： **基于 HAL 库的代码完善**

打开 main.c，添加头文件，完善主函数，完善后的 main.c 见程序清单 4-2。

程序清单 4-2

```c
/*Includes*/
#include"main.h"
#include"usart.h"
#include"gpio.h"
#include"stdio.h"   //使用 sprintf 函数
#include"stdlib.h"
void SystemClock_Config(void);
/*USER CODE BEGIN 0*/
char sendBuf[128]; //定义发送缓冲区
/*USER CODE END 0*/
int main(void)
{
  /*USER CODE BEGIN 1*/
    int m= 0;
  /*USER CODE END 1*/
    HAL_Init();
    SystemClock_Config();
    MX_GPIO_Init();
  MX_USART1_UART_Init();
  /*USER CODE BEGIN WHILE*/
  while (1)
  {
  sprintf(sendBuf,"hello % d\r\n",m+ + );    //把要打印的字符串送入 sendBuf
  //打印 sendBuf 中的字符串
  HAL_UART_Transmit(&huart1,(uint8_t* )sendBuf,strlen(sendBuf),100);
  HAL_Delay(1000);
    /*USER CODE END WHILE*/
  }
}
```

> **步骤 3**： **工程编译和调试**

程序编写并调试无误后，连接 USB 串口下载线，选择编译生成的 task4-1.hex 文件，下载程序后，关闭 MCUISP 下载软件，程序将在开发板复位后开始运行，打开 PC 端串口调试助手应用程序，选择波特率为 115 200 b/s，选择串口号后打开串口，可以看到每隔 1 s 打印"hello x"，如图 4-1-4 所示。

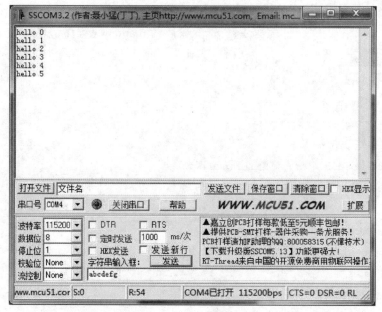

图 4-1-4　串口数据打印

工作任务 2　串口数据接收及回显

任务描述

本任务要求采用查询方式接收串口 USART1 上收到的消息,通过在 PC 端串口调试助手发送字符串,STM32 串口接收数据后进行数据回显。此外,为防止程序跑飞,加入看门狗程序,保证程序死机后能自动重启。

学习目标

（1）了解看门狗的工作原理和应用;

（2）会正确使用 HAL 库函数进行串口查询接收;

（3）会使用 STM32CubeMX 进行看门狗的配置和编程。

任务导学

任务工作页及过程记录表

任务	串口数据接收及回显		工作课时	2 课时
课前准备:预备知识掌握情况诊断表				
问题		回答/预习转向		
问题 1:程序中的看门狗是什么?	会→问题 2; 回答:＿＿＿＿		不会→查阅资料,了解看门狗的原理和作用	
问题 2:简述看门狗的类型和使用方法	会→问题 3; 回答:＿＿＿＿		不会→查阅资料,了解两种看门狗的工作原理和编程使用方法	

问题	回答/预习转向	
问题 3：串口接收数据有哪些模式？	会→课前预习； 回答：＿＿＿＿＿＿	不会→查阅资料，重点学习查询接收模式的原理和使用方法

课前预习：预习情况考查表

预习任务	任务结果	学习资源	学习记录
看门狗选型	结合要求，为本任务选择合适的看门狗类型	(1)网络； (2)教材	
STM32CubeMX 的项目中看门狗参数的配置	为项目配置合理的独立看门狗参数	(1)教材； (2)软件相关帮助文档	
HAL 串口查询模式接收函数的使用	根据查询模式接收函数的定义配置合理的参数	(1)教材； (2)HAL 库函数定义	

课上：学习情况评价表

序号	评价项目	自我评价	互相评价	教师评价	综合评价
1	学习准备				
2	引导问题填写				
3	规范操作				
4	完成质量				
5	关键技能要领掌握				
6	完成速度				
7	5S 管理、环保节能				
8	参与讨论主动性				
9	沟通协作能力				
10	展示效果				

课后：拓展实施情况表

拓展任务	完成要求
使用窗口看门狗（WWDG）完成本任务要求	设置合理的 WWDG 预分频值、窗口时间和计数器值，使能窗口看门狗中断，实现程序正常运行时接收数据并回显，程序死机时复位重启

新知预备

1. 认识看门狗

看门狗,又称 watchdog,是一个定时器电路,一般有一个输入,叫喂狗(kicking the dog/service the dog),还有一个输出,连接到微控制器的 RST 端。好的程序或系统基本都会用到看门狗,它的作用就是防止程序发生死循环,或者说防止程序跑飞,但千万不要忘记喂狗,否则程序会直接跑飞。STM32 微控制器的看门狗实际上是一个计数器,其基本功能是在发生软件问题和程序跑飞后使系统重新启动,从而增加程序的稳定性。

STM32 系统正常工作时,使能和启动看门狗,主程序需要每隔一段时间输出一个信号喂狗,就是给看门狗重新刷新计数器(喂狗的间隔时间不能超过看门狗定时的时间),如果超过规定的时间不喂狗(一般在程序跑飞时),就会超过看门狗的定时时间,看门狗给出一个复位信号到 STM32,使 STM32 复位,从而防止系统死机。看门狗可用于受到电气噪声、电源故障、静电放电等影响的物联网应用场景,也可以用于需要高可靠性的环境中。

为了提供更高的安全性、时间精确性和使用灵活性,STM32 微控制器片内提供了独立看门狗和窗口看门狗两种类型,用于监控程序的运行。本项目重点介绍独立看门狗的原理和使用。

1)独立看门狗

独立看门狗(IWDG)是一个自由运行的递减计数器,当计数器的值减到预设的限值时,IWDG 会产生一个复位信号,系统复位重新启动。独立看门狗使用与微控制器内核不同的时钟源,由专用的低速时钟(LSI RC,40 kHz)驱动,即使主时钟发生故障,它仍可以保持运行状态。IWDG 作为 STM32 微控制器内嵌的一个独立外设,它在待机和停机模式下仍可工作,非常适合应用于需要看门狗在主程序之外能够完全独立运行,并且对时间精度要求低的场合。

IWDG 的喂狗周期由预分频器和重装载值决定,其内部结构框图如图 4-2-1 所示,IWDG 具有专用的三位可编程预分频器,可以对输入的 40 kHz 时钟进行 4~256 分频,重装载值最大为 12 位,即 0xFFF(4095),可以提供灵活的喂狗时间参数配置,独立看门狗的溢出(超出)时间计算公式为

$$T_{out} = \frac{(4 \times 2^{PRER}) \times RLR}{LSI}$$

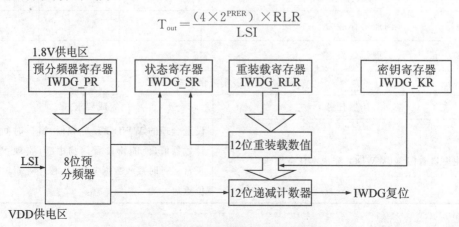

图 4-2-1 独立看门狗内部结构框图

其中,T_{out} 为看门狗溢出时间(单位为 s);PRER 为看门狗时钟预分频值,取值范围为 0~7;4×2^{PRER} 整体为实际预分频值,预分频值可取 4、8、16、32、64、128 和 256;RLR 为看门狗的重装载值;LSI(时钟频率)为 40 kHz。各分频系数下的 IWDG 溢出时间如表 4-2-1 所示,一个看门狗时钟周期就是最短溢出时间,最长溢出时间由 RLR 值和看门狗时钟周期决定。

表 4-2-1 独立看门狗的溢出时间(LSI 40 kHz)

预分频系数	PR[2:0]位	最短溢出时间(ms) RL[11:0]=0x000	最长溢出时间(ms) RL[11:0]=0xFFF
4	0	0.1	409.6
8	1	0.2	819.2
16	2	0.4	1 638.4
32	3	0.8	3 276.8
64	4	1.6	6 553.6
128	5	3.2	13 107.2
256	(6 或 7)	6.4	26 214.4

2)窗口看门狗

窗口看门狗(WWDG)使用系统时钟支持运行,由从 APB1 时钟(PCLK1,36 MHz)分频后得到时钟驱动,它的喂狗时间是一个时间窗口(由喂狗上限值和喂狗下限值限定的喂狗范围),如图 4-2-2 所示,其中 ① 为计数器的初始值,②是设置的上窗口值(W[6:0]),③是设置的下窗口值(0x3F),只有当窗口看门狗计数器的值处于②和③之间时才可以喂狗。

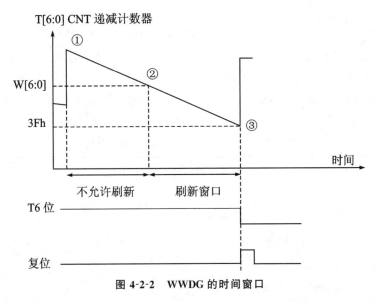

图 4-2-2 WWDG 的时间窗口

和独立看门狗一样,窗口看门狗也是一个可编程的递减计数器,当减到一个固定值 0x3F 时,必须刷新计数器,否则将产生复位操作,这个固定值为窗口的下限,不能改变。窗口看门狗相对独立看门狗对计数器的刷新时间要求更加严格,可监测由外部干扰或程序逻辑错误产生的软件故障,适用于要求看门狗在精确计时窗口起作用的程序。此外,窗口看门狗还可以使能看门狗中断,产生提前唤醒中断,也可以在中断中实现喂狗。

2. HAL 库相关函数

HAL 库中提供了看门狗编程的相关函数,以加速开发过程,根据本任务的要求,独立看门狗的程序设计主要涉及看门狗初始化、启动看门狗和刷新计数器三个函数,相关的函数定义如表 4-2-2、表 4-2-3 和表 4-2-4 所示。

表 4-2-2   HAL_IWDG_Init()函数定义

函数原型	HAL_StatusTypeDef HAL_IWDG_Init(IWDG_HandleTypeDef * hiwdg)
功能描述	根据 IWDG_InitTypeDef 中指定的参数初始化和启动看门狗
输入参数	hiwdg:指向 IWDG_HandleTypeDef 结构的指针,包含指定 IWDG 模块的配置信息
返回值	HAL 状态

表 4-2-3   HAL_IWDG_Start()函数定义

函数原型	HAL_IWDG_Start(IWDG_HandleTypeDef * hiwdg)
功能描述	启动 IWDG
输入参数	hiwdg:指向 IWDG_HandleTypeDef 结构的指针,包含指定 IWDG 模块的配置信息
返回值	HAL 状态

表 4-2-4   HAL_IWDG_Refresh()函数定义

函数原型	HAL_StatusTypeDef HAL_IWDG_Refresh(IWDG_HandleTypeDef * hiwdg)
功能描述	刷新 IWDG 计数器
输入参数	hiwdg:指向 IWDG_HandleTypeDef 结构的指针,包含指定 IWDG 模块的配置信息
返回值	HAL 状态

串口调试助手可以实现串口数据的自动接收,STM32 串口也可以完成数据的接收处理,HAL 函数库中提供了 HAL_UART_Receive()函数进行查询方式接收,该函数的定义如表 4-2-5 所示,调用 HAL_UART_Receive()函数实现串口接收的数据是字符形式,如通过 PC 端串口调试助手发送"8",STM32 接收到的数据就是字符"8",而非数字 8。

表 4-2-5   HAL_UART_Receive()函数定义

函数原型	HAL_StatusTypeDef HAL_UART_Receive(UART_HandleTypeDef * huart, uint8_t * pData, uint16_t Size, uint32_t Timeout)
功能描述	在阻塞模式下接收一定数量的数据
输入参数 1	* huart:指向按照特定配置的串口 UART 处理,本任务中为 huart1
输入参数 2	* pData:指向数据缓冲区
输入参数 3	Size:要接收的数据量
输入参数 4	Timeout:超时持续时间
返回值	HAL 状态

为了将接收到的串口数据进行回显,需要将数据原封不动地发回给 PC 端串口,除了可以使用本项目工作任务 1 中的 HAL_UART_Transmit()函数进行串口打印外,还可以使用

printf()函数进行相关信息的打印,由于 C 语言中的 printf()函数默认是向显示终端输出数据的,所以需要重定向到串口输出,这里通过修改写字符文件函数 fputc()和添加 stdio. h 头文件来实现,相关函数代码如下:

```c
//fputc 会将参数 ch 转为 unsigned char 后写入参数 stream 指定的文件中
  int fputc(int ch,FILE*stream)

  {

      HAL_UART_Transmit(&huart1,(uint8_t*)&ch,1,1000);  //每次发送 1 个字符

      return ch;//返回写入成功的字符 ch,若返回 EOF,则代表写入失败

  }
```

完成重定向后,即可使用 printf()函数从串口发送数据,如需要打印"Hello World",则可直接输入语句"printf("Hello World")"。

 任务实施

步骤 1: **建立 STM32CubeMX 工程并生成 HAL 库初始代码**

(1)在 STM32_Project 文件夹下新建文件夹 task4-2,用于保存本任务工程。

(2)新建 STM32CubeMX 工程。

参考项目 1 工作任务 3 相关内容。

(3)选择微控制器型号。

参考项目 1 工作任务 3 相关内容,选择型号为 STM32F103ZE 的微控制器。

(4)配置微控制器时钟树。

参考项目 1 工作任务 3 相关内容,配置 RCC,将 HCLK 配置为 72 MHz,PCLK1 配置为 36 MHz,PCLK2 配置为 72 MHz。

(5)配置 USART 串口外设的参数。

将 USART1 的模式配置为 Asynchronous(异步),USART1 的波特率设置为 115 200 b/s,数据方向可设置为 Receive and Transmit(接收与发送)。

(6)配置独立看门狗(IWDG)参数。

激活看门狗,此时看门狗的时钟为 40 kHz,如图 4-2-3 所示,将计数器预分频系数调整为 4,则分频后的时钟频率为 10 kHz,递减计数器重装载值(down-counter reload value)配置为 3000,即 300 ms 不刷新 IWDG 系统复位,如图 4-2-4 所示。

(7)保存 STM32CubeMX 工程。

选择 File→Save Project 选项,将项目保存至文件夹 task4-2 中,单击"确定"按钮,保存 STM32CubeMX 工程。

(8)生成基于 HAL 库的项目工程。

参考项目 1 工作任务 3 相关内容,进行工程保存参数和 C 代码生成的配置,最后单击"GENERATE CODE"生成代码按钮,生成串口数据接收及回显的 HAL 库初始工程。

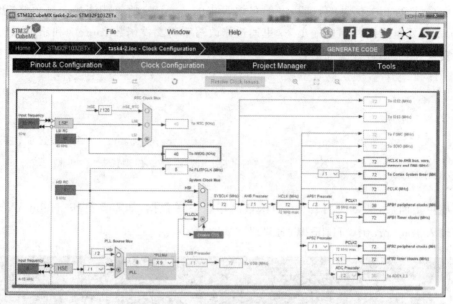

图 4-2-3　看门狗时钟为 40 kHz

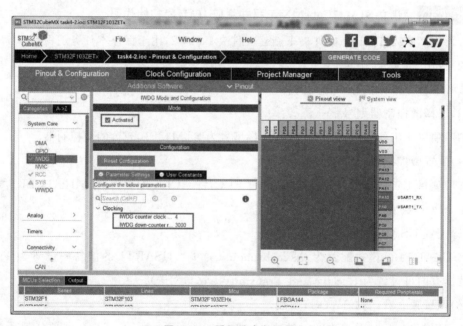

图 4-2-4　看门狗参数配置

步骤 2：　基于 HAL 库的代码完善

打开 main. c，完善主函数和串口重定向函数，完善后的 main. c 见程序清单 4-3。

程序清单 4-3

```
/*Includes*/
#include"main.h"
#include"iwdg.h"
#include"usart.h"
#include"gpio.h"
```

```c
#include"stdio.h"

#include"stdlib.h"

#include"string.h"

/*USER CODE BEGIN PV*/

char recv_buf[ ]= {0};//定义接收缓冲区数组

/*USER CODE END PV*/

/*Private function prototypes*/

void SystemClock_Config(void);

 /*用户代码区*/

 /*USER CODE BEGIN 0*/

int fputc(int ch, FILE* f) //重写 fputc()函数

   {

       HAL_UART_Transmit(&huart1, (uint8_t* )&ch, 1, 0xFFFF);

       return ch;

   }

/*USER CODE END 0 */

int main(void)

{

/*微控制器配置*/

HAL_Init();

/*配置系统时钟*/

SystemClock_Config();

/*初始化所有被配置的外设*/

MX_GPIO_Init();

MX_IWDG_Init();

MX_USART1_UART_Init();

/*USER CODE BEGIN 2*/

__HAL_IWDG_START(&hiwdg);//使能启动看门狗外设

printf("WatchDog START\r\n") ;//使用 printf()函数打印

HAL_Delay(100);

/*USER CODE END 2*/

/*USER CODE BEGIN WHILE*/

while (1)

   {

HAL_IWDG_Refresh(&hiwdg);

//查询方式接收数据,数据长度为 13
```

```
    if(HAL_OK==HAL_UART_Receive(&huart1, (uint8_t* )recv_buf, sizeof(recv_buf),
50))
    {
    //将接收到的数据发送(回显)
    printf( "%s",(uint8_t*)recv_buf);
    }
    /* USER CODE END WHILE*/
    }
}
```

步骤 3: **工程编译和调试**

程序编写并调试无误后,连接 USB 串口下载线,选择编译生成的 task4-2. hex 文件,下载程序后,关闭 MCUISP 下载软件,程序将在开发板复位后开始运行,打开 PC 端串口调试助手应用程序,选择波特率为 115 200 b/s,选择串口号后打开串口,STM32 的 USART1 串口可以正常接收上位机串口调试助手发送的"USART1 ECHO"字符串,并回发显示,如图 4-2-5 所示。当在 while 循环中注释掉 HAL_IWDG_Refresh(&hiwdg) 喂狗语句,不刷新计数器,重新编译程序时串口会输出图 4-2-6 所示初始化打印信息,由于不刷新计数器,独立看门狗每 300 ms 复位重启一次。

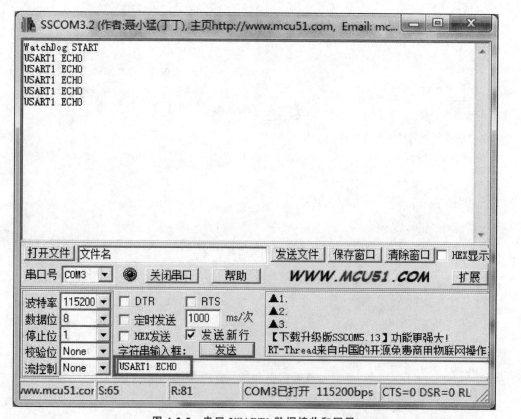

图 4-2-5 串口 USART1 数据接收和回显

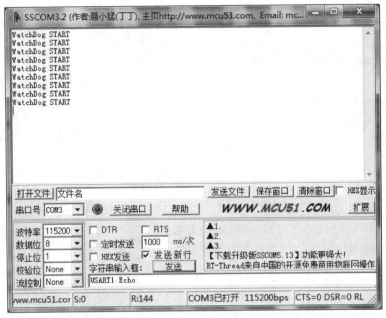

图 4-2-6　系统反复重启

工作任务 3　串口点灯控制

任务描述

本任务要求实现一个串口控制的 LED 系统，STM32 串口通过中断方式接收 PC 端串口调试助手的指令，并对 LED 进行控制，具体要求为系统上电时，蜂鸣器发出一声"嘀"，2 个 LED 灯默认为熄灭状态，上位机通过串口调试助手发送命令"LED2 ♯"和"LED3 ♯"，分别控制 LED2 和 LED3 的亮灭，发送的命令同时回显。

学习目标

（1）了解串口接收中断的原理和应用；

（2）了解蜂鸣器的发声原理和应用；

（3）会使用 STM32CubeMX 配置串口中断和优先级；

（4）会正确添加串口中断接收回调函数；

（5）会对串口中断接收到的字符串数据进行分析处理。

任务导学

任务工作页及过程记录表

任务	串口点灯控制		工作课时	2 课时
课前准备：预备知识掌握情况诊断表				
问题		回答/预习转向		
问题 1：常用的发声元件有哪些？	会→问题 2； 回答：_____		不会→查阅资料，归纳总结物联网中常用的发声器件	

续表

问题	回答/预习转向	
问题2:简述蜂鸣器的发声原理	会→问题3; 回答:＿＿＿＿＿	不会→查阅资料,了解不同蜂鸣器的发声原理及特点
问题3:简述串口中断接收模式的特点	会→课前预习; 回答:＿＿＿＿＿	不会→与查询接收进行比较,分析中断接收的优势和使用方法

课前预习:预习情况考查表

预习任务	任务结果	学习资源	学习记录
蜂鸣器驱动电路设计	使用 Altium Designer 绘制 STM32F103ZET6 蜂鸣器驱动电路	(1)网络; (2)教材	
蜂鸣器发声测试	编写测试程序,使蜂鸣器发出不同频率的声音	(1)教材; (2)蜂鸣器原理资料	
HAL 库中串口中断模式相关函数的使用	根据中断模式接收函数的使用方法,配置合理的参数并搭建串口接收回调函数	(1)教材; (2)HAL 库函数定义	

课上:学习情况评价表

序号	评价项目	自我评价	互相评价	教师评价	综合评价
1	学习准备				
2	引导问题填写				
3	规范操作				
4	完成质量				
5	关键技能要领掌握				
6	完成速度				
7	5S管理、环保节能				
8	参与讨论主动性				
9	沟通协作能力				
10	展示效果				

课后:拓展实施情况表

拓展任务	完成要求
学习 DMA 传输的特点,使用 DMA 串口接收模式完成本任务要求	打开串口的 DMA 接收模式,使用 DMA 串口接收函数和中断处理程序,完成本任务 LED 的控制

新知预备

1. 串口中断接收

本项目工作任务 2 采用了 HAL_UART_Receive() 函数接收串口数据,由于采用了查询方式,并为接收函数设置了溢出时间,微控制器需要不断地查询相关寄存器的状态,直至满足条件或者溢出时间溢出后才能运行接下来的程序,极大地降低了 STM32 的运行效率,而采用中断方式可以大大提高程序的响应和运行速度,在 STM32CubeMX 的 HAL 库中,提供了串口中断接收函数 HAL_UART_Receive_IT(),它的定义如表 4-3-1 所示。

表 4-3-1　HAL_UART_Receive_IT() 函数定义

函数原型	HAL_StatusTypeDef HAL_UART_Receive_IT(UART_HandleTypeDef * huart, uint8_t * pData, uint16_t Size)
功能描述	在中断模式下接收一定数量的数据
输入参数 1	* huart:指向按照特定配置的串口 UART 处理,本任务中为 huart1
输入参数 2	* pData:指向数据缓冲区
输入参数 3	Size:要接收的数据量
返回值	HAL 状态

通过 HAL_UART_Receive_IT() 函数可以直接开启中断,并以中断方式接收指定长度的数据,完成后关闭中断,如需继续接收还要再次开启,在实际使用中,一般在主程序之外初次启动,然后在中断处理程序中再次开启,在所有数据接收完成后自动调用串口数据接收完成回调函数 HAL_UART_RxCpltCallback(),该函数的定义如表 4-3-2 所示。

表 4-3-2　HAL_UART_RxCpltCallback() 函数定义

函数名	void HAL_UART_RxCpltCallback(UART_HandleTypeDef * huart)
功能描述	RX 接收传输结束回调
输入参数	* huart:指向按照特定配置的串口 UART 处理,本任务中为 huart1
返回值	无

2. 认识蜂鸣器

蜂鸣器是一种常见的电子发声器件,如图 4-3-1 所示,它广泛应用于计算机、报警器、电话机、定时器等电子与物联网产品中。根据有无振荡源,蜂鸣器可以分为有源和无源两种类型,有源蜂鸣器自带振荡电路,一通电就会发出固定频率的声音;无源蜂鸣器则没有自带振荡电路,必须外部提供 2～5 kHz 左右的方波驱动才能发声,其发声频率可变。

本教材 STM32 开发板中使用的是有源蜂鸣器,即自带振荡电路,一通电就会发声。蜂鸣器驱动电路如图 4-3-2 所示,驱动蜂鸣器的 I/O 端口为 PB8,由于 STM32 的 I/O 端口输出电流为 25 mA,而蜂鸣器额定工作电流需要 30 mA 左右,因此这里使用一个三极管做开关来驱动控制蜂鸣器,当 I/O 端口为高电平时,三极管导通,蜂鸣器鸣叫;当 I/O 端口为低电平时,三极管截止,蜂鸣器停止鸣叫。

图 4-3-1　蜂鸣器

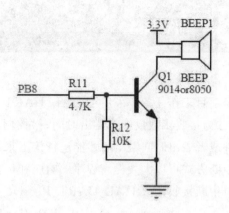

图 4-3-2　蜂鸣器驱动电路

 任务实施

步骤 1：　**建立 STM32CubeMX 工程并生成 HAL 库初始代码**

(1)在 STM32_Project 文件夹下新建文件夹 task4-3,用于保存本任务工程。

(2)新建 STM32CubeMX 工程。

参考项目 1 工作任务 3 相关内容。

(3)选择微控制器型号。

参考项目 1 工作任务 3 相关内容,选择型号为 STM32F103ZE 的微控制器。

(4)配置微控制器时钟树。

参考项目 1 工作任务 3 相关内容,配置 RCC,将 HCLK 配置为 72 MHz,PCLK1 配置为 36 MHz,PCLK2 配置为 72 MHz。

(5)配置 GPIO 端口。

对 PE5 和 PB5 引脚进行配置,找到对应引脚设置 GPIO_Output 功能模式和用户标记。输入用户对该引脚的标记 LED2 和 LED3。接下来对 PB8 进行引脚配置,找到对应引脚设置 GPIO_Output 功能模式和用户标记,输入用户对该引脚的标记 BEEP,并设置初始输出电平为 low,如图 4-3-3 所示,与实际的硬件电路对应起来。

(6)配置 USART 串口外设的参数。

将 USART1 的模式配置为 Asynchronous(异步),USART1 的波特率设置为 115 200 b/s,数据方向设置为 Receive and Transmit(接收与发送),并使能 USART1 串口全局中断,如图 4-3-4 所示。

(7)保存 STM32CubeMX 工程。

选择 File→Save Project 选项,将项目保存至文件夹 task4-3 中,单击"确定"按钮,保存 STM32CubeMX 工程。

(8)生成基于 HAL 库的项目工程。

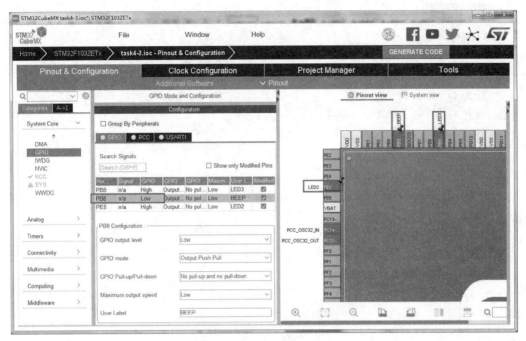

图 4-3-3　GPIO 端口配置

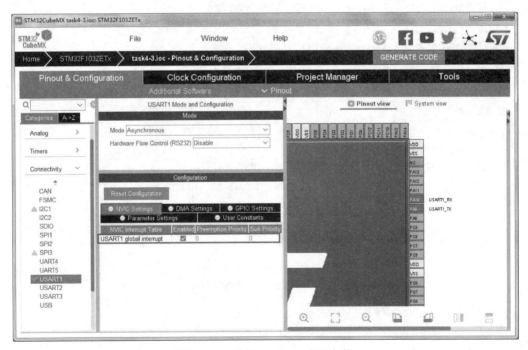

图 4-3-4　使能 USART1 串口中断

　　参考项目 1 工作任务 3 相关内容,进行工程保存参数和 C 代码生成的配置,最后单击
"GENERATE CODE"生成代码按钮,生成串口点灯控制的 HAL 库初始工程。

步骤 2：　基于 HAL 库的代码完善

　　打开 main. c,完善主函数和串口接收中断回调处理函数,完善后的 main. c 见程序
清单 4-4。

程序清单 4-4

```c
/*Includes*/
#include"main.h"
#include"usart.h"
#include"gpio.h"
#include"stdio.h"
#include"stdlib.h"
#include"string.h"
void SystemClock_Config(void);
/*用户代码区*/
/*USER CODE BEGIN 0*/
char sendBuf[128];
uint8_t rxData;
uint8_t rxBuf[128];
uint8_t rxIdx=0;
uint8_t ledValue=0;//LED控制指令
uint8_t enter[]={"\r\n"};   //回车换行符
//串口接收回调函数
void HAL_UART_RxCpltCallback(UART_HandleTypeDef*huart)
{
    if(huart->Instance==USART1)   //USART1收到数据
      {
          rxBuf[rxIdx]=rxData;
          rxIdx++;
          if(rxIdx>=128)
          rxIdx=0;
          HAL_UART_Receive_IT(&huart1,&rxData,1);
              if(strstr((char* )rxBuf,"LED2# ")!=NULL)
              {
                  HAL_UART_Transmit(&huart1, (uint8_t* )rxBuf, sizeof(rxBuf), 100);
//回显
                  HAL_UART_Transmit(&huart1, enter, sizeof(enter),100);   //换行
                  memset(rxBuf,0,128);//接收缓冲区清零
                  rxIdx=0;
                  ledValue=2;
              }
              else if(strstr((char* )rxBuf,"LED3# ")! =NULL)
              {
                HAL_UART_Transmit(&huart1, (uint8_t* )rxBuf, sizeof(rxBuf), 100);
                HAL_UART_Transmit(&huart1, enter, sizeof(enter), 100);
                memset(rxBuf,0,128);
                rxIdx=0;
```

```
                    ledValue=3;
            }
        }
}
/*USER CODE END 0*/
int main(void)
{
    SystemClock_Config();
    MX_GPIO_Init();
    MX_USART1_UART_Init();
    /*USER CODE BEGIN 2*/
    HAL_UART_Receive_IT(&huart1,&rxData,1);  //打开串口接收中断
    HAL_GPIO_WritePin(BEEP_GPIO_Port,BEEP_Pin,GPIO_PIN_SET);//蜂鸣器发声
    HAL_Delay(200);//持续200ms
    HAL_GPIO_WritePin(BEEP_GPIO_Port,BEEP_Pin,GPIO_PIN_RESET);
    /*USER CODE END 2*/
    /*USER CODE BEGIN WHILE*/
    while (1)
    {
        if(ledValue==2)
        {
            ledValue=0;
            HAL_GPIO_TogglePin(LED2_GPIO_Port,LED2_Pin);
        }
        if(ledValue==3)
        {
            ledValue=0;
            HAL_GPIO_TogglePin(LED3_GPIO_Port,LED3_Pin);
        }
        /*USER CODE END WHILE*/
    }
}
```

步骤 3°：　工程编译和调试

程序编写并调试无误后，连接 USB 串口下载线，选择编译生成的 task4-3. hex 文件，下载程序后，关闭 MCUISP 下载软件，程序将在开发板复位后开始运行，打开 PC 端串口调试助手应用程序，选择波特率为 115 200 b/s，选择串口号后打开串口，发送 LED2♯ 和 LED3♯ 指令，可以控制 LED2 和 LED3 的亮灭，同时串口调试助手回显发送的指令，如图 4-3-5 所示。

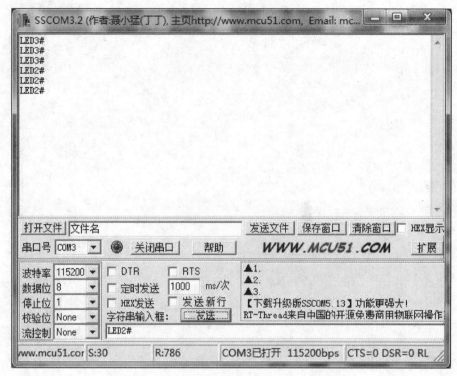

图 4-3-5　上位机串口发送 LED 控制命令

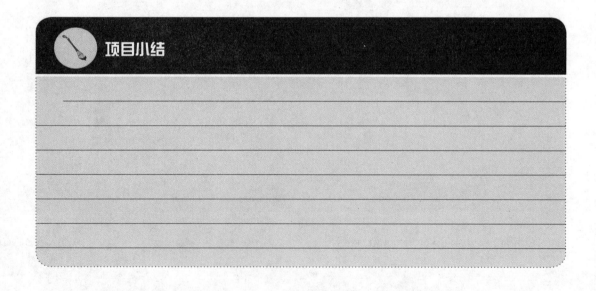

项目小结

项目 **5** 频率转换器的设计与实现

 项目导入

数字频率计是一种专门测量周期性信号频率的电子测量仪器。在工业实际生产中,传统变频器安装在电柜中,显示的频率不易查看,只能通过外接转换仪表实现频率显示。本项目通过频率转换器的设计与实现,使用 STM32CubeMX 和 HAL 库搭建 MDK-ARM 开发环境,带领读者使用 STM32 微控制器 ADC(模数转换)模块,将测量的 4～20 mA 电流输入信号转换为 0～50 Hz 的频率信号,并通过上位机串口打印显示,方便工程技术人员的观测。

素养目标

(1)能按 5S 规范完成项目工作任务;

(2)培养学生的团队协作能力和创新能力;

(3)会根据已学课程知识实现相关技术的理解和迁移;

(4)了解 ADC 控制在典型传感器驱动开发中的应用。

知识、技能目标

(1)了解 ADC 工作原理;

(2)掌握 ADC 程序设计思路;

(3)会使用 STM32CubeMX 完成 ADC 的配置;

(4)会使用查询、中断及 DMA 模式实现 ADC 功能。

项目内容

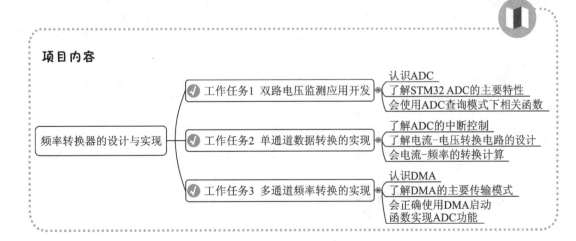

项目实施

工作任务1　**双路电压监测应用开发**

任务描述

　　本任务要求采用 ADC 查询方式设计一个可对 0～3.3 V 电压进行双通道监测的应用程序,实现每隔 1 s 对双路电压值进行采集,采集到的电压值通过串口通信发送至上位机进行打印,电压转换数值精确到小数点后两位数。

学习目标

　　(1)了解 ADC 的工作原理;

　　(2)了解 STM32 中 ADC 的主要特性、电压范围以及时钟情况;

　　(3)掌握 ADC 双通道数据采集所涉及的 HAL 库函数,并会运用;

　　(4)会使用 STM32CubeMX 对 ADC 查询模式进行基础配置。

任务导学

任务工作页及过程记录表

任务	双路电压监测应用开发	工作课时	2 课时
课前准备:预备知识掌握情况诊断表			
问题	回答/预习转向		
问题1:为什么要学习 ADC?	会→问题2; 回答:＿＿＿＿＿	不会→查阅资料,了解 ADC 在物联网系统开发中的功能和作用	
问题2:ADC 各通道的映射分布及转换特点是什么?	会→问题3; 回答:＿＿＿＿＿	不会→查阅资料,列出 ADC 各通道的 I/O 端口复用情况,并了解不同转换模式下 ADC 通道的特点	
问题3:ADC 各通道的电压输入范围是多少?	会→课前预习; 回答:＿＿＿＿＿	不会→查阅资料,了解 ADC 通道的输入电压影响因素,并确定输入电压范围	
课前预习:预习情况考查表			
预习任务	任务结果	学习资源	学习记录
使用 STM32CubeMX 配置 ADC1 相关基础参数	根据任务要求,对 ADC1 的各项参数进行初步配置	(1)软件相关帮助文档; (2)教材	

续表

预习任务	任务结果	学习资源	学习记录
ADC 采样时间的计算方法	根据 ADC1 时钟周期参数配置，按照公式计算出 1 次转换的总时间	(1)教材； (2)网络	
ADC 启动函数和 ADC 数据获取函数的使用	根据 ADC 相关函数的定义配置合理的参数	(1)教材； (2)HAL 库函数定义	

课上：学习情况评价表

序号	评价项目	自我评价	互相评价	教师评价	综合评价
1	学习准备				
2	引导问题填写				
3	规范操作				
4	完成质量				
5	关键技能要领掌握				
6	完成速度				
7	5S 管理、环保节能				
8	参与讨论主动性				
9	沟通协作能力				
10	展示效果				

课后：拓展实施情况表

拓展任务	完成要求
使用连续转换模式完成本任务的要求	使用连续转换模式，修改原有启动转换方式的相关程序，实现本任务双路电压转换

 新知预备

1. 认识 ADC

ADC(analog-to-digital converter)，即模数转换器，是一种将连续变化的模拟信号转换为离散数字信号的器件。真实物理世界的模拟信号，如温度、湿度、浑浊度或者光照强度等，需要转换成更容易储存、处理和发射的数字信号。STM32 微控制器的 ADC 外设模块就可以实现这个功能，在各种不同的物联网产品，特别是传感器网络中都可以找到它的身影。模拟信号在时域上是连续的，模拟传感器将非电量转换为模拟电量后，模拟电量经 ADC 被转换为时间上连续的一系列数字信号，再传到嵌入式控制系统进行控制处理。在实际操作中，还可以通过 DAC 实现逆转换，最终完成对被控制对象的控制，其转换控制流程如图 5-1-1所示。

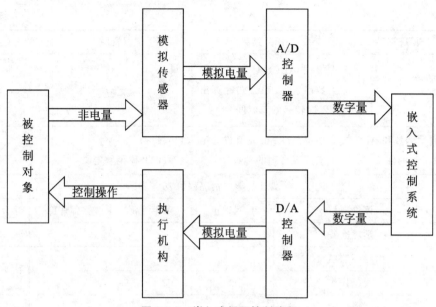

图 5-1-1　嵌入式闭环控制流程

2. STM32 中的 ADC 模块

STM32 内集成了非常强大的 ADC 外设,STM32F103ZET6 微控制器有 3 个 ADC,可工作在独立、双重或三重模式下,以适应多种不同的应用需求。STM32 的 ADC 是 12 位逐次逼近型的模数转换器,它最多有 18 个通道,可测量 16 个外部和 2 个内部信号源。各通道的模拟转换器有单次、连续、扫描或间断等执行模式。ADC 结果一般以左对齐或右对齐方式存储在 16 位数据寄存器中。

STM32 微控制器 ADC 的 18 个复用通道如表 5-1-1 所示,通过 GPIO 端口的引脚映射,ADC1 具有 16 个外部和 2 个内部信号通道,ADC2 有 16 个外部信号通道,ADC3 只有 13 个外部信号通道。其中,ADC1 的通道 16 连接到了芯片内部的温度传感器,通道 17 连接到了内部参考电压 V_{refint}。ADC2 和 ADC3 没有对应 GPIO 端口的通道与内部 V_{ss} 连接。

表 5-1-1　ADC 复用通道与 GPIO 对应表

通道	ADC1	ADC2	ADC3
通道 0	PA0	PA0	PA0
通道 1	PA1	PA1	PA1
通道 2	PA2	PA2	PA2
通道 3	PA3	PA3	PA3
通道 4	PA4	PA4	PF6
通道 5	PA5	PA5	PF7
通道 6	PA6	PA6	PF8
通道 7	PA7	PA7	PF9
通道 8	PB0	PB0	PF10
通道 9	PB1	PB1	—

通道	ADC1	ADC2	ADC3
通道 10	PC0	PC0	PC0
通道 11	PC1	PC1	PC1
通道 12	PC2	PC2	PC2
通道 13	PC3	PC3	PC3
通道 14	PC4	PC4	—
通道 15	PC5	PC5	—
通道 16	温度传感器	—	—
通道 17	内部参考电压	—	—

ADC 通道的电压输入范围为 $V_{REF-} \leqslant V_{IN} \leqslant V_{REF+}$，具体电压由 STM32 的 V_{REF-}、V_{REF+}、V_{DDA}、V_{SSA} 这四个外部引脚决定，相关的电压输入引脚说明如表 5-1-2 所示，在设计具体原理图的时候一般把 V_{SSA} 和 V_{REF-} 接地，把 V_{REF+} 和 V_{DDA} 接 3.3 V 电源，得到 ADC 的输入电压范围为 0～3.3 V。故 ADC 的输入电压一般不超过 3.3 V，否则结果将不准确，还有可能烧坏 ADC 引脚。

表 5-1-2　ADC 电压输入引脚

名称	信号类型	注解
V_{REF+}	输入，模拟参考正极	ADC 使用的高端/正极参考电压，$1.8V \leqslant V_{REF+} \leqslant V_{DDA}$
V_{DDA}	输入，模拟电源	模拟电源电压等于 V_{DD}。全速运行时，$2.4V \leqslant V_{DDA} \leqslant V_{DD}(3.6\ V)$；低速运行时，$1.8V \leqslant V_{DDA} \leqslant V_{DD}(3.6V)$
V_{REF-}	输入，模拟参考负极	ADC 使用的低端/负极参考电压，$V_{REF-} = V_{SSA}$
V_{SSA}	输入，模拟电源地	等效于 V_{SS} 的模拟电源地
ADCx_IN[15..0]	模拟输入信号	16 个模拟输入通道

3. ADC 的时钟及采样周期

ADC 输入时钟由 APB2 经过分频产生，最大值为 14 MHz，分频系数可以是 2、4、6 和 8。本项目中 APB2 总线时钟保持为 72 MHz，而 ADC 最大工作频率为 14 MHz，所以一般设置分频系数为 6，使得 ADC 输入时钟为 12 MHz。

ADC 使用若干个时钟周期完成对输入电压的采样，采样周期数目可以通过 ADC_SMPR1 和 ADC_SMPR2 寄存器中的 SMP[2:0] 位更改，可以为 1.5、7.5 或者 13.5 个时钟周期等，每个通道可以分别用不同的时间采样，数值越小表示采样时间越短，采样速度越快，但转换精度和采样时间相关，实际操作中需保证足够的转换时间。

总转换时间等于采样时间与数据处理时间(12.5 周期)之和，即

$$T_{CONV} = 采样时间 + 12.5(周期)$$

例如：当 ADC 输入时钟 ADCCLK 为 14 MHz，采样时间为 1.5 周期时，$T_{CONV} = 1.5 + 12.5 = 14(周期)$，因此可以计算出最短的转换时间为 1 μs。

4. ADC 相关函数

HAL 库中 ADC 的相关函数包括 ADC 校准函数 HAL_ADCEx_Calibration_Start()、ADC 启动函数 HAL_ADC_Start() 和 ADC 获取数据函数 HAL_ADC_GetValue(),此外,本任务采用 ADC 查询模式,使用超时管理机制的 HAL_ADC_PollForConversion() 函数等待转换结束。相关函数定义如表 5-1-3 至表 5-1-6 所示。

表 5-1-3　HAL_ADCEx_Calibration_Start() 函数定义

函数原型	HAL_StatusTypeDef HAL_ADCEx_Calibration_Start(ADC_HandleTypeDef * hadc)
功能描述	校准函数,可以放在 ADC 初始化函数后面校准
输入参数	hadc:ADC 操作
返回值	HAL 状态
先决条件	ADC 必须是关闭状态[执行这个函数要在 HAL_ADC_Start() 函数之前或在 HAL_ADC_Stop() 函数之后]

表 5-1-4　HAL_ADC_Start() 函数定义

函数原型	HAL_StatusTypeDef HAL_ADC_Start(ADC_HandleTypeDef * hadc)
功能描述	使能 ADC,启动规则组转换
输入参数	hadc:ADC 操作
返回值	无

表 5-1-5　HAL_ADC_GetValue() 函数定义

函数原型	uint32_t HAL_ADC_GetValue(ADC_HandleTypeDef * hadc)
功能描述	获得 ADC 规则组转换结果
输入参数	hadc:ADC 操作
返回值	ADC 规则组转换数据

表 5-1-6　HAL_ADC_PollForConversion() 函数定义

函数原型	HAL_StatusTypeDef HAL_ADC_PollForConversion(ADC_HandleTypeDef * hadc, uint32_t Timeout)
功能描述	等待规则组转换完成
输入参数 1	hadc:ADC 操作
输入参数 2	Timeout:以 ms 为单位的超时时间
返回值	无

任务实施

步骤 1： 建立 STM32CubeMX 工程并生成 HAL 库初始代码

(1)在 STM32_Project 文件夹下新建文件夹 task5-1，用于保存本任务工程。

(2)新建 STM32CubeMX 工程。

参考项目 1 工作任务 3 相关内容。

(3)选择微控制器型号。

参考项目 1 工作任务 3 相关内容，选择型号为 STM32F103ZE 的微控制器。

(4)配置微控制器时钟树。

参考项目 1 工作任务 3 相关内容，配置 RCC，将 HCLK 配置为 72 MHz，PCLK1 配置为 36 MHz，PCLK2 配置为 72 MHz。

(5)配置双通道 ADC 外设的参数。

本任务使用 PA0 和 PA1 作为 ADC1 的输入端口，展开 Pinout&Configuration 选项卡左侧的 ADC1 选项，选择 IN0 和 IN1，可以发现 PA0 和 PA1 引脚已被映射成 ADC1_ IN0 和 ADC1_ IN1 通道，如图 5-1-2 所示，相关参数具体说明如下：

①ADC 的工作模式配置为 Independent mode(独立模式)，即在一个引脚上只有一个 ADC 采集该引脚的电压；

②Data Alignment(数据对齐)配置为默认的 Right alignment(右对齐)；

③Scan Conversion Mode(扫描转换模式)配置为 Enabled(启用)，用于多通道采集；

④Continuous Conversion Mode(连续转换模式)配置为 Disabled(禁用)；

⑤Discontinuous Conversion Mode[单次转换(不连续)模式]配置为 Enabled(启用)；

⑥Enable Regular Conversion(使能转换规则)配置为 Enabled(启用)；

⑦Number of Conversion(转换通道数)配置为 2；

⑧ADC 转换通道设置为 Channel 0 和 Channel 1，Sampling Time(转换采样时间)配置为 51.5 Cycles(51.5 周期)。

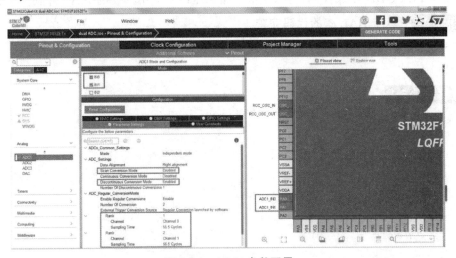

图 5-1-2　ADC1 参数配置

接下来切换到 Clock Configuration 选项卡,进行 ADC 时钟的配置,如图 5-1-3 所示,将进入 ADC 的时钟信号分频系数设置为 6,即 ADC 的输入时钟为 12 MHz。

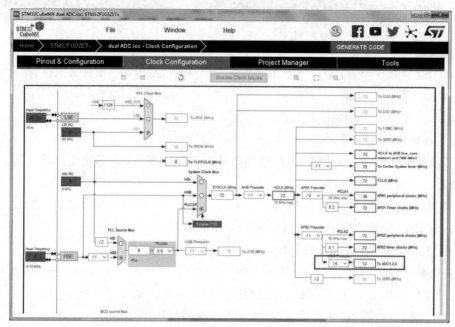

图 5-1-3　ADC 时钟配置

(6)配置 USART 串口外设的参数。

将 USART1 的模式配置为 Asynchronous(异步),USART1 的波特率设置为 115 200 b/s,数据方向设置为 Receive and Transmit(接收与发送)。

(7)保存 STM32CubeMX 工程。

选择 File→Save Project 选项,将项目保存至文件夹 task5-1 中,单击"确定"按钮,保存 STM32CubeMX 工程。

(8)生成基于 HAL 库的项目工程。

参考项目 1 工作任务 3 相关内容,进行工程保存参数和 C 代码生成的配置,最后单击"GENERATE CODE"生成代码按钮,生成双路电压监测应用开发的 HAL 库初始工程。

步骤 2:　基于 HAL 库的代码完善

打开 main.c,定义好相关变量,启动 ADC 并完善主函数,完善后的 main.c 见程序清单 5-1。

程序清单 5-1

```
/*含相关头文件*/
#include"main.h"
#include"adc.h"
#include"usart.h"
#include"gpio.h"
#include< stdio.h>
/*私有变量定义*/
/*USER CODE BEGIN PV*/
```

```
  //定义 ADC 值存放数组
  uint16_t adc_value[2];
 //定义电压值变量
 float voltage=0.0;
 //电压值结果显示数组
 char voltString[64]={0};
/*USER CODE END PV*/
//重写 fputc 函数
int fputc(int ch,FILE*f)
{
  HAL_UART_Transmit(&huart1,(uint8_t*)&ch,1,0xFFFF);
  return ch;
}
/*私有函数原型*/
void SystemClock_Config(void);
/*用户代码区*/
/**
 *@ 应用程序入口
 *@ 返回值为 int 类型
 */
 int main(void)
  {
    /*MCU 配置*/
    /*复位所有外设,初始化闪存接口和滴答定时器.*/
    HAL_Init();
    /*配置系统时钟*/
    SystemClock_Config();
    /*初始化被配置的外设*/
    MX_GPIO_Init();
    MX_ADC1_Init();
    MX_USART1_UART_Init();
    /*无限循环*/
    /*USER CODE BEGIN WHILE*/
    while (1)
    {
      HAL_ADC_Start(&hadc1);
      //等待 IN0 转换完成,第二个参数表示超时时间,单位为 ms
      HAL_ADC_PollForConversion(&hadc1, 100);
      //获取 IN_0 通道转换电压值
      adc_value[0]=HAL_ADC_GetValue(&hadc1);
      HAL_ADC_Start(&hadc1);
      //等待 IN1 转换完成
      HAL_ADC_PollForConversion(&hadc1, 100);
```

```
//获取 IN_1 通道转换电压值
adc_value[1]=HAL_ADC_GetValue(&hadc1);
voltage= (float)adc_value[0] / 4096 * 3.3;
sprintf(voltString,"channel 1:% .2fV",voltage);
printf("%s\r\n",voltString);
voltage= (float)adc_value[1] / 4096*3.3;
sprintf(voltString,"channel 2:%.2fV",voltage);
printf("%s\r\n",voltString );
HAL_Delay(1000);
/*USER CODE END WHILE*/
        }
    }
```

步骤 3：　工程编译和调试

程序编写并调试无误后，连接 USB 串口下载线，选择编译生成的 task5-1.hex 文件，下载程序，程序将在开发板复位后开始运行，将 PA0 和 PA1 引脚通过杜邦线与开发板上的电源 3.3 V 接线端和 GND 接地端相连，可以在串口调试助手上观察到电压值分别为 3.3 V 左右和 0 V，如图 5-1-4 所示。

图 5-1-4　ADC 采集到的双路电压值

工作任务 2 单通道数据转换的实现

任务描述

本任务要求通过 ADC 中断方式对采样单通道 4~20 mA 电流数据实现模数转换,并计算出电流-电压-数字量-频率的转换关系,最后使用串口每隔 1 s 打印转换后的频率数据。

学习目标

(1)了解 ADC 中断方式的工作原理;

(2)会 ADC 中断相关的 HAL 库函数应用;

(3)会电流、数字量和频率之间的转换及计算;

(4)会使用 STM32CubeMX 对 ADC 中断模式进行基础配置。

任务导学

任务工作页及过程记录表

任务	单通道数据转换的实现	工作课时	2 课时

| 课前准备:预备知识掌握情况诊断表 ||||

问题	回答/预习转向	
问题 1:模数转换后会产生哪些中断?	会→问题 2; 回答:_____	不会→查阅资料,了解 ADC 常用的中断处理方式
问题 2:简述 ADC 的两组通道各自的特点	会→问题 3; 回答:_____	不会→查阅资料,找出 ADC 的两组通道在中断方式下的执行特点
问题 3:电流-电压转换的电路有哪些?	会→课前预习; 回答:_____	不会→查阅资料,了解常用的电流-电压转换电路

| 课前预习:预习情况考查表 ||||

预习任务	任务结果	学习资源	学习记录
使用 STM32CubeMX 配置 ADC1 的中断相关参数	根据任务要求,对 ADC1 的中断参数进行进一步配置	(1)软件相关帮助文档; (2)教材	
设计本任务中使用的电流-电压转换电路	使用 Altium Designer 绘制满足本任务要求的转换电路	(1)教材; (2)开发板资料	
电流-频率的换算方法	根据相关换算关系,列出计算公式	(1)教材; (2)网络	

续表

课上:学习情况评价表					
序号	评价项目	自我评价	互相评价	教师评价	综合评价
1	学习准备				
2	引导问题填写				
3	规范操作				
4	完成质量				
5	关键技能要领掌握				
6	完成速度				
7	5S管理、环保节能				
8	参与讨论主动性				
9	沟通协作能力				
10	展示效果				
课后:拓展实施情况表					
拓展任务			完成要求		
如何将 0~10 V 的电压信号转换成频率?			根据相关换算关系,写出 0~10 V 电压信号转换成频率的计算公式		

 新知预备

1. ADC 中断控制

ADC 中断读取模式适用于低频率的 ADC 采集,对于高频率的 ADC 采集则使用 DMA 模式,模数转换结束后,可以产生规则转换结束中断、注入转换结束中断、DMA 溢出中断和模拟看门狗事件中断,本任务在规则转换和注入转换结束后,采用中断方式接收处理转换数据。

外部的 16 个通道(通道 0~通道 15)在转换的时候可分为两组通道:规则通道组和注入通道组。其中,规则通道组最多有 16 路,注入通道组最多有 4 路。规则通道组是经常使用的通道;注入通道组相当于中断。当程序正常往下执行时,中断可以打断程序的执行。同样,在规则通道转换过程中,如果有注入通道插入,那么就要先转换注入通道,等注入通道转换完成后再回到规则通道的转换流程。ADC 各工作模式下的分组转换方式如表 5-2-1 所示。

表 5-2-1　各组转换方式

单次模式	规则通道组	单通道转换结束,所有规则通道组同时进中断,数据存入 ADC_DR	
	注入通道组	单通道转换结束,所有注入通道组同时进中断,数据存入 ADC_JDRx	

续表

连续模式	规则通道组	本组转换结束,所有规则通道组同时进中断,最新数据存入 ADC_DR	
	注入通道组	只支持规则通道组连续模式触发,紧跟其后	
扫描模式	规则通道组	通道或本组转换结束,所有规则通道组同时进中断	必须用 DMA
	注入通道组	通道转换结束,所有注入通道组同时进中断,数据存入 ADC_JDRx	
不连续模式	规则通道组	小组转换结束,所有规则通道组同时进中断,本组结束不翻转	必须用 DMA
	注入通道组	小组转换结束,所有注入通道组同时进中断,本组结束不翻转	

2. 信号输入电路设计

STM32 上的 ADC 输入电压范围为 0～3.3 V,当仪器仪表输入信号 4～20 mA 时,需要设计一个输入电路,将其转换为 0～3.3 V,再接入 STM32 的 ADC 引脚,实现模数转换。4～20 mA 电流信号经过 250 Ω 取样电阻即可转变为 1～5 V 电压信号,通过如图 5-2-1 所示的减法器电路,将输出电压减去 1 V,得到 0～4 V 电压。最后将减法器电路的增益改为 3.3/4,即可得到 0～3.3 V 输出电压。其中,u_{i1} 接 1 V,u_{i2} 接 1～5 V。电路中 $R_1 = R_2 = 4$ kΩ,$R_F = R_3 = 3.3$ kΩ,输出电压就是 0～3.3 V。

此外,在实际应用中,还可以将取样电阻设置为 100 Ω,使得 4～20 mA 电流经取样电阻后输出 0.4～2 V 电压,再经过电流–频率的转换计算,得到对应的频率值。

3. 模数转换公式

1)采样电压转换实际电压公式

STM32F1 系列微控制器中的 ADC 是 12 位分辨率的,所读取的值是 0～4096(2^{12}),即当把 ADC 引脚接地(GND),读到的就是 0,当把 ADC 引脚接至 VCC,读到的就是 4096,模拟量和 ADC 值是呈线性关系的,如图 5-2-2 所示,其转换公式为

$$V_{实际} = \frac{D_{采样} \times 3.3}{4096}$$

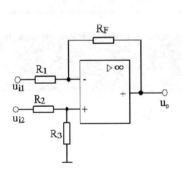

图 5-2-1　减法器电路

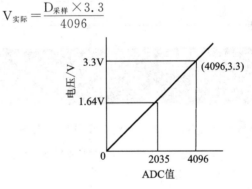

图 5-2-2　模拟量与 ADC 值之间的关系

2)电流信号换算为频率数值公式

假设模拟量标准电信号为 $A_0 \sim A_m$(本项目中对应 4～20 mA),模数转换后的数值为 $D_0 \sim D_m$,设此时的模拟输入电信号为 A,模数转换后相应数值为 D,由于两者是线性关系,函数关系 A = f(D) 可以表示为数学公式:

$$A = \frac{(D - D_0) \times (A_m - A_0)}{D_m - D_0} + A_0$$

根据该方程式,可以方便地根据 D 值计算出 A 值,将该方程式逆变换,得出函数关系 D = f(A):

$$D = \frac{(A - A_0) \times (D_m - D_0)}{A_m - A_0} + D_0$$

在线性关系下,4～20 mA 电流与频率的关系为 $f=(A-A_0)/16\times50$ Hz,将 4～20 mA 电流经过 100 Ω 取样电阻转变成电压信号,将该电压信号进行模数转换,最后,换算成 0～50 Hz,换算公式为

$$f=\frac{3.125\times33\times D}{4096}-12.5$$

4. ADC 中断相关函数

ADC 采样按照逻辑程序处理有三种方式,即查询模式、中断模式和 DMA 模式。每种模式编程中都由对应的 HAL 库函数完成相应的功能,上一任务采用了查询模式,本任务采用中断方式进行模数转换,需要调用 HAL 库中开始 ADC 中断转换函数 HAL_ADC_Start_IT(),并在 ADC 中断回调函数 HAL_ADC_ConvCpltCallback() 中获取 ADC 值,两个函数的定义如表 5-2-2 和表 5-2-3 所示。

表 5-2-2　HAL_ADC_Start_IT()函数定义

函数原型	HAL_StatusTypeDef HAL_ADC_Start_IT(ADC_HandleTypeDef * hadc)
功能描述	用于启用 ADC 中断,开始 ADC 的中断转换
输入参数	hadc:ADC 操作
返回值	ADC 状态

表 5-2-3　HAL_ADC_ConvCpltCallback()函数定义

函数原型	__weak void HAL_ADC_ConvCpltCallback(ADC_HandleTypeDef * hadc)
功能描述	ADC 中断回调函数
输入参数	hadc:ADC 操作
返回值	无

 任务实施

步骤 1:　**建立 STM32CubeMX 工程并生成 HAL 库初始代码**

(1)在 STM32_Project 文件夹下新建文件夹 task5-2,用于保存本任务工程。

(2)新建 STM32CubeMX 工程。

参考项目 1 工作任务 3 相关内容。

(3)选择微控制器型号。

参考项目 1 工作任务 3 相关内容,选择型号为 STM32F103ZE 的微控制器。

(4)配置微控制器时钟树。

参考项目 1 工作任务 3 相关内容,配置 RCC,将 HCLK 配置为 72 MHz,PCLK1 配置为 36 MHz,PCLK2 配置为 72 MHz。

(5)配置单通道 ADC 外设的参数。

本任务使用 PA0 作为 ADC1 的输入端口,展开 Pinout&Configuration 选项卡左侧的 ADC1 选项,选择 IN0,可以发现 PA0 引脚已被映射成 ADC1_IN0 通道,如图 5-2-3 所示,相关参数具体说明如下:

①ADC 的工作模式配置为 Independent mode(独立模式)；

②Data Alignment(数据对齐)配置为默认的 Right alignment(右对齐)；

③Scan Conversion Mode(扫描转换模式)配置为 Disabled(禁用)；

④Continuous Conversion Mode(连续转换模式)配置为 Disabled(禁用)；

⑤Discontinuous Conversion Mode[单次转换(不连续)模式]配置为 Disabled(禁用)；

⑥Enable Regular Conversion(使能转换规则)配置为 Enabled(启用)；

⑦Number of Conversion(转换通道数)配置为 1；

⑧ADC 转换通道设置为 Channel 0,Sampling Time(转换采样时间)配置为 71.5 Cycles
(71.5 周期)。

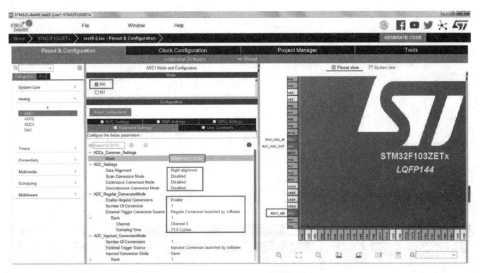

图 5-2-3　ADC1 参数配置

接下来切换到 Clock Configuration 选项卡,进行 ADC 时钟的配置,如图 5-2-4 所示,将
进入 ADC 的时钟信号分频系数设置为 6,即 ADC 的输入时钟为 12 MHz。

最后,对 ADC1 的 NVIC 进行配置,展开 Pinout&Configuration 选项卡左侧的 System
Core 选项,选择 NVIC,勾选"ADC1 and ADC2 global interrupts",打开 ADC 中断,并配置
优先级,如图 5-2-5 所示。

(6)配置 USART 串口外设的参数。

将 USART1 的模式配置为 Asynchronous(异步),USART1 的波特率设置为 115 200
b/s,数据方向设置为 Receive and Transmit(接收与发送)。

(7)保存 STM32CubeMX 工程。

选择 File→Save Project 选项,将项目保存至文件夹 task5-2 中,单击"确定"按钮,保存
STM32CubeMX 工程。

(8)生成基于 HAL 库的项目工程。

参考项目 1 工作任务 3 相关内容,进行工程保存参数和 C 代码生成的配置,最后单击
"GENERATE CODE"生成代码按钮,生成单通道数据转换的 HAL 库初始工程。

步骤 2：　基于 HAL 库的代码完善

打开 main.c,完善主函数和 ADC 中断回调处理函数,完善后的 main.c 见程序清单 5-2。

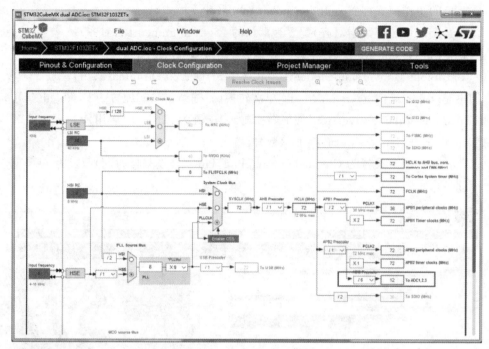

图 5-2-4   ADC 时钟配置

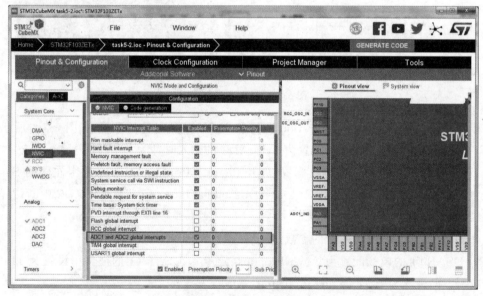

图 5-2-5   配置 ADC 中断

程序清单 5-2

```
# include"main.h"
# include"adc.h"
# include"tim.h"
# include"usart.h"
# include"gpio.h"
/* USER CODE BEGIN Includes* /
```

```c
# include"stdio.h"
/*  USER CODE END Includes * /
void SystemClock_Config(void);

/* 用户代码区 * /
/*  USER CODE BEGIN 0 * /
float value= 0;//存取 ADC 值
float value1;//存取转换后的值
uint8_t AD_FLAG= 0;//模数转换结束标志位
/*USER CODE END 0*/
/**
  *@ 应用程序入口
  *@ 返回值为 int 类型
 */
int main(void)
{
   /*微控制器配置*/
   /*复位所有外设,初始化存储器接口和滴答定时器*/
   HAL_Init();
   /*初始化系统时钟*/
   SystemClock_Config();
   /* 初始化所有被配置的外设* /
   MX_GPIO_Init();
   MX_ADC1_Init();
   MX_USART1_UART_Init();
   /* USER CODE BEGIN 2 * /
   HAL_ADCEx_Calibration_Start(&hadc1); //ADC 校准
   HAL_ADC_Start_IT(&hadc1);   //启动 ADC 中断
   /* USER CODE END 2* /
   /* 无限循环* /
   /* USER CODE BEGIN WHILE* /
   while (1)
   {
   if(AD_FLAG==1)
       {
            HAL_ADC_Start_IT(&hadc1);   //反复启动 ADC 中断
            value1= (3.125* 33* value/4096.0-12.5) ; //4~20mA 转换为 0~50Hz
            printf("adc value: % 0.2f",value1);//串口打印频率值
            printf("Hz\r\n");
            HAL_Delay(1000);
        }
      /* USER CODE END WHILE* /
   }
```

```
}
/* USER CODE BEGIN 4* /
int fputc(int ch,FILE * f)
{
    HAL_UART_Transmit(&huart1,(uint8_t * )&ch,1,0xFFFF);
      return ch;
}
//ADC 中断回调函数
void HAL_ADC_ConvCpltCallback(ADC_HandleTypeDef* hadc)
{
    if(hadc= = &hadc1)
      {
            value= HAL_ADC_GetValue(&hadc1);   //获取 ADC 值
            AD_FLAG= 1;
      }
}
/* USER CODE END 4* /
```

步骤3： 工程编译和调试

程序编写并调试无误后，连接 USB 串口下载线，选择编译生成的 task5-2. hex 文件，下载程序，程序将在开发板复位后开始运行，将 PA0 引脚通过杜邦线与 4～20 mA 电流-电压转换电路输出口相连，可以在串口调试助手上观察到转换后的频率值为 37.5 Hz(对应电流为 16 mA)，如图 5-2-6 所示。

图 5-2-6　打印单通道频率值

工作任务 3　多通道频率转换的实现

任务描述

本任务要求对多通道 4～20 mA 电流数据进行采样，三路 ADC 采用 DMA 方式实现模数连续转换，根据电流和频率的对应关系，计算出每一通道的频率值，并每隔 1 s 将转换后的频率数据通过串口打印出来。

学习目标

（1）了解 DMA 的工作原理；

（2）会应用 ADC 中与 DMA 相关的 HAL 库函数；

（3）会使用 STM32CubeMX 对 ADC 的 DMA 模式进行基础配置。

任务导学

任务工作页及过程记录表

任务	多通道频率转换的实现	工作课时	2 课时
课前准备：预备知识掌握情况诊断表			

问题	回答/预习转向	
问题 1：简述 DMA 传输的特点	会→问题 2； 回答：＿＿＿＿＿	不会→查阅资料，了解 DMA 的工作原理及优点
问题 2：简述 DMA1 的通道分布情况	会→问题 3； 回答：＿＿＿＿＿	不会→查阅资料，找出常用外设和 ADC1 的 DMA 通道号
问题 3：DMA 的传输模式哪些？	会→课前预习； 回答：＿＿＿＿＿	不会→查阅资料，了解 DMA 传输模式的种类和各自特点

课前预习：预习情况考查表			
预习任务	任务结果	学习资源	学习记录
使用 STM32CubeMX 配置 ADC1 的 DMA 相关参数	根据任务要求，对 ADC1 的 DMA 参数进行进一步配置	（1）软件相关帮助文档； （2）教材	
画出 DMA 数据传输的示意图	使用 Visio 软件绘制 DMA 数据传输的示意图	（1）教材； （2）网络	
HAL 库 DMA 启动函数的使用方法	根据 ADC 的 DMA 启动函数定义配置合理的参数	（1）教材； （2）HAL 库函数的说明	

课上：学习情况评价表				
序号	评价项目	自我评价	互相评价	教师评价	综合评价
1	学习准备				

续表

序号	评价项目	自我评价	互相评价	教师评价	综合评价
2	引导问题填写				
3	规范操作				
4	完成质量				
5	关键技能要领掌握				
6	完成速度				
7	5S 管理、环保节能				
8	参与讨论主动性				
9	沟通协作能力				
10	展示效果				

课后：拓展实施情况表

拓展任务	完成要求
如何通过简单有效的方法增加转换数据的精度和稳定性？	使用多次转换后取平均值的方法重新设计程序，观察数据的变化

 新知预备

1. 认识 DMA

DMA(direct memory access)即直接存储器访问，是一种不经过 CPU 而直接从存储器存取数据的数据交换方式，如图 5-3-1 所示，真正实现了数据的移动过程而无须 CPU 操作控制，既保证了数据传输的准确性又大大减轻了 CPU 的负担。DMA 控制器用于外设与存储器之间、存储器与存储器之间的数据高速传输，特别适用于快速设备与存储器批量交换数据的场合。

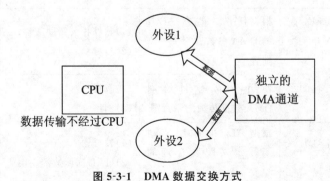

图 5-3-1　DMA 数据交换方式

在 STM32 的 ADC 多通道采集中，大部分数据交换都是基于 DMA 模式实现的，在规则通道转换时会有 DMA 请求产生，并将转换的数据传输到用户指定的目的地址。STM32F103ZET6 微控制器有 2 个 DMA 控制器，其中 DMA1 有 7 个通道，DMA2 有 5 个通道。每个通道专门管理来自一个或多个外设对存储器访问的请求。DMA1 和 DMA2 分别还有一个仲裁器来协调各个 DMA 请求的优先权，可以通过软件编程将 DMA 请求设置为很高、高、中等和低四个优先级，本任务中使用的 DMA1 各通道能接收的外设请求如表 5-3-1 所示。

表 5-3-1　各通道的 DMA1 请求

外设	通道 1	通道 2	通道 3	通道 4	通道 5	通道 6	通道 7
ADC1	ADC1						
SPI/I²S		SPI1_RX	SPI1_TX	SPI/I2S2_RX	SPI/I2S2_TX		
USART		USART3_TX	USART3_RX	USART1_RX	USART1_TX	USART2_RX	USART2_TX
I²C				I2C2_TX	I2C2_RX	I2C1_TX	I2C1_RX
TIM1		TIM1_CH1	TIM1_CH2	TIM1_TX4 TIM1_TRIG TIM1_COM	TIM1_UP	TIM1_CH3	
TIM2	TIM2_CH3	TIM2_UP			TIM2_CH1		TIM2_CH2 TIM2_CH4
TIM3		TIM3_CH3	TIM3_CH4 TIM3_UP			TIM3_CH1 TIM3_TRIG	
TIM4	TIM4_CH1			TIM4_CH2	TIM4_CH3		TIM4_UP

2. DMA 传输模式

DMA 的数据传输主要有两种模式，一个是正常模式（Normal），传输一次后就停止传输；另一种是循环模式（Circular），会一直循环地传输下去，即使发生 DMA 中断，传输也会继续进行。

1）Normal 正常模式

正常模式适用于单次传输方式，比如存储器到存储器的数据复制粘贴，又比如串口的数据单次发送，当需要多次转换时，则应重新设置后再次开启 DMA 通道。

2）Circular 循环模式

循环模式适用于多次传输模式，当传输结束后，硬件会自动重装传输数据量寄存器，进行下一轮的数据传输，但是循环模式不可用作存储器到存储器之间的传输模式。

本任务使用的 DMA 模式要求实现对多个通道的 ADC 连续转换和扫描，故选择 Circular 模式。DMA 传输时需要提前设置好数据的源地址、数据传输位置的目标地址和数据传输量，当 DMA 控制器启动数据传输后，在正常模式下，当剩余传输数据量为 0 时达到传输终点，结束 DMA 传输；在循环模式下，当到达传输终点时，DMA 传输会被重新启动，也就是说只要剩余传输数据量不是 0，而且 DMA 是启动状态，那么就会发生数据传输。

开启 DMA 传输的关键是既能使能外设的 DMA 请求，又需要 DMA 控制器开启相应的通道，二者缺一不可，本任务中开启 ADC 的 DMA 数据传输的 HAL 库函数定义如表 5-3-2 所示。

表 5-3-2　HAL_ADC_Start_DMA()函数定义

函数原型	HAL_StatusTypeDef HAL_ADC_Start_DMA（ADC_HandleTypeDef * hadc，uint32_t * pData，uint32_t Length）
功能描述	用于启动 ADC，开始 ADC 的 DMA 转换
输入参数 1	hadc：ADC 操作
输入参数 2	pData：目标缓冲区地址（存放 ADC 转换数据）
输入参数 3	Length：从 ADC 外设至内存要传递的数据长度
返回值	HAL 状态

 任务实施

步骤 1：　**建立 STM32CubeMX 工程并生成 HAL 库初始代码**

(1)在 STM32_Project 文件夹下新建文件夹 task5-3，用于保存本任务工程。

(2)新建 STM32CubeMX 工程。

参考项目 1 工作任务 3 相关内容。

(3)选择微控制器型号。

参考项目 1 工作任务 3 相关内容，选择型号为 STM32F103ZE 的微控制器。

(4)配置微控制器时钟树。

参考项目 1 工作任务 3 相关内容，配置 RCC，将 HCLK 配置为 72 MHz，PCLK1 配置为 36 MHz，PCLK2 配置为 72 MHz。

(5)配置三通道 ADC 外设的参数。

本任务使用 PA0、PA1 和 PA2 引脚作为 ADC1 的输入端口，展开 Pinout&Configuration 选项卡左侧的 ADC1 选项，选择 IN0、IN1 和 IN2，可以发现 PA0、PA1 和 PA2 引脚已被映射成 ADC1_ IN0、ADC1_ IN1 和 ADC1_ IN2 通道，如图 5-3-2 所示，相关参数具体说明如下：

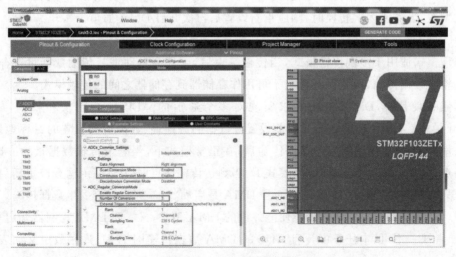

图 5-3-2　ADC1 参数配置

①ADC 的工作模式配置为 Independent mode(独立模式);

②Data Alignment(数据对齐)配置为默认的 Right alignment(右对齐);

③Scan Conversion Mode(扫描转换模式)配置为 Enabled(启用),用于多通道采集;

④Continuous Conversion Mode(连续转换模式)配置为 Enabled(启用);

⑤Discontinuous Conversion Mode[单次转换(不连续)模式]配置为 Disabled(禁用);

⑥Enable Regular Conversion(使能转换规则)配置为 Enabled(启用);

⑦Number of Conversion(转换通道数)配置为 3;

⑧ADC 转换通道设置为 Channel 0、Channel 1 和 Channel 2,Sampling Time(转换采样时间)配置为 239.5 Cycles(239.5 周期),选择最长的采样时间,以避免 DMA 中断而影响微控制器工作。

接下来切换到 Clock Configuration 选项卡,进行 ADC 时钟的配置,如图 5-3-3 所示,将进入 ADC 的时钟信号分频系数设置为 6,即 ADC 的输入时钟为 12 MHz。

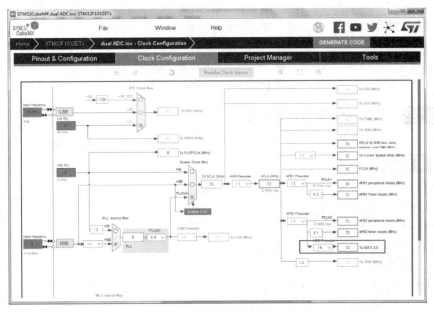

图 5-3-3　ADC 时钟配置

最后,进行 ADC 的 DMA 工作模式配置,单击 DMA Setting 选项卡,单击 Add 按钮为 ADC1 添加 DMA 通道,Mode 模式选择为 Circular(循环模式),这就不需要每次调用相关函数去获取 ADC 值。本任务中有 3 个通道,所以 Memory 选择递增,如图 5-3-4 所示。

(6)配置 USART 串口外设的参数。

将 USART1 的模式配置为 Asynchronous(异步),USART1 的波特率设置为 115 200 b/s,数据方向设置为 Receive and Transmit(接收与发送)。

(7)保存 STM32CubeMX 工程。

选择 File→Save Project 选项,将项目保存至文件夹 task5-3 中,单击"确定"按钮,保存 STM32CubeMX 工程。

(8)生成基于 HAL 库的项目工程。

参考项目 1 工作任务 3 相关内容,进行工程保存参数和 C 代码生成的配置,最后单击"GENERATE CODE"生成代码按钮,生成多通道频率转换的 HAL 库初始工程。

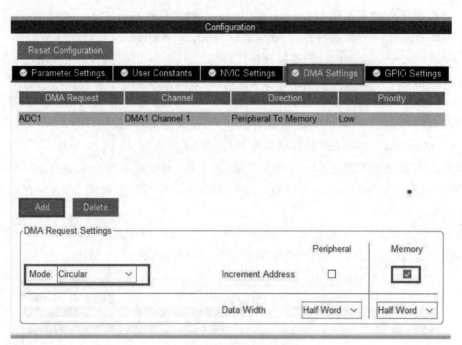

图 5-3-4　ADC1 DMA 配置

步骤 2：　基于 HAL 库的代码完善

打开 main.c，完善主函数并打开 DMA 工作模式，完善后的 main.c 见程序清单 5-3。

程序清单 5-3

```
# include"main.h"
# include"adc.h"
# include"dma.h"
# include"usart.h"
# include"gpio.h"
/*USER CODE BEGIN Includes*/
# include < stdio.h>
/*USER CODE END Includes*/
void SystemClock_Config(void);
/*USER CODE BEGIN 0*/
int fputc(int ch,FILE* f)
{
    HAL_UART_Transmit(&huart1,(uint8_t * )&ch,1,0xFFFF);
      return ch;
}
/*USER CODE END 0*/
/* *
  *@应用程序入口.
  *@返回值为 int 类型
  */
int main(void)
```

```
{
    /*USER CODE BEGIN 1*/
    uint16_t  adcData[3];
    float IN0_Frequency0;
    float IN1_Frequency1;
    float IN2_Frequency2;
    /*USER CODE END 1*/
    HAL_Init();
    /*初始化系统时钟*/
    SystemClock_Config();
    /*初始化所有被配置的外设*/
    MX_GPIO_Init();
    MX_DMA_Init();
    MX_ADC1_Init();
    MX_USART1_UART_Init();
    /*USER CODE BEGIN 2*/
    //ADC 开启 DMA 模式,转换后的 3 组数据直接存储在 adcData 数组中
    HAL_ADC_Start_DMA(&hadc1,(uint32_t*)adcData,3);
    /*USER CODE END 2*/
    /*无限循环*/
    /*USER CODE BEGIN WHILE*/
    while (1)
    {
        IN0_Frequency0= (3.125* 33* adcData[0]/4096.0- 12.5) ; //4~20mA 转换为 0~50Hz
        IN1_Frequency1= (3.125* 33* adcData[1]/4096.0- 12.5);
        IN2_Frequency2= (3.125* 33* adcData[2]/4096.0- 12.5);
        printf("Frequency0:% 0.2fHz\r\n",IN0_Frequency0);  //通道 0 频率值
        printf("Frequency1:% 0.2fHz\r\n",IN1_Frequency1);  //通道 1 频率值
        printf("Frequency2:% 0.2fHz\r\n",IN2_Frequency2);  //通道 2 频率值
        HAL_Delay(1000);
    /*USER CODE END WHILE*/
    /*USER CODE BEGIN 3*/
    }
    /*USER CODE END 3*/
}
```

步骤 3: **工程编译和调试**

程序编写并调试无误后,连接 USB 串口下载线,选择编译生成的 task5-3. hex 文件,下载程序,程序将在开发板复位后开始运行,将 PA0、PA1 和 PA2 引脚通过杜邦线与 3 路 4~20 mA 电流-电压转换电路输出口相连,可以在串口调试助手上观察到 3 个通道转换后的频率值,如图 5-3-5 所示。

图 5-3-5　打印 3 个通道频率值

项目 6 数据采集及存储的设计与实现

 项目导入

在物联网系统中,数据的采集是一项重要的基础性工作。随着物联网的飞速发展,人们对前端数据采集的需求与日俱增,大多数物联网设备使用传感器工作,这些物联网传感器捕捉并分析数据,以了解周围的物理环境,并通过显示终端与用户进行交互。本项目通过 LCD 显示、典型的温度传感器数据采集和外置存储单元的读写介绍,带领读者了解物联网中数据采集和读写的设计与实现方法。

素养目标

(1)能按 5S 规范完成项目工作任务;

(2)能参与小组讨论,注重团队协作;

(3)了解数据的采集和存储在社会生活中的重要性。

知识、技能目标

(1)掌握 STM32 微控制器 FSMC 接口的工作原理和配置方法;

(2)掌握 DS18B20 数字传感器时序的识读和编程;

(3)掌握 STM32 微控制器 I2C 接口的工作原理和配置方法;

(4)会使用 STM32 HAL 库进行程序的移植、调用和二次开发。

项目内容

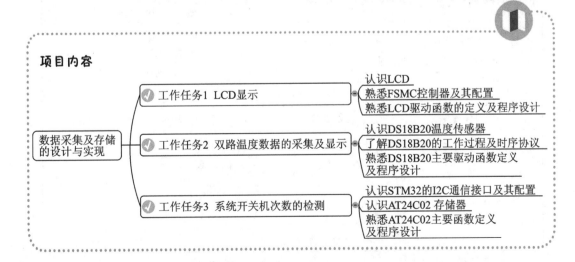

数据采集及存储的设计与实现
- 工作任务1 LCD显示
  - 认识LCD
  - 熟悉FSMC控制器及其配置
  - 熟悉LCD驱动函数的定义及程序设计
- 工作任务2 双路温度数据的采集及显示
  - 认识DS18B20温度传感器
  - 了解DS18B20的工作过程及时序协议
  - 熟悉DS18B20主要驱动函数定义及程序设计
- 工作任务3 系统开关机次数的检测
  - 认识STM32的I2C通信接口及其配置
  - 认识AT24C02存储器
  - 熟悉AT24C02主要函数定义及程序设计

项目实施

工作任务 1　LCD 显示

任务描述

　　本任务要求使用 STM32CubeMX
完成工程和 FSMC 接口的初始化配置,
在生成的项目代码中移植 TFT-LCD 驱
动程序,通过函数调用的方法实现对
LCD 字符、图形显示的控制。

学习目标

　　(1)了解 LCD 的接口电路设计;
　　(2)了解 STM32 的 FSMC 接口配
置及地址映射;
　　(3)了解 FSMC 接口的相关参数
定义;
　　(4)会 LCD 接口驱动程序的移植和
函数调用。

任务导学

任务工作页及过程记录表

任务	LCD 显示		工作课时	2 课时
课前准备:预备知识掌握情况诊断表				
问题	回答/预习转向			
问题 1:智能系统中常用的显示器件有哪些?	会→问题 2; 回答:_____		不会→查阅资料,理解并记录常用显示器件的检索过程	
问题 2:LCD 与微控制器的常用接口有哪些?	会→问题 3; 回答:_____		不会→查阅资料,理解并记录 LCD 不同接口,了解与 STM32 微控制器的连接方式	
问题 3:STM32F103ZE 是否有 FSMC 接口?	会→课前预习; 回答:_____		不会→查阅 ST 官方网站的微控制器产品介绍文档,记录 FSMC 外设资源参数	
课前预习:预习情况考查表				
预习任务	任务结果	学习资源		学习记录
查看开发板上的 LCD	观察并记录 TFT-LCD 的显示特点	(1)LCD 数据手册; (2)网络查阅		
研究 STM32 与 LCD 的接口电路	使用 Altium Designer 绘制引脚接口电路图	(1)开发板电路图; (2)网上查询 FSMC 典型电路设计		

续表

预习任务	任务结果	学习资源	学习记录
STM32CubeMX 中关于 FSMC 接口的配置参数	归纳总结相关配置参数，并做好标注	(1)教材； (2)STM32CubeMX 配置工具	

课上：学习情况评价表					
序号	评价项目	自我评价	互相评价	教师评价	综合评价
1	学习准备				
2	引导问题填写				
3	规范操作				
4	完成质量				
5	关键技能要领掌握				
6	完成速度				
7	5S 管理、环保节能				
8	参与讨论主动性				
9	沟通协作能力				
10	展示效果				

课后：拓展实施情况表	
拓展任务	完成要求
在本任务基础上实现 LCD 显示数字的应用	使用 LCD_Showx Num()函数显示数字"202104"

新知预备

1. 认识 LCD

LCD(Liquid Crystal Display,液晶显示器)是各种物联网智能设备中应用最广泛的显示设备之一,主要有 TFT、UFB、TFD、STN 等几种类型,其中常用的类型是 TFT。TFT-LCD技术是微电子技术和 LCD 技术巧妙结合的高新技术,随着人们对图像清晰度、刷新率、保真度的要求越来越高,TFT-LCD 的应用范围越来越广。

TFT-LCD 即薄膜晶体管液晶显示器(thin film transistor-liquid crystal display),TFT-LCD 与无源 TN-LCD、STN-LCD 的简单矩阵不同,它在液晶显示屏的每一像素上都设置有一个薄膜晶体管(TFT),可有效地克服非选通时的串扰,使显示液晶屏的静态特性与扫描线数无关,因此大大提高了图像质量。TFT-LCD 也被叫作真彩液晶显示器,具有以下特点:

(1)屏幕大小可选,如 1.8 寸、2.4 寸、3.5 寸、5 寸、7 寸等;

(2)分辨率多样,如 320×240、320×480、800×480 等;

(3)16 位真彩色显示;

（4）自带电阻触摸屏。

本教材选用的是 3.2 寸 TFT-LCD,如图 6-1-1 所示,其支持 65K 色彩显示,分辨率为 320×240,驱动电路采用 ILI9341,数据通信接口为 16 位 8080 并口,LCD 的控制芯片电路非常复杂。GRAM(显存)中一个存储单元对应显示屏的一个像素点。芯片内部通过专用电路把 GRAM 存储单元的数据转化成 LCD 的控制信号,使每个点呈现特定的亮度和颜色,这些点组合起来成为显示的界面。

本项目中 STM32 的 LCD 电路接口如图 6-1-2 所示,它们之间的连接关系如表 6-1-1 所示。由于 FSMC 的时序跟 8080 接口的时序非常相似,可采用 FSMC 模拟出 8080 接口。

图 6-1-1　3.2 寸 TFT-LCD

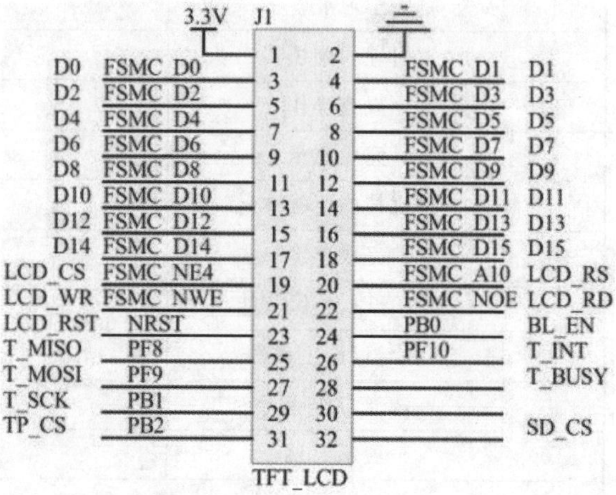

图 6-1-2　LCD 电路接口

表 6-1-1　STM32 与 LCD 连接对应关系

引脚	功能	对应引脚	映射关系
LCD_CS	片选信号	PG12	FSMC_NE4
LCD_WR	向 LCD 写信号使能	PD5	FSMC_NWE
LCD_RD	向 LCD 读信号使能	PD4	FSMC_NOE
LCD_RS	数据/命令选择信号 0:读/写命令 1:读/写数据	PG0	FSMC_A10
BL_EN	LCD 背光的驱动脚 0:LCD 点亮 1:LCD 熄灭	PB0	无
LCD_RST	LCD 复位信号	NRST(同 STM32 微控制器,异步复位脚)	无
D0~D15	16 位双向数据线	PD14、PD15、PD0、PD1、PE7~PE15、PD8~PD10	FSMC_D0~FSMC_D15

2. FSMC 控制器

FSMC(flexible static memory controller)即可变静态存储控制器,是 STM32 微控制器

的一种新型存储器扩展技术,在外部存储器扩展方面具有独特的优势,可根据系统的应用需要,方便地进行不同类型大容量静态存储器的扩展。STM32 的 FSMC 接口支持 SRAM、NAND Flash、NOR Flash 和 PSRAM 等存储器,如图 6-1-3 所示,它们公用地址数据总线等信号,通过 CS 区分不同的设备。

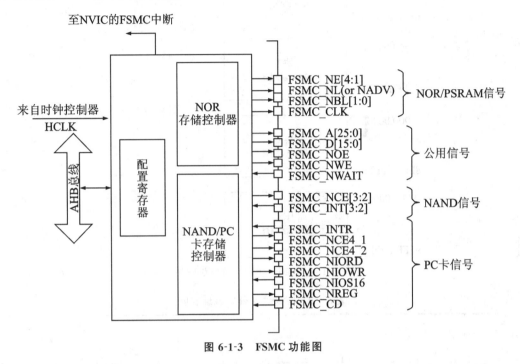

图 6-1-3　FSMC 功能图

在实际应用中,LCD 可以被当作一个内存块(外部 SRAM)来读写数据,采用 FSMC 驱动。本项目中 LCD 引脚与 STM32 的 FSMC 接口连接,STM32 通过 FSMC 功能对 LCD 进行控制,而 FSMC 的数据脚、操作脚通常是固定的,不可以随意修改。LCD 的 FSMC 操作时序和 SRAM 控制类似,唯一不同是 LCD 有 RS 信号(参考信号),但是没有地址信号,LCD 通过 RS 信号决定传送的是数据还是命令,也可以理解为一个地址信号。将 RS 接到 FSMC 地址线 A10(A0~A25 中任一个),LCD 就被当作一个 SRAM 使用,这样 LCD 成为只有一个地址的 SRAM 设备,从而实现 FSMC 驱动 LCD。

FSMC 可以请求 AHB(高级高性能总线)进行数据宽度的操作,STM32 的 FSMC 支持 8、16、32 位数据宽度,本项目中使用的 LCD 数据总线为 16 位,所以将 FSMC 的数据宽度设置为 16 位。STM32 的 FSMC 将外部存储器划分为固定大小为 256 MB 的 4 个存储块(Bank),它的地址映射如图 6-1-4 所示,每个存储块又被划分为 4 个区(4×64 MB)。

存储块 1(Bank1)用于驱动最多 4 个 NOR Flash 或 NOR PSRAM,被分为 4 个区,每个区管理 64 MB 空间,并有 4 个专用的片选,每个区都有独立的寄存器对所连接的存储器进行配置。存储块 1 的 256 MB 空间由 28 根地址线(HADDR[27:0])寻址。HADDR 是内部 AHB 地址总线,其中,HADDR[25:0]来自外部存储器地址 FSMC_A[25:0],而 HADDR[26:27]对 4 个区进行寻址,如表 6-1-2 所示。每个区用来分配一个外设,这四个外设的片选分别是 NE1、NE2、NE3、NE4,对应的引脚为 PD7_NE1、PG9_NE2、PG10_NE3、PG12_NE4。

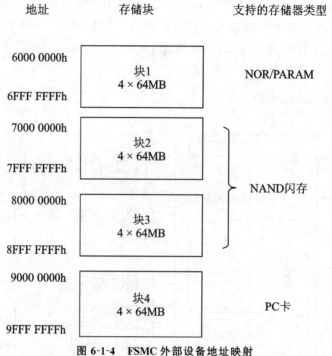

图 6-1-4　FSMC 外部设备地址映射

表 6-1-2　存储块 1 分区地址映射

Bank1 所选区	片选信号	地址范围	HADDR	
			[27:26]	[25:0]
第 1 区	PSMIC_NE1	0x6000,0000～63FF,FFFF	00	FSMC_A[25:0]
第 2 区	PSMIC_NE2	0x6400,0000～67FF,FFFF	01	
第 3 区	PSMIC_NE1	0x6800,0000～6BFF,FFFF	10	
第 4 区	PSMIC_NE1	0x6C00,0000～6FFF,FFFF	11	

3. FSMC 初始化配置

FSMC 的模式初始化主要使用了 FSMC_NORSRAMInitTypeDef 类型的结构体和 FSMC_NORSRAM_TimingTypeDef 类型的结构体。第一种类型结构体主要用于配置存储器类型、数据宽度等,见程序清单 6-1。另一种类型结构体用于配置 FSMC 的 NOR Flash 模式下读/写时序中的地址建立时间、地址保持时间等,见程序清单 6-2。初始化配置好 FSMC 模式后,不用手动设置时序,FSMC 能够自动进行外设驱动控制。

程序清单 6-1

```
typedef struct
{
  uint32_t NSBank;//用于设置使用的 Bank,片选 NE1 对应 Bank1,片选 NE2 对应 Bank2,片选
NE3 对应 Bank3,NE4 对应 Bank4
  uint32_t DataAddressMux;//用于设置地址线和数据线复用, 可以选择使能或者禁止
  uint32_t MemoryType;//用于设置使用的存储器类型
  uint32_t MemoryDataWidth;//用于设置外接的存储器位宽
```

```
    uint32_t BurstAccessMode;//用于使能或者禁止突发模式,仅用于支持同步突发的存储器
    uint32_t WaitSignalPolarity;//用于设置等待信号的极性,仅当使能突发模式时有效
    uint32_t WaitSignalActive;//在等待状态之前或等待状态期间,用于设置存储器是否在一个
时钟周期内置位等待信号,仅当使能突发模式时有效
    uint32_t WriteOperation;//用于使能或者禁止写保护
    uint32_t WaitSignal;//用于使能或者禁止通过等待信号来插入等待状态,仅当使能突发模式
时有效
    uint32_t ExtendedMode;//用于使能或者禁止扩展模式
    uint32_t AsynchronousWait;//用于异步传输期间,使能或者禁止等待信号,仅操作异步存储
器有效
    uint32_t WriteBurst;//用于使能或者禁止异步突发操作
    uint32_t ContinuousClock;//用于使能或者禁止 FSMC 同步异步模式的时钟信号输出
    uint32_t WriteFifo;//用于使能或者禁止写 FIFO
    uint32_t PageSize;//用于设置页大小
}FSMC_NORSRAMInitTypeDef
```

程序清单 6-2

```
typedef struct
{
    uint32_t AddressSetupTime;//此参数用于设置地址建立时间,单位 FMC 时钟周期个数,周期
个数为 0~15
    uint32_t AddressHoldTime;//此参数用于设置地址持续时间,单位 FMC 时钟周期个数,周期
个数为 1~15
    uint32_t DataSetupTime;//此参数用于设置数据建立时间,单位 FMC 时钟周期个数,周期个
数为 1~255
    uint32_t BusTurnAroundDuration;//此参数用于设置总线 TurnAround(总线周转阶段)持
续时间
    uint32_t CLKDivision;//此参数用于设置时钟分频,时钟分频范围为 2~16,仅用于同步器件
    uint32_t DataLatency;//参数定义了读写首个数据前要发送给存储器的时钟周期个数
    uint32_t AccessMode;//用于设置 FMC 的访问模式
} FSMC_NORSRAM_TimingTypeDef;
```

4. TFT-LCD 驱动函数解析

TFT-LCD 驱动程序在 TFTLCD.c 文件中,主要完成向控制器写入一系列控制参数和命令,设置像素点颜色格式、屏幕扫描方式、横屏/竖屏等初始化配置,最后通过显示驱动函数来绘制字符、数字、图形等。常用的数字、显示图形函数如表 6-1-3 至表 6-1-9 所示。

表 6-1-3　LCD_Clear()函数定义

函数原型	void LCD_Clear(uint16_t color)
功能描述	清屏函数,使屏幕显示一个特定的颜色(部分颜色在 TFTLCD.h 文件中定义)
输入参数	color:要清屏的填充色
返回值	无

表 6-1-4　LCD_Fill 函数()定义

函数原型	void LCD_Fill(uint16_t sx, uint16_t sy, uint16_t ex, uint16_t ey, uint16_t color)
功能描述	填充色块函数,与清屏函数不同,用于画一个填充色的矩形或方形,常用于画按键
输入参数 1~4	(sx,sy),(ex,ey):填充矩形对角坐标
输入参数 5	color:要清屏的填充色
返回值	无

表 6-1-5　LCD_DrawLine()函数定义

函数原型	void LCD_DrawLine(uint16_t x1, uint16_t y1, uint16_t x2, uint16_t y2, uint16_t color)
功能描述	画线函数,通过该函数可以在屏幕画一条直线
输入参数 1~4	(x1,y1),(x2,y2):起点坐标,终点坐标
输入参数 5	color:直线颜色
返回值	无

表 6-1-6　LCD_DrawRectangle()函数定义

函数原型	void LCD_DrawRectangle(uint16_t x1, uint16_t y1, uint16_t x2, uint16_t y2, uint16_t color)
功能描述	该函数用于画矩形/方形,与填充色块函数不同,该函数画完的矩形/方形中心颜色是背景颜色
输入参数 1~4	(x1,y1),(x2,y2):起点坐标,终点坐标
输入参数 5	color:矩形/方形外框颜色
返回值	无

表 6-1-7　Draw_Circle()函数定义

函数原型	void Draw_Circle(uint16_t x0,uint16_t y0,uint8_t r, uint16_t color)
功能描述	画圆函数,在指定位置画一个指定大小的圆
输入参数 1~2	(x0,y0):中心点坐标
输入参数 3	r:半径
返回值	无

表 6-1-8　LCD_ShowString()函数定义

函数原型	void LCD_ShowString(uint16_t x,uint16_t y,uint16_t width,uint16_t height,uint8_t size,uint8_t * p,uint16_t color)
功能描述	该函数是显示字符串函数,仅支持英文,大小为 12、16 号字体
输入参数 1~2	(x,y):起点坐标
输入参数 3~4	width,height:区域大小

续表

输入参数 5	size:字符大小
输入参数 6	* p:字符串
输入参数 7	color:字符颜色
返回值	无

表 6-1-9 LCD_ShowxNum()函数定义

函数原型	void LCD_ShowxNum(uint16_t x,uint16_t y,uint32_t num,uint8_t len,uint8_t size, uint8_t mode,uint16_t color);
功能描述	该函数是显示一个数字的函数,该函数不支持小数
输入参数 1~2	(x,y):起点坐标
输入参数 3	num:数值(0~4294967295)
输入参数 4	len :数字的位数
输入参数 5	size:字体大小
输入参数 6	color:颜色
返回值	无

任务实施

步骤 1： **建立 STM32CubeMX 工程并生成 HAL 库初始代码**

(1)在 STM32_IoT 文件夹下新建文件夹 task6-1,用于保存本任务工程。

(2)新建 STM32CubeMX 工程。

参考项目 1 工作任务 3 相关内容。

(3)选择微控制器型号。

参考项目 1 工作任务 3 相关内容,选择型号为 STM32F103ZE 的微控制器。

(4)配置微控制器时钟树。

参考项目 1 工作任务 3 相关内容,配置 RCC,将 HCLK 配置为 72 MHz,PCLK1 配置为 36 MHz,PCLK2 配置为 72 MHz。

(5)配置背光控制相关 GPIO 功能。

在 STM32CubeMX 工具配置主界面,单击 LCD 的背光控制引脚 PB0,选择功能"GPIO _Output",如图 6-1-5 所示。

GPIO 端口的其他配置过程说明如下：

①微控制器输出低电平时 LCD 点亮,因此将 GPIO 默认的输出电平配置为 Low(低电平)；

②GPIO 模式配置为 Output Push Pull(推挽输出功能)；

③GPIO 上拉下拉功能配置为 No pull-up and no pull-down(无上拉下拉)；

④GPIO 最大的输出速度配置为 Low(低速)；

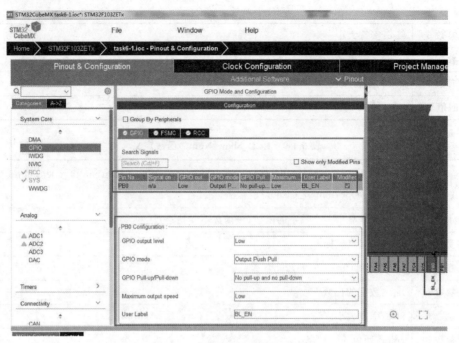

图 6-1-5　GPIO 端口功能配置

⑤用户标签配置为 BL_EN。

(6)配置 FSMC 工作模式。

展开 Pinout & Configuration 选项卡左侧的 Connectivity 菜单,选择 FSMC 选项,根据实际的 STM32 和 LCD 接口原理图进行模式选择和配置,如图 6-1-6 所示。

图 6-1-6　FSMC 模式配置

FSMC 相关配置过程说明如下:

①将 Chip Select 选择 NE4,即存储块 1 的第四分区片选位 PG12;

②Memory Type(存储类型)选择 LCD Interface 接口;

③LCD Register Select 寄存器选择 A10 作为数据/命令的区分;

④Data(数据)选择 16 位;

⑤Write Operation(写操作)控制为 Enable(使能)。

配置完后,可以在 GPIO Settings 选项卡中看到所有对应的 FSMC 接口,如图 6-1-7 所示。

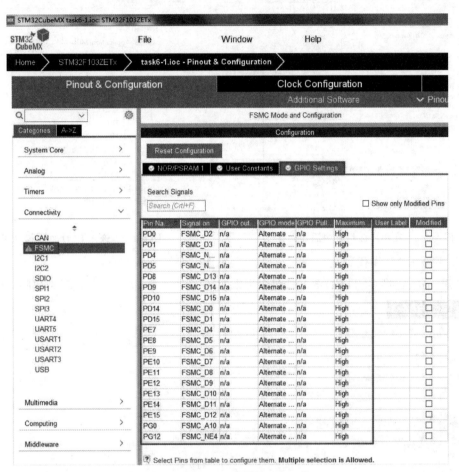

图 6-1-7　图 GPIO 对应的 FSMC 接口

(7)保存 STM32CubeMX 工程。

选择 File→Save Project 选项,将项目保存至文件夹 task6-1 中,单击"确定"按钮,保存 STM32CubeMX 工程。

(8)生成基于 HAL 库的项目工程。

参考项目1工作任务3相关内容,进行工程保存参数和 C 代码生成的配置,最后单击 "GENERATE CODE"生成代码按钮,生成 LCD 显示的 HAL 库初始工程。

步骤 2:　**基于 HAL 库的代码完善**

(1)移植 LCD 驱动程序。

将 TFTLCD.c 和 TFTLCD.h 驱动文件分别放入工程目录 src 和 inc 文件夹中,在 Application/User 用户应用层目录上右击,在弹出的菜单栏中选择 Add Existing files to Application/User,如图 6-1-8 所示,将 TFTLCD.c 文件添加到应用层目录。按同样的方法 将 TFTLCD 英文数字显示的字库文件 font.h 放入 inc 文件夹,并加入应用层,如图 6-1-9 所示。

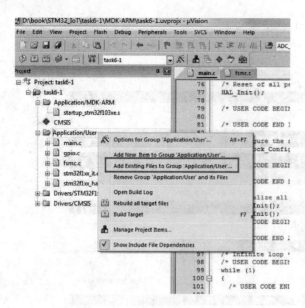

图 6-1-8　在用户应用层中添加文件

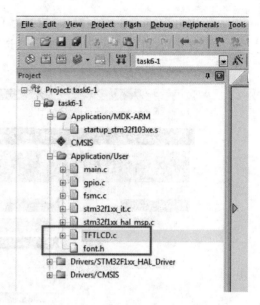

图 6-1-9　嵌入 LCD 驱动和字库文件

(2)完善 HAL 库代码。

打开 main.c,将 TFTLCD.h 文件包含进来,并完善主函数,完善后的代码见程序清单 6-3。

程序清单 6-3

```c
#include"main.h"
#include"gpio.h"
#include"fsmc.h"
#include"TFTLCD.h"
void SystemClock_Config(void);
int main(void)
{
  SystemClock_Config();
  MX_GPIO_Init();
  MX_FSMC_Init();
  LCD_Init();        //LCD初始化函数
  while (1)
  {
    LCD_Clear(WHITE);// 清屏,使屏幕为白色
    LCD_Fill(5,5,105,105,GREEN);//画一个 100×100 的绿色方块
    LCD_DrawLine(5,5,205,205,RED);//画一条红色的直线
    LCD_DrawRectangle(105,105,205,205,GRED);//画一个黄色的方框
    Draw_Circle(50,90,50,BLUE);//画一个半径 50 的蓝色圆
    LCD_ShowString(30,200,200,16,16,"Hello IoT",BLACK);//显示黑色 Hello IoT 字符
    HAL_Delay(2000);   //每隔 2 s 刷新显示一次屏幕
  }
}
```

步骤 3: **工程编译和调试**

程序编写并调试无误后,连接 USB 串口下载线,选择编译生成的 hex 文件,下载运行程序,可以观察到 LCD 的显示情况如图 6-1-10 所示。

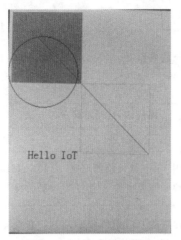

图 6-1-10　LCD 字符图形显示

工作任务 2 | 双路温度数据的采集及显示

任务描述

　　本任务要求使用 STM32CubeMX 完成工程和 FSMC 接口的初始化配置,在生成的项目代码中移植温度传感器 DS18B20 驱动程序,实现对双路 DS18B20 温度数据每隔 1 s 采集和 LCD 显示。

学习目标

　　(1)掌握 DS18B20 温度传感器的工作原理;

　　(2)掌握单总线传感器信号读取的方法;

　　(3)会分析和解读时序图;

　　(4)会 DS18B20 接口驱动程序的移植和相关函数的调用。

任务导学

任务工作页及过程记录表

任务	双路温度数据的采集及显示		工作课时	2 课时
课前准备:预备知识掌握情况诊断表				
问题	回答/预习转向			
问题 1:简述模拟式和数字式温度传感器的区别	会→问题 2; 回答:＿＿＿＿＿		不会→查阅资料,理解并记录两者的异同	

问题	回答/预习转向	
问题 2：单总线数字传感器 DS18B20 是如何工作的？	会→问题 3； 回答：＿＿＿＿＿＿	不会→查阅 DS18B20 数据手册，了解工作时序的概念
问题 3：STM32F103ZE 是否有 DS18B20 专用单总线接口？	会→课前预习； 回答：＿＿＿＿＿＿	不会→查阅 ST 官方网站的微控制器产品介绍文档

课前预习：预习情况考查表

预习任务	任务结果	学习资源	学习记录
DS18B20 读取温度的流程和输出数据的处理	使用 Visio 软件绘制完整流程和处理步骤	(1)DS18B20 数据手册； (2)教材	
安装双路 DS18B20 到开发板	焊接双路 DS18B20 模块，将其插入开发板专用接口中进行调试	(1)开发板电路图； (2)网络查询 DS18B20 典型电路设计	
如何使用 GPIO 端口模拟单总线时序	编写相关读写时序的子函数	(1)教材； (2)STM32CubeMX 配置工具； (3)网络查阅典型 DS18B20 驱动函数	

课上：学习情况评价表

序号	评价项目	自我评价	互相评价	教师评价	综合评价
1	学习准备				
2	引导问题填写				
3	规范操作				
4	完成质量				
5	关键技能要领掌握				
6	完成速度				
7	5S 管理、环保节能				
8	参与讨论主动性				
9	沟通协作能力				
10	展示效果				

课后：拓展实施情况表

拓展任务	完成要求
在本任务基础上修改实现单路 DS18B20 的应用	使用 DS18B20_ReadTempReg( )函数采集温度

新知预备

1. 认识 DS18B20

DS18B20 是由 DALLAS 半导体公司推出的一种单总线接口的数字化温度传感器,与传统的热敏电阻等测温元件相比,它具有体积小、使用电压宽、与微处理器接口简单等优点。它可以简单方便地组成一个测温系统,在一根通信总线上,可以挂接很多这样的数字温度计,如图 6-2-1 所示。

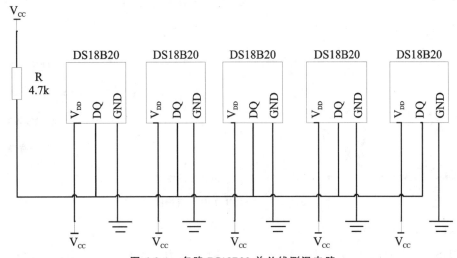

图 6-2-1　多路 DS18B20 单总线测温电路

DS18B20 的主要特点如下:

(1)采用独特的"一线制"通信方式,信号符合 TTL 电平逻辑;

(2)温度测量范围为 $-55\sim125$ ℃,在 $-10\sim+85$ ℃测温范围内测量精度为 ±0.5 ℃;

(3)内部有温度上、下限报警设置;

(4)实际应用中不需要任何外部元器件即可实现测温;

(5)可编程的温度转换分辨率,可根据需要在 9～12 b 之间选取,对应的可分辨温度分别为 0.5 ℃、0.25 ℃、0.125 ℃和 0.0625 ℃,可实现高精度测温;

(6)在 12 b 温度转换分辨率下,温度转换时间最大为 750 ms;

(7)DS18B20 采用节能设计,在等待状态下功耗近似为零。

2. DS18B20 的封装和内部结构

DS18B20 的外形如图 6-2-2 所示,其引脚定义如表 6-2-1 所示。DS18B20 可封装成多种形式,如管道式、螺纹式、磁铁吸附式、不锈钢封装式,根据应用场合的不同而改变其外观。封装后的 DS18B20 可用于电缆沟测温、高炉水循环测温、锅炉测温、机房测温、农业大棚测温、洁净室测温、弹药库测温等各种非极限温度场合。可见,DS18B20 具有封装形式多样、耐磨耐碰、体积小、使用方便等优点,非常适用于各种狭小空间设备的温度控制。

图 6-2-2　DS18B20 传感器

表 6-2-1　DS18820 引脚定义

序号	引脚	功能
1	GND	电源地
2	DQ	数字信号输入/输出端
3	VDD	外接供电电源输入端

　　DS18B20 的内部结构如图 6-2-3 所示,主要由以下部分组成:64 位 ROM、8 字节高速暂存器 RAM、非易失性温度报警触发器 TH 和 TL、配置寄存器和温度传感器。

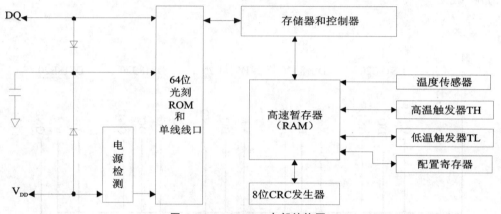

图 6-2-3　DS18B20 内部结构图

1)64 位 ROM 的结构分析

　　在 DS18B20 中存有 64 位唯一序列号,如图 6-2-4 所示,该序列号是出厂前被固化在 DS18B20 内部的,且每一个 DS18B20 的 64 位唯一序列号均不相同。64 位 ROM 的排列从右到左顺序是:开始 8 位是产品类型的编号,即工厂代码,中间 48 位是每个 DS18B20 的唯一序列号,最后 8 位是前面 56 位的循环冗余校验码(CRC)。ROM 的作用是使每一个 DS18B20 都各不相同,这样就可实现一根总线上挂接多个 DS18B20。

8位检验CRC	48位序列号	8位工厂代码(10H)
MSB　　　　　LSB	MSB　　　　　　　　　LSB	MSB　　　　　　　LSB

图 6-2-4　64 位 ROM 的结构

2)内部 RAM 的结构分析

　　DS18B20 的内部存储器还包括一个高速暂存器 RAM 和一个非易失性的可电擦除 EERAM,高速暂存器的结构为 9 字节的存储器,其结构如表 6-2-2 所示。字节 1、2 为转换好的温度信息;字节 3、4 是 TH、TL 的拷贝,是易失的,每次上电复位时被刷新;字节 5 用于确定温度转换分辨率;高速暂存器 RAM 的第 6、7、8 字节保留未用,表现为全逻辑 1;第 9 字节读出前面所有 8 个字节的 CRC(校验码),用来检验数据,从而保证通信数据的正确性。

表 6-2-2　高速暂存器 RAM 结构

序号	高速暂存器内容
字节 1	温度值低位字节(LSB)

续表

序号	高速暂存器内容
字节 2	温度值高位字节（MSB）
字节 3	TH 用户字节 1（高温限值）
字节 4	TL 用户字节 2（低温限值）
字节 5	用于设定配置寄存器的温度转换分辨率
字节 6	保留
字节 7	保留
字节 8	保留
字节 9	CRC

3）配置寄存器结构分析

字节 5 的内容用于确定 DS18B20 工作时按配置寄存器中的分辨率将温度转换为相应精度的数值，配置寄存器的结构如图 6-2-5 所示，低 5 位一直为 1，TM 是测试模式位，用于设置 DS18B20 处在工作模式还是处在测试模式。出厂时 TM 位被设置为 0，用户不能改动，R1 和 R2 决定温度转换的精度位数，如表 6-2-3 所示。

TM	R1	R2	1	1	1	1	1

图 6-2-5 配置寄存器结构分布

表 6-2-3 转换精度设定

R1	R2	分辨率/b	温度最大转换时间/ms
0	0	9	93.75
0	1	10	187.5
1	0	11	375
1	1	12	750

DS18B20 温度转换的时间比较长，而且设定的分辨率越高，所需的温度转换时间就越长。因此，在实际应用中要权衡考虑分辨率和转换时间的合理性。

3. DS18B20 的工作过程

DS18B20 接收到温度转换命令后，开始启动转换。转换完成后的温度值就以 16 位带符号扩展的二进制补码形式存储在高速暂存器 RAM 中第 1、2 字节。微控制器可以通过单线接口读出该数据，读数据时低位在先，高位在后，数据格式以 0.0625 ℃/LSB 形式表示，温度值格式如图 6-2-6 所示。

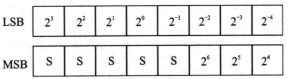

LSB	2^3	2^2	2^1	2^0	2^{-1}	2^{-2}	2^{-3}	2^{-4}

MSB	S	S	S	S	S	2^6	2^5	2^4

图 6-2-6 温度数据格式

当符号位 S=0 时,表示测得的温度值为正值,可直接将其转换为十进制数。

当符号位 S=1 时,表示测得的温度值为负值,要先将补码变成原码,再计算十进制数。

4. DS18B20 的工作时序

控制 DS18B20 测量温度是通过单总线发送 DS18B20 的工作时序完成的,所有的单总线器件都要求采样严格的信号时序,以保证数据的完整性。DS18B20 的时序有初始化时序、写 0 和 1 时序、读 0 和 1 时序。DS18B20 所发送的命令和数据都是字节的低位在前。

1)DS18B20 的复位时序

DS18B20 的所有通信都从由复位脉冲组成的初始化序列开始,该初始化序列由 STM32 发出,后跟由 DS18B20 发出的存在脉冲,表明 DS18B20 已经准备好发送和接收数据,如图 6-2-7 所示,STM32 将总线拉低最短 480 μs,之后释放总线。由于上拉电阻的作用,总线恢复到高电平。DS18B20 检测到上升沿后等待 15~60 μs,发出存在脉冲:拉低总线 60~240 μs。

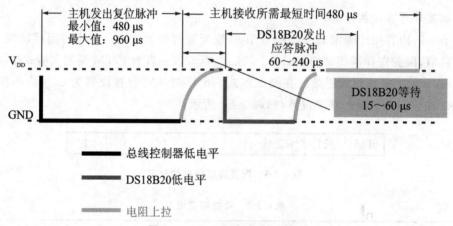

图 6-2-7　DS18B20 复位时序图

此外,根据 DS18B20 的通信协议,STM32 控制 DS18B20 完成温度转换需要先进行复位操作,再发送一条 ROM 指令和一条 RAM 指令(见表 6-2-4 和表 6-2-5)。

表 6-2-4　ROM 指令表

指令	约定代码	功能
读 ROM	33H	读 DS18B20 温度传感器 ROM 中的编码(即 64 位地址)
匹配 ROM	55H	发出此命令后,接着发出 64 位 ROM 编码,访问单总线上与该编码对应的 DS18B20,使之做出响应,为下一步对该 DS18B20 的读写做准备
搜索 ROM	0F0H	用于确定挂接在同一总线上 DS18B20 的个数和识别 64 位 ROM 地址,为操作各个 DS18B20 做好准备
跳过 ROM	0CCH	忽略 64 位 ROM 地址,直接向 DS18B20 发送温度转换命令。适用于单片 DS18B20 工作
告警搜索命令	0ECH	执行该命令后,只有温度超过设定值上限或下限的 DS18B20 才做出响应

表 6-2-5　RAM 指令表

指令	约定代码	功能
温度转换	44H	启动 DS18B20 进行温度转换,12 位转换时最长转换时间为 750 ms（9 位为 93.75 ms）。结果被存入内部 9 字节高速暂存器 RAM 中
读高速暂存器 RAM	0BEH	读内部高速暂存器 RAM 中第 9 字节的内容
写高速暂存器 RAM	4EH	向内部高速暂存器 RAM 的第 3、4 字节写上、下限温度数据命令,紧跟着传送 2 B 大小的具体温度数据
复制高速暂存器 RAM	48H	将高速暂存器 RAM 中第 3、4 字节的内容复制到 EEPROM 中
重调 EEPROM	0B8H	将 EEPROM 中的内容恢复到高速暂存器 RAM 的第 3、4 字节中
读供电方式	0B4H	读 DS18B20 的供电模式。寄生供电时 DS18B20 发送"0",外接电源供电时 DS18B20 发送"1"

2）DS18B20 的读时序

DS18B20 只有在 STM32 发出读时序命令后才会向 STM32 发送数据,DS18B20 的读时序分为读 0 时序和读 1 时序两个过程。读时序是从 STM32 把单总线拉低之后,在 15 μs 之内就得释放单总线,以让 DS18B20 把数据传输到单总线上。DS18B20 完成一个读时序过程至少需要 60 μs,如图 6-2-8 所示。

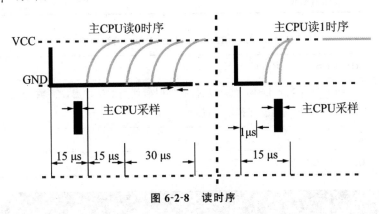

图 6-2-8　读时序

3）DS18B20 的写时序

DS18B20 的写时序仍然分为写 0 时序和写 1 时序两个过程。写 0 时序和写 1 时序的要求不同,在写 0 时序过程中,单总线要被拉低至少 60 μs,保证 DS18B20 能够在 15～45 μs 之间正确地采样 I/O 总线上的"0"电平;在写 1 时序过程中,单总线被拉低之后,在 15 μs 之内就得释放单总线,相邻两个写时序过程必须有最少 1 μs 的恢复时间。

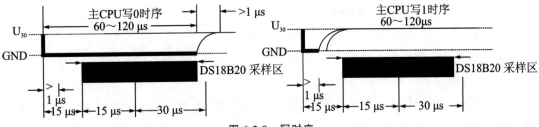

图 6-2-9　写时序

5. DS18B20 主要驱动函数解析

DS18B20 驱动程序在 ds18b20.c 文件中,主要完成 DS18B20 的单总线时序的初始化、命令写入和数据的读取,最后通过 DS18B20 的序列号和温度读取函数进行多路温度数据的采集和显示。程序使用的主要函数如表 6-2-6、表 6-2-7 和表 6-2-8 所示。

表 6-2-6 DS18B20_ReadID()函数定义

函数原型	uint8_t DS18B20_ReadID(uint8_t * _id)
功能描述	用于读取 DS18B20 的 64 位唯一 ROM 序列号
输入参数	* _id:用于存放读取出来的 64 位序列号的数组
返回值	读取成功后,该函数输出 1,反之则输出 0
备注	该函数使用时需确保单总线上仅挂载了一个 DS18B20,否则 64 位序列号的读取将受到干扰

表 6-2-7 DS18B20_ReadTempByID()函数定义

函数原型	int16_t DS18B20_ReadTempByID(uint8_t * _id)
功能描述	用于读取特定 ID 号的 DS18B20 温度值
输入参数	* _id:读取指定 ID 的温度寄存器的值
返回值	温度寄存器数据

表 6-2-8 DS18B20_ReadTempReg()函数定义

函数原型	int16_t DS18B20_ReadTempReg(void)
功能描述	当总线上只有 1 个 DS18B20 温度传感器时所使用的读取温度函数,无论 DS18B20 的序列号是否已知,均可直接读取温度
输入参数	无
返回值	温度寄存器数据

 任务实施

步骤 1: **建立 STM32CubeMX 工程并生成 HAL 库初始代码**

(1)在 STM32_IoT 文件夹下新建文件夹 task6-2,用于保存本任务工程。

(2)新建 STM32CubeMX 工程。

参考项目 1 工作任务 3 相关内容。

(3)选择微控制器型号。

参考项目 1 工作任务 3 相关内容,选择型号为 STM32F103ZE 的微控制器。

(4)配置微控制器时钟树。

参考项目 1 工作任务 3 相关内容,配置 RCC,将 HCLK 配置为 72 MHz,PCLK1 配置为 36 MHz,PCLK2 配置为 72 MHz。

(5)配置背光控制相关 GPIO 功能。

参考本项目工作任务 1 相关内容,在 STM32CubeMX 工具配置主界面,配置 LCD 的背光控制引脚 PB0。

(6)配置 FSMC 工作模式。

参考本项目工作任务 1 相关内容,配置 FSMC 接口,实现 LCD 的电路连接。

(7)配置温度检测指示灯和单总线接口相关 GPIO 功能。

在 STM32CubeMX 工具配置主界面,配置 PE5 引脚功能为 GPIO_OUT,标签为 indicator,配置单总线 PG11 引脚功能为 GPIO_OUT,标签为 DQ,其余保持默认配置,如图 6-2-10 所示。

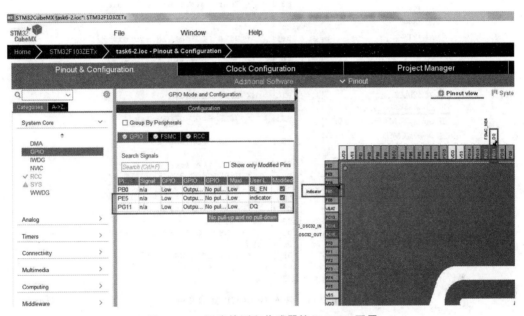

图 6-2-10 温度检测和传感器接口 GPIO 配置

(8)保存 STM32CubeMX 工程。

选择 File→Save Project 选项,将项目保存至文件夹 task6-2 中,单击"确定"按钮,保存 STM32CubeMX 工程。

(9)生成基于 HAL 库的项目工程。

参考项目 1 工作任务 3 相关内容,进行工程保存参数和 C 代码生成的配置,最后单击 "GENERATE CODE"生成代码按钮,生成 LCD 显示和温度采集的 HAL 库初始工程。

步骤2: **基于 HAL 库的代码完善**

(1)移植 LCD 驱动程序。

参考本项目工作任务 1 相关内容将 TFTLCD.c、TFTLCD.h 和 Font.h 等驱动文件添加到用户应用层。

(2)移植 DS18B20 驱动程序。

将 ds18b20.c 和 ds18b20.h 驱动文件分别放入工程目录 src 和 inc 文件夹中,在 Application/User 用户应用层目录上右击,选择 Add Existing files to Application/User,将

ds18b20.c 文件添加到应用层目录,添加文件后的目录如图 6-2-11 所示。

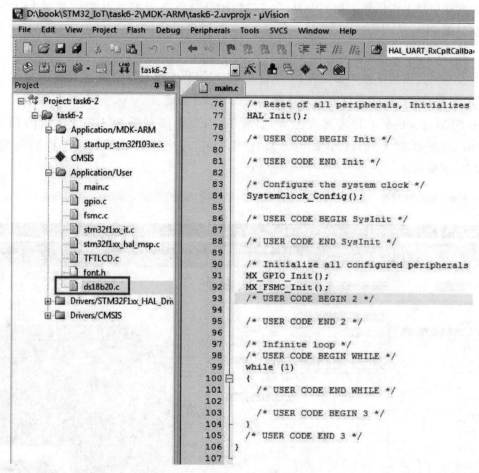

图 6-2-11   嵌入 DS18B20 驱动文件

(3)完善 HAL 库代码。

打开 main.c,将 TFTLCD.h 和 ds18b20.h 文件包含进来,并完善主函数。完善后的主程序代码见程序清单 6-4。

程序清单 6-4

```c
#include"main.h"
#include"gpio.h"
#include"fsmc.h"
#include"TFTLCD.h"
#include"stm32f1xx_hal_conf.h"
#include"ds18b20.h"
#include"stm32f1xx_hal.h"
    ……………
int main(void)
    {
```

```c
/* USER CODE BEGIN 1 */
uint8_t DS18B20_ID[8],i; // 存放读取的 ID 号
uint16_t Temp[2]; //存放读取的温度号(几个探头对应几个数组)
/*=0 表示读取单个探头的 ID 号;=1 表示读取已知 ID 号的 DS18B20 温度*/
uint8_t Read_ID =1;
/*第一个 DS18B20 的 ID 号*/
uint8_t DS18B20_1_ID[8]={0x28,0xAA,0xD9,0x7F,0x4A,0x14,0x01,0xC0};
/*第二个 DS18B20 的 ID 号*/
uint8_t DS18B20_2_ID[8]={0x28,0xFF,0x26,0x58,0x5B,0xA0,0x58,0xA5};
/* USER CODE END 1 */
HAL_Init();
SystemClock_Config();
MX_GPIO_Init();
MX_FSMC_Init();
LCD_Init();
/* USER CODE BEGIN 2 */
LCD_Clear(WHITE);    // 清屏,使屏幕为白色
if(Read_ID==1)
{
     LCD_ShowString(10,30,120,16,16,"DS18B20_1:   .",RED);
     LCD_ShowString(10,60,120,16,16,"DS18B20_2:   .",RED);
}
 /* USER CODE END 2 */
 /* USER CODE BEGIN WHILE */
 while (1)
 {
  if(Read_ID==0)    //读取单个探头的 ID 号
     {
     /*以下程序仅在连接一个 DS18B20 的情况下使用,用于读取其 ID 号*/
     /*读单个 DS18B20 的 ID 号(确保总线只有一个 DS18B20)*/
        DS18B20_ReadID(DS18B20_ID);
        /*显示当前 DS18B20 的 ID 号*/
        LCD_ShowString(10,90,120,16,16,"This DS18B20:",RED);
        for(i=0;i< 8 ;i++)
        /*请将显示的 ID 号记录下来(十六进制数据)*/
        LCD_ShowNum(10+i*28,110,DS18B20_ID[i],3,16,BLACK);
     }
     else if(Read_ID==1) //依次读取温度传感器的温度
     {
            /*读 DS18B20_1 温度*/
          Temp[0]=DS18B20_ReadTempByID(DS18B20_1_ID);
```

```
                    /*读 DS18B20_2 温度*/
                    Temp[1] = DS18B20_ReadTempByID(DS18B20_2_ID);
                    /*显示 DS18B20_1 温度的整数部分*/
                    LCD_ShowNum(100,30,Temp[0]/16,2,16,GREEN);
                    /*显示 DS18B20_2 温度的小数部分*/
                    LCD_ShowNum(100+20,30,Temp[0],2,16,GREEN);
                    /*显示 DS18B20_2 温度的整数部分*/
                    LCD_ShowNum(100,60,Temp[1]/16,2,16,GREEN);
                    /* 显示 DS18B20_1 温度的小数部分 */
                    LCD_ShowNum(100+ 20,60,Temp[1],2,16,GREEN);
                }
                HAL_GPIO_TogglePin(indicator_GPIO_Port,indicator_Pin);
                HAL_Delay(1000);
            /* USER CODE END WHILE */
            }
        }
```

步骤3：　**工程编译和调试**

　　为了读取单总线上挂载的多个 DS18B20 的温度，将 Read_ID 设置为 0，并确保单总线上只有一个 DS18B20 传感器，然后读取其 64 位序列号，卸下该传感器后依次更换其他传感器，并依次读取其 64 位序列号，如图 6-2-12 和图 6-2-13 所示。

图 6-2-12　第一个 DS18B20 ID 号

图 6-2-13　第二个 DS18B20 ID 号

　　由于显示的 ID 号为十进制，需要将其转换成十六进制，其中每 3 位十进制数据代表 1 个十六进制数据，可以通过程序员专用计算器进行换算，如十进制"040"可转换为十六进制"0x28"，如图 6-2-14 所示。

　　将转化后的十六进制按照顺序放置于以下两个数组中。

```
uint8_t DS18B20_1_ID[8] = {0x28,0xAA,0xD9,0x7F,0x4A,0x14,0x01,0xC0};
uint8_t DS18B20_2_ID[8] = {0x28,0xFF,0x26,0x58,0x5B,0xA0,0x58,0xA5};
```

　　接下来将 Read_ID 设置为 1，编译下载后即可每隔 1 s 同时读取 2 个 DS18B20 的实时温度，如图 6-2-15 所示。

图 6-2-14　将十进制 ID 转换成十六进制 ID　　　图 6-2-15　双路 DS18B20 传感器采集的温度

工作任务3　系统开关机次数的检测

任务描述

本任务要求使用 STM32CubeMX 完成工程 FSMC 接口和 I2C 接口的初始化配置,在生成的项目代码中移植带电可擦可编程只读存储器(EEPROM)AT24C02 驱动程序,实现对开关机数据的存储和读取,并通过 LCD 显示开关机次数。

学习目标

(1)了解 I2C 通信原理及工作时序;

(2)掌握 AT24C02 存储器的相关原理及硬件接口;

(3)会 STM32 的 I2C 接口配置及时序分析;

(4)会 AT24C02 驱动程序的移植和相关函数的调用。

任务导学

任务工作页及过程记录表

任务	系统开关机次数的检测		工作课时	2 课时
课前准备:预备知识掌握情况诊断表				
问题		回答/预习转向		
问题 1:什么是 EEPROM?	会→问题 2; 回答:_____		不会→查阅资料,理解并记录该种存储器的特点和主要应用场合	
问题 2:I2C 总线存储器 AT24C02 如何工作?	会→问题 3; 回答:_____		不会→查阅 I2C 数据手册,了解 AT24C02 的工作时序	
问题 3:STM32F103ZE 是否有 I2C 总线接口?	会→课前预习; 回答:_____		不会→查阅 ST 官方网站的微控制器产品介绍文档,记录 I2C 外设资源参数	
课前预习:预习情况考查表				
预习任务	任务结果		学习资源	学习记录
AT24C02 读取和写入数据/地址的流程	使用 Visio 绘制完整流程和处理步骤		(1)AT24C02 数据手册; (2)教材	

续表

预习任务	任务结果	学习资源	学习记录
研究 STM32 与 AT24C02 的接口电路	使用 Altium Designer 绘制引脚接口电路图	(1)开发板电路图；(2)网上查询 AT24C02 典型电路设计	
STM32CubeMX 中关于 I2C 总线接口的配置参数	归纳总结相关配置参数，并做好标注	(1)教材；(2)STM32CubeMX 配置工具	

课上：学习情况评价表

序号	评价项目	自我评价	互相评价	教师评价	综合评价
1	学习准备				
2	引导问题填写				
3	规范操作				
4	完成质量				
5	关键技能要领掌握				
6	完成速度				
7	5S 管理、环保节能				
8	参与讨论主动性				
9	沟通协作能力				
10	展示效果				

课后：拓展实施情况表

拓展任务	完成要求
在工作任务 2 的基础上修改实现掉电温度存储的应用	掉电存储 DS18B20 的温度数据，开机后显示掉电前的温度数据

 新知预备

1. 认识 STM32 的 I2C 通信接口

1）I2C 总线简介

I2C 总线是由 PHILIPS 公司推出的两线式串行总线，主要用于连接嵌入式微控制器及其外围设备，STM32 微控制器片内集成的 I2C 模块可与外围 I2C 器件进行芯片间的串行数据通信，实现在 CPU 与被控 IC 之间、IC 与 IC 之间进行双向传送，如图 6-3-1 所示。

I2C 总线有两根双向信号线，分别为数据线 SDA 和时钟线 SCL，可实现发送和接收数据功能，使用 I2C 接口可以轻易地在 I2C 总线上实现数据的存取，用户通过软件来控制 I2C 的各种信号。

2）STM32 的 I2C 模块

STM32F103ZET6 微控制器片内集成有 2 个 I2C 模块，分别为 I2C1 和 I2C2，两个模块

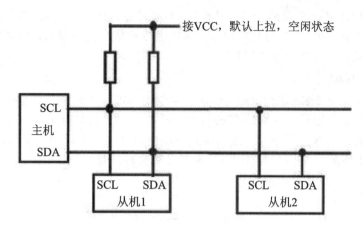

图 6-3-1 I2C 总线主从机接口电路

均支持主机和从机模式,并且支持多主机功能,其中 I2C1 模块支持标准、快速和超快速模式,快速和超快速模式器件可以在 400 Kb/s 和 1 Mb/s 下接收和发送数据,I/O 端口支持增强的 20 mA 电流输出,其时钟来自 HSI 或 SYSCLK。I2C2 和 I2C1 功能类似,但 I2C2 不支持 SM 总线,也不能将微控制器从停止模式唤醒,其工作时钟来自 PCLK。本任务采用 I2C2 模块,SCL 和 SDA 分别映射到 PB10 和 PB11。

模块可以控制 I2C 总线上特定的时序、协议、仲裁和定时等功能,并可以工作在主机发送、主机接收、从机发送和从机接收 4 种模式下,微控制器复位后,模块默认工作于从机模式,当模块生成起始信号后,模式自动由从机模式切换到主机模式;当仲裁丢失或产生结束信号后,模块从主机模式切换回从机模式。

3)I2C 总线协议

I2C 总线在传送数据过程中共有三种类型信号,分别是起始信号、结束信号和应答信号。

起始信号:SCL 为高电平时,SDA 由高电平向低电平跳变,开始传送数据。

结束信号:SCL 为高电平时,SDA 由低电平向高电平跳变,结束传送数据。

应答信号:接收数据的外设在接收到 8 位数据后,向发送数据的微控制器发出特定的低电平脉冲,表示已收到数据。

起始信号和结束信号都是 I2C 模块在主模式下由程序控制产生,数据和地址按 8 位/字节进行传输,高位在前。在 1 个字节传输完毕后的第 9 个时钟期间,接收器必须送回一个应答信号给发送器。

I2C 总线协议如图 6-3-2 所示。

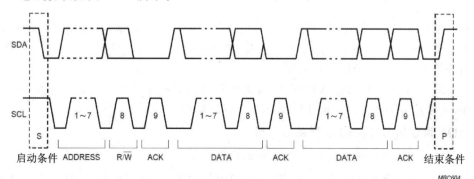

MBC604

图 6-3-2 I2C 总线协议

本任务使用 STM32 自带的硬件 I2C 模块,不用关心具体时序协议,微控制器会自动处理,即由硬件发起读写时序,根据从机的 I2C 时序进行通信。当使用 GPIO 端口模拟 I2C 总线时,需要严格按照时序进行相关操作。

2. 认识 AT24C02

AT24C02 是一个 2 Kb 串行 EEPROM,内部含有 256 个 8 位字节的存储器。该器件通过 I2C 总线接口进行操作,有一个专门的写保护功能。由于其具有接口方便、体积小、数据掉电不丢失等特点,在仪器仪表及工业自动化控制中得到大量的应用。AT24C02 常用于存放一些重要的简短数据,如开机使用次数、仪器设备物理地址、系统重要参数等。本任务中 AT24C02 与 STM32 的接口电路如图 6-3-3 所示。

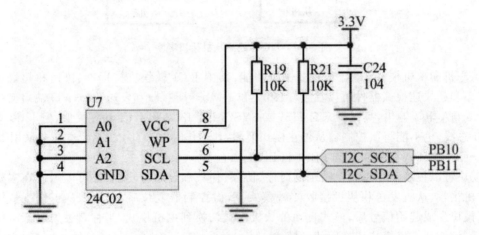

图 6-3-3 STM32 与 AT24C02 接口电路

AT24C02 的第 1~3 引脚为地址线,即 A0、A1、A2,接入不同的高低电平可以编出 8 种不同的物理地址(0xA0~0xA7),即通过器件地址输入端 A0、A1 和 A2 可以实现将最多 8 个 AT24C02 器件连接到总线上,通过不同的配置选择器件,在起始条件后,主机发送一个从机地址,这个地址是 7 位的,后面跟着第 8 位读写标志位(R/W),0 表示写,1 表示读。AT2402 的寻址字节的定义如图 6-3-4 所示,地址字节的高四位固定为 1010,A0~A2 为可编程位。

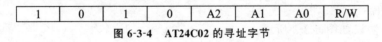

1	0	1	0	A2	A1	A0	R/W

图 6-3-4 AT24C02 的寻址字节

WP 脚为芯片写入保护脚,当该引脚为低电平时允许写入数据,当该引脚为高电平时禁止写入数据。SCL 为时钟脚,SDA 为数据脚,两脚通过 I2C 协议与 STM32 进行通信,需要注意的是 2 个引脚都需要接上拉电阻。

对于芯片内子地址寻址,AT24C02 寻址可对内部 256 字节中的任意一个字节进行读/写操作,其寻址范围为 0x00~0xFF,共 256 个寻址单位。

3. I2C 协议和 AT24C02 主要函数解析

本任务中 I2C 协议程序与 AT24C02 驱动程序是分开的,其中 I2C 协议由 STM32CubeMX 配置后自动生成。所有可以通过 I2C 总线通信的设备均有其独立的物理地址,均可以使用同一个 I2C 通道进行通信。I2C 协议是固定的,从设备也不一定是 AT24C02,所以程序分开有利于后期对其他 I2C 设备驱动进行编写。I2C 和 AT24C02 的主要函数定义如表 6-3-1 至表 6-3-4 所示。

表 6-3-1   HAL_I2C_Mem_Read()函数定义

函数原型	HAL_StatusTypeDef HAL_I2C_Mem_Read(I2C_HandleTypeDef * hi2c, uint16_t DevAddress, uint16_t MemAddress, uint16_t MemAddSize, uint8_t * pData, uint16_t Size, uint32_t Timeout)
功能描述	在阻塞模式下从指定的内存地址中读取一定量的数据
输入参数 1	hi2c：指针指向，包含指定 I2C 配置信息的 I2C_HandleTypeDef 结构体
输入参数 2	DevAddress：目标设备地址，在调用接口前，数据手册中的 7 位地址值必须向左移动
输入参数 3	MemAddress：内部存储器地址
输入参数 4	MemAddSize：内部存储器地址大小
输入参数 5	pData：数据缓冲区指针
输入参数 6	Size：发送数据的大小
输入参数 7	Timeout：超时持续时间
返回值	HAL 状态

表 6-3-2   HAL_I2C_Mem_Write()函数定义

函数原型	HAL_StatusTypeDef HAL_I2C_Mem_Write(I2C_HandleTypeDef * hi2c, uint16_t DevAddress, uint16_t MemAddress, uint16_t MemAddSize, uint8_t * pData, uint16_t Size, uint32_t Timeout)
功能描述	在阻塞模式下从指定的内存地址中写入一定量的数据
输入参数 1	hi2c：指针指向，包含指定 I2C 配置信息的 I2C_HandleTypeDef 结构体
输入参数 2	DevAddress：目标设备地址，在调用接口前，数据手册中的 7 位地址值必须向左移动
输入参数 3	MemAddress：内部存储器地址
输入参数 4	MemAddSize：内部存储器地址大小
输入参数 5	pData：数据缓冲区指针
输入参数 6	Size：发送数据的大小
输入参数 7	Timeout：超时持续时间
返回值	HAL 状态

表 6-3-3   AT24C02_Read()函数定义

函数原型	int AT24C02_Read(uint16_t ReadAddr, uint8_t * pBuffer, uint16_t NumToRead)
功能描述	该函数用于在 AT24C02 中指定地址开始读出指定个数的数据
输入参数 1	ReadAddr：开始读出的地址，对 AT24C02 而言为 0～255
输入参数 2	* pBuffer：数据数组的首地址
输入参数 3	NumToRead：要读出数据的个数
返回值	HAL_OK：读取成功

表 6-3-4　AT24C02_Write()函数定义

函数原型	int AT24C02_Write(uint16_t WriteAddr, uint8_t * pBuffer, uint16_t NumToWrite)
功能描述	该函数用于在 AT24C02 中指定地址开始写入指定个数的数据
输入参数 1	WriteAddr：开始写入的地址，对 AT24C02 而言为 0～255
输入参数 2	* pBuffer：数据数组的首地址
输入参数 3	NumToWrite：要写入数据的个数
返回值	HAL_OK：写入成功

 任务实施

步骤 1：　建立 STM32CubeMX 工程并生成 HAL 库初始代码

(1)在 STM32_IoT 文件夹下新建文件夹 task6-3，用于保存本任务工程。

(2)新建 STM32CubeMX 工程

参考项目 1 工作任务 3 相关内容。

(3)选择微控制器型号。

参考项目 1 工作任务 3 相关内容，选择型号为 STM32F103ZE 的微控制器。

(4)配置微控制器时钟树。

参考项目 1 工作任务 3 相关内容，配置 RCC，将 HCLK 配置为 72 MHz，PCLK1 配置为 36 MHz，PCLK2 配置为 72 MHz。

(5)配置背光控制相关 GPIO 功能。

参考本项目工作任务 1 相关内容，在 STM32CubeMX 工具配置主界面，配置 LCD 的背光控制引脚 PB0。

(6)配置 FSMC 工作模式。

参考本项目工作任务 1 相关内容，配置 FSMC 接口，实现 LCD 的电路连接。

(7)配置 I2C 外设的工作参数。

展开 Pinout & Configuration 选项卡左侧的 Connectivity 选项，选择 I2C2 选项，根据实际 STM32 的 I2C 接口原理图进行模式选择和配置，如图 6-3-5 所示，已配置好功能的引脚显示 PB10 和 PB11 被自动设为 I2C2_SCL 和 I2C2_SDA 功能。

切换到 Parameter Settings 选项卡，对于 I2C 模块的初始化配置如图 6-3-6 所示。I2C 模块被配置成 100 000 Hz 标准速率模式，使用 7 b 地址。

(8)保存 STM32CubeMX 工程。

选择 File→Save Project 选项，将项目保存至文件夹 task6-3 中，单击"确定"按钮，保存 STM32CubeMX 工程。

(9)生成基于 HAL 库的项目工程。

参考项目 1 工作任务 3 相关内容，进行工程保存参数和 C 代码生成的配置，最后单击 "GENERATE CODE"生成代码按钮，生成 LCD 显示和 I2C 的 HAL 库初始工程。

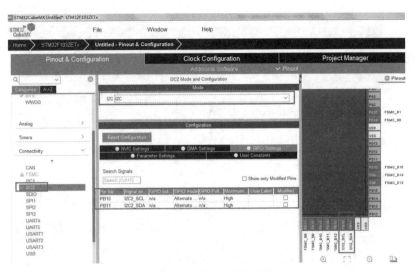

图 6-3-5　I2C 的参数配置

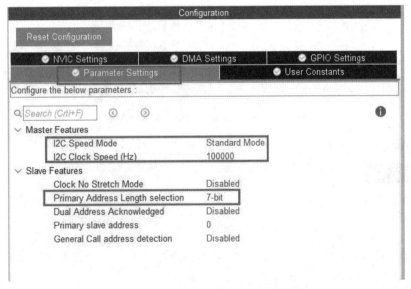

图 6-3-6　I2C 模块通信初始化参数配置

步骤 2：　基于 HAL 库的代码完善

（1）移植 LCD 驱动程序。

参考本项目工作任务 1 相关内容将 TFTLCD.c、TFTLCD.h 和 Font.h 等驱动文件添加到用户应用层。

（2）移植 AT24C02 驱动程序。

将 eeprom_24xx.h.c 和 deeprom_24xx.h.h 驱动文件分别放入工程目录 src 和 inc 文件夹中，在 Application/User 用户应用层目录上右击，选择 Add Existing files to Application/User，将 eeprom_24xx.h.c 文件添加到应用层目录，添加文件后的目录如图 6-3-7 所示。

（3）完善 HAL 库代码。

打开 main.c，将 TFTLCD.h 和 eeprom_24xx.h 文件包含进来，并完善主函数。完善后

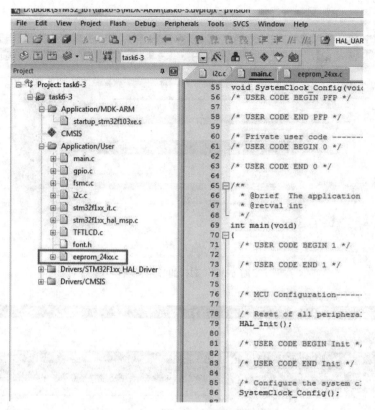

图 6-3-7　嵌入 eeprom_24xx.h 驱动文件

的主程序代码见程序清单 6-5。

程序清单 6-5

```c
#include"main.h"
#include"i2c.h"
#include"usart.h"
#include"gpio.h"
#include"fsmc.h"
#include  "TFTLCD.h"
#include  "eeprom_24xx.h"
void SystemClock_Config(void);
int main(void)
{
/*USER CODE BEGIN 1*/
 uint8_t BootNum[1] ={0};
/*USER CODE END 1*/
 HAL_Init();
 SystemClock_Config();
MX_GPIO_Init();
MX_FSMC_Init();
MX_I2C2_Init();
LCD_Init();
```

```
/*USER CODE BEGIN 2*/
  LCD_Clear(WHITE);//清屏,使屏幕为白色
  AT24C02_Read(0x01,BootNum , 1);
  BootNum[0]+ + ;
  AT24C02_Write(0x01,BootNum , 1);   //将数据写入 0x01 地址中
  AT24C02_Read(0x01,BootNum , 1);   //读取 0x01 地址中的数据
  LCD_ShowString(30,30,80,16,16,"BootNum:",RED);
  LCD_ShowNum(130,30,BootNum[0],2,16,BLACK);//显示开机次数
/*USER CODE END 2*/
while (1)
{
  /*USER CODE END WHILE*/
}
}
```

步骤 3: **工程编译和调试**

程序编写并调试无误后,连接 USB 串口下载线,选择编译生成的 task6-3.hex 文件,下载运行程序,可以观察到 LCD 显示目前的开关机次数为 74 次,如图 6-3-8 所示。

图 6-3-8 开机次数显示

项目小结

项目 **7** 智能家居门禁系统的设计与实现

项目导入

随着经济和科技的发展,人民群众对美好生活的质量追求越来越高,智能化的家居环境给人们的生活带来了便利,门禁系统作为智能家居的一个重要组成部分,越来越受到市场的关注和欢迎。本项目基于STM32微控制器,结合物联网RFID和蓝牙技术,设计一个用IC卡和蓝牙无线开锁的智能门禁系统,通过射频模块RC522来读取IC卡号信息,并与W25Q64存储器中预存的卡号对比,判断是否为合法用户,同时可以通过手机端App发送指令给蓝牙模块实现门锁的打开和关闭,本设计极大地提高了门禁的便利性、智能性和安全性。

素养目标

(1)能按5S规范完成项目工作任务;

(2)能参与小组讨论,注重团队协作;

(3)能养成探索新技术、了解科技前沿的习惯;

(4)能严格按照技术开发流程进行操作,具有较强的标准意识;

(5)了解RFID技术和蓝牙通信在智能家居中的应用。

知识、技能目标

(1)了解RC522读写卡的工作原理;

(2)了解RC522时序的识读和编程;

(3)掌握W25Q64存储器的数据读写方法;

(4)了解蓝牙通信技术及其应用;

(5)会使用和调试蓝牙透传模块;

(6)掌握步进电机的正反转控制方法。

项目内容

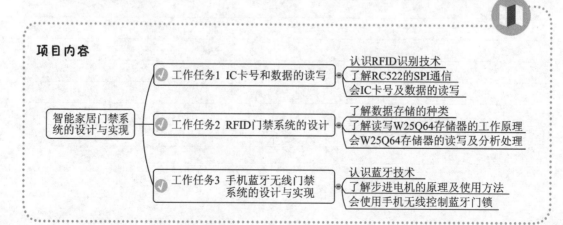

项目实施

工作任务 1　IC 卡号和数据的读写

任务描述

　　本任务要求通过射频模块 RC522 读取 IC 卡卡号,并通过串口打印 ID: XXXXXXXXX,同时实现给 IC 卡的数据块读写数据,并将相关数据信息同步在 LCD 上显示。

学习目标

　　(1)了解射频卡的工作原理;
　　(2)了解 RC522 读写卡的工作原理;
　　(3)会 STM32 与 RC522 模块的 SPI 通信;
　　(4)能串口的 IC 卡号打印;
　　(5)会 IC 卡数据的读写。

任务导学

任务工作页及过程记录表

任务	IC 卡号和数据的读写		工作课时	2 课时
课前准备:预备知识掌握情况诊断表				
问题	回答/预习转向			
问题 1:简述智能系统中常用的射频读写模块的工作原理	会→问题 2; 回答:＿＿＿＿＿		不会→查阅资料,理解并记录常用射频读写模块的检索过程	
问题 2:RC522 模块与微控制器的常用接口有哪些?	会→问题 3; 回答:＿＿＿＿＿		不会→查阅资料,理解并记录 RC522 模块不同接口,并了解 RC522 模块与 STM32 微控制器的连接方式	
问题 3:RC522 有多少个扇区?	会→课前预习; 回答:＿＿＿＿＿		不会→查阅 RC522 芯片手册	
课前预习:预习情况考查表				
预习任务	任务结果	学习资源		学习记录
查找射频读写模块的分类	查阅并记录各自的特点,选择本项目合适的射频读写模块	网络查阅		
研究 STM32 与 RC522 模块的接口电路	使用 Altium Designer 绘制引脚接口电路图	(1)开发板电路图; (2)网上查询典型电路设计		

续表

预习任务	任务结果	学习资源	学习记录
RC522 数据块和控制块的区别	归纳总结 RC522 读写数据的过程	(1)教材; (2)RC522 数据手册	

课上:学习情况评价表

序号	评价项目	自我评价	互相评价	教师评价	综合评价
1	学习准备				
2	引导问题填写				
3	规范操作				
4	完成质量				
5	关键技能要领掌握				
6	完成速度				
7	5S 管理、环保节能				
8	参与讨论主动性				
9	沟通协作能力				
10	展示效果				

课后:拓展实施情况表

拓展任务	完成要求
模拟实现饭卡充值和扣费系统	实现按 S1 充值 100 元,按 S2 充值 200 元,按 S3 扣费 10 元,按 S4 扣费 20 元。充值和扣费后通过 LCD 显示余额

新知预备

1. 认识 RFID

RFID 是 radio frequency identification(射频识别)的缩写。一套完整的 RFID 系统,由电子标签、阅读器及应用软件系统三个部分组成,如图 7-1-1 所示。电子标签又称射频卡,是数据的载体;阅读器被称为读出装置、读写器,用来识别电子标签的数据。本项目中 RFID 由 STM32 控制。

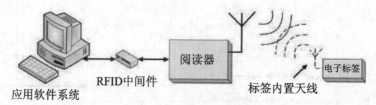

图 7-1-1　图 RFID 系统的组成

1)电子标签

电子标签包含天线和电子芯片,天线用来收发无线电波,实现在标签和阅读器之间传递射频信号,电子芯片用来存储物体的数据。

按供电方式可以将电子标签分为无源标签和有源标签。无源标签内无电池,作用距离较短,对工作环境要求不高,当电子标签进入阅读器覆盖区域后,接收阅读器发出的射频信号,凭借感应电流所获得的能量将存储在芯片中的数据送出;有源标签内有电源供应,可作用于较远的距离,但存在体积大和成本高的问题,它能主动发送某一频率的信号,阅读器读取信息并解码后,将解码信息送至中央信息系统的应用软件中进行相关数据处理。

按载波频率可以将电子标签分为低频射频卡、中频射频卡和高频射频卡,如表 7-1-1 所示。

表 7-1-1　按频率分类的射频卡分类

类型	频率	应用领域
低频射频卡	主要有 125 kHz 和 134.2 kHz 两种	主要应用于短距离、低成本的场合中,如部分门禁控制、校园卡、动物监管、货物跟踪等
中频射频卡	主要为 13.56 MHz	用于门禁控制和需传送大量数据的系统
高频射频卡	主要为 433 MHz、915 MHz、2.45 GHz、5.8 GHz 等	高频系统应用于需要较长的读写距离和高读写速度的场合,其天线波束方向较窄且价格较高,在火车监控、高速公路收费等系统中都有应用

本项目使用的 Mifare1 射频卡(简称 M1 卡)是目前世界上使用量最大、技术最成熟、性能最稳定、内存容量最大的一种感应式智能 IC 卡,如图 7-1-2 所示。Mifare 是恩智浦半导体(NXP Semiconductors)拥有的商标之一,其前身是 Philips Electronics 所拥有的 13.56 MHz 非接触性辨识技术。

IC 卡内所记录数据的写入、读取均需相应的密码认证,卡片内每个区均有不同的密码保护,且 IC 卡写入数据的密码与读取数据的密码可设为不同,提供了良好的分级管理方式,确保 IC 卡的信息安全。

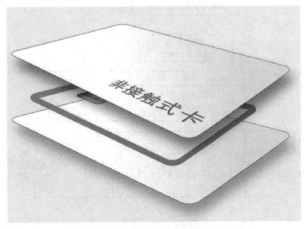

图 7-1-2　Mifare1 射频卡

M1 射频卡片采用 EEPROM 作为存储介质,存储容量为 8192×1 位字长(即 1024×8 位字长)。如图 7-1-3 所示,M1 卡整个结构划分为扇区 0～扇区 15 共 16 个扇区,每个扇区有 4 个块(Block),即块 0、块 1、块 2 和块 3,每个块的长度有 16 字节。一个扇区共有 16 字节×4＝64 字节。每个扇区的块 3(即第 4 块)也称作尾块,包含该扇区的密码 A(6 字节)、存取控制(4 字节)、密码 B(6 字节),其余 3 个块是一般的数据块。扇区 0 的块 0 是特殊块,用于存放厂商代码信息,在生产卡片时写入固化,不可改写,其中第 0～4 字节为卡片的序列号,第 5 字节为序列号的校验码;第 6 字节为卡片的容量"SIZE"字节;第 7、8 字节为卡片的类型号字节,即 Tagtype 字节;读每个扇区的数据块时,校验密钥也是该扇区里的尾块,比如读第 10 数据块数据,校验密钥的地址是 11,密钥默认是 6 个 0xFF。

	块 0			数据块	0
扇区 0	块 1			数据块	1
	块 2			数据块	2
	块 3	密码 A　存取控制　密码 B		控制块	3
	块 0			数据块	4
扇区 1	块 1			数据块	5
	块 2			数据块	6
	块 3	密码 A　存取控制　密码 B		控制块	7
	⋮				
	0			数据块	60
扇区 15	1			数据块	61
	2			数据块	62
	3	密码 A　存取控制　密码 B		控制块	63

图 7-1-3　M1 卡片结构

M1 卡的操作流程如图 7-1-4 所示。

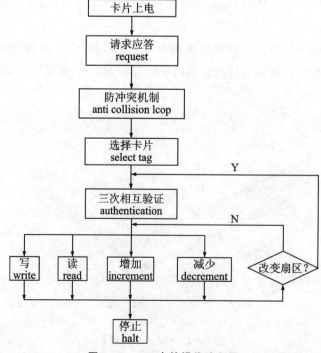

图 7-1-4　M1 卡的操作流程图

2）阅读器

MFRC522 是应用于 13.56 MHz 非接触式通信中高集成度读写卡系列芯片中的一员，是 NXP 公司针对"三表"应用推出的一款低电压、低成本、体积小的非接触式读写卡芯片。MFRC522 支持 Mifare 系列更高速的非接触式通信，双向数据传输速率高达 424 Kb/s，它与 STM32 主机间通信采用连线较少的串行通信，且可根据不同的用户需求，选取 SPI、IIC 或串行 UART 模式之一，有利于减少连线，缩小 PCB 板体积，降低成本。

本项目使用基于 MFRC522 主芯片设计的 IC 卡感应模块，如图 7-1-5 所示。模块采用的电压为 3.3 V，通过 SPI 接口的几条线就可以直接与 STM32 系统连接通信，可以保证模块稳定可靠地远距离工作。RC522 感应模块的接口引脚如表 7-1-2 所示，支持的卡类型包括 Mifare1 S50、Mifare1 S70、Mifare UltraLight、Mifare1 Pro 和 Mifare Desfire 等。

表 7-1-2 RC522 感应模块接口说明

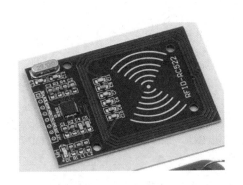

图 7-1-5 RC522 感应模块

接口	I/O 类型	功能描述
3.3 V	电源	电源正极
GND	电源	电源地
RST	输入	复位
MISO	输出	SPI 从机输出
MOSI	输入	SPI 从机输入
SCK	输入	SPI 口时钟
SDA	输入	SPI 口片选（通 NSS 或 CS）

2. SPI 总线通信

SPI 是串行外设接口（serial peripheral interface）的缩写，它是 Motorala 公司推出的一种高速、全双工、同步的通信总线接口。SPI 是一个环形结构，只需 4 根线就可以完成 STM32 微控制器与各种外设的通信，分别是 MISO（主机输入/从机输出数据线）、MOSI（主机输出/从机输入数据线）、SCLK（串行时钟线）、CS（片选线），非常节约引脚和节省 PCB 布局空间。STM32 微控制器已集成了这种通信接口，在 STM32CubeMX 中可以直接配置 SPI，SPI 软件驱动相关程序就变得相当简单，也使 STM32 有更多的时间处理其他事务。

SPI 通信通常由一个主机和一个或多个从机组成，主机选择一个从机进行同步通信，从而完成数据的交换。CS 线用于控制片选信号，当一个 SPI 从机的 CS 线为预先规定的使能信号时（高电平或低电平），表示从机被选中，接下来的操作对该从机有效，当然，当 SPI 通信只有一个从机时，CS 线不是必需的。当 SPI 传输数据时，由主机的 SCLK 产生和提供时钟脉冲，保证每一位数据的传输同步。主机数据经由 MOSI 发送到从机，从机的数据经由 MISO 发送到主机，一主一从的 SPI 互连如图 7-1-6 所示，除了 MISO、MOSI、SCLK 和 CS 这 4 根线外，SPI 接口还包含一个串行移位寄存器，它是整个 SPI 外设的核心，移位寄存器在主机时钟脉冲下将数据逐位从 MOSI 输出（高位在前），同时从 MISO 接收的数据逐位移到移位寄存器（高位在前），在时钟信号经历 8 次改变（上沿和下沿为一次）后，才能完成 8 位数据的传输，这个过程实际上即为两个设备寄存器内容的交换。

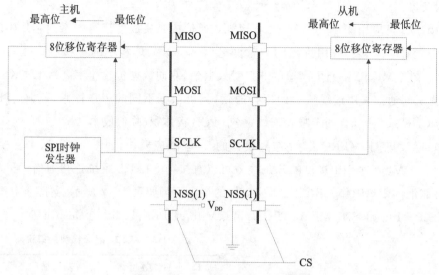

图 7-1-6 "一主一从"的 SPI 互连

SPI 通信有 4 种不同的模式，通信双方必须工作在同一模式下，主机的 SPI 模式可以通过时钟极性（CPOL）和时钟相位（CPHA）来控制，如表 7-1-3 所示，CPOL 用来配置 SCLK 的电平所处的状态（空闲态或者有效态），CPHA 用来配置数据采样是在第几个边沿。典型 SPI 通信的时序如图 7-1-7 所示，实际通信中的主机必须根据从机的要求选择 CPOL 和 CPHA 位，进而调整时序。

表 7-1-3 通过 CPOL 和 CPHA 选择 SPI 模式

SPI 模式	CPOL	CPHA	空闲状态下的时钟极性	用于采样/移位数据的时钟相位
0	0	0	逻辑低电平	数据在上升沿采样，在下降沿输出
1	0	1	逻辑低电平	数据在下降沿采样，在上升沿输出
2	1	0	逻辑高电平	数据在上升沿采样，在下降沿输出
3	1	1	逻辑高电平	数据在下降沿采样，在上升沿输出

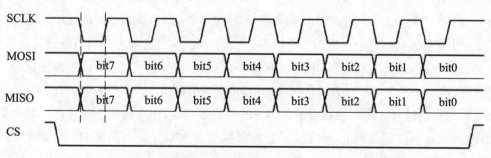

图 7-1-7 SPI 传输时序图

STM32F103ZET6 微控制器片内集成了 3 个全功能的 SPI 模块，可用于数据的高速传输，可以配置成主机，也可以配置成从机。STM32 与 SPI 接口的 RC522 射频模块的电路连接如表 7-1-4 所示。

表 7-1-4　硬件电路连接关系表

RC522 模块引脚	STM32 引脚	备注
VCC	3.3 VGND	GND
SDA	PA4	当使用 SPI 接口时,SDA 相当于 CS,也就是 SPI 的片选
SCK	PA5	
MISO	PA6	
MOSI	PA7	
RST	PB1	

 任务实施

步骤 1：　建立 STM32CubeMX 工程并生成 HAL 库初始代码

在本任务工程 task7-1 中,生成的 HAL 库已经做好了系统时钟初始化、GPIO 初始化、FSMC 接口初始化,同时移植了 LCD 显示屏驱动,STM32CubeMX 中 SPI1 外设的主要配置如图 7-1-8 所示,将 SPI 模块配置为主模式、Motorola 帧格式,数据大小设置为 8 位,传输时高位在前,波特率分频系数为 16,时钟极性为低电平,数据锁存在第一个时钟边沿,NSS Signal Type 为 Software,相应的引脚用户标签的设置如图 7-1-9 和图 7-1-10 所示,最后使能串口 1 异步通信功能,如图 7-1-11 所示。

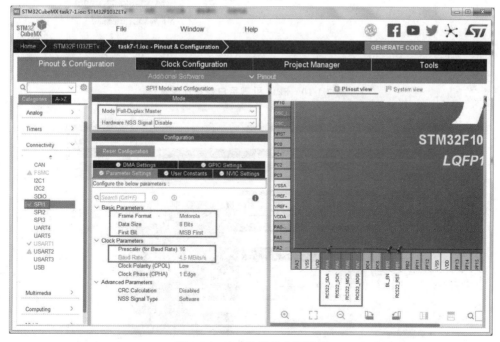

图 7-1-8　SPI 外设的主要配置

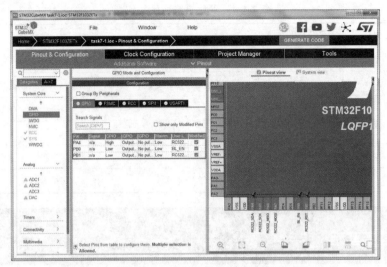

图 7-1-9　GPIO 用户标签及配置

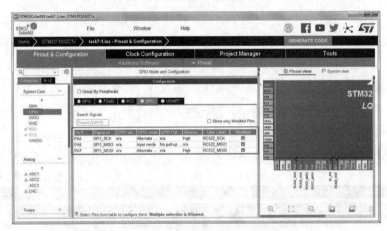

图 7-1-10　SPI1 引脚用户标签及配置

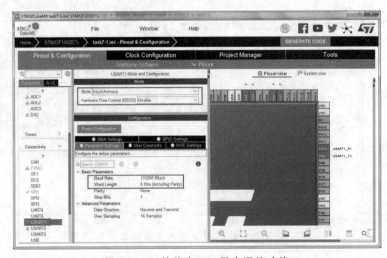

图 7-1-11　使能串口 1 异步通信功能

步骤2：　基于 HAL 库的代码完善

(1)编写 RC522 主要驱动程序。

RC522 驱动程序的编程需要做的就是按照 SPI 总线的工作时序，通过 SPI 驱动来完成对 RC522 寄存器的读写操作。本任务中驱动程序 rc522.c 的主要程序见程序清单 7-1。

程序清单 7-1

```
#include"stm32f1xx_hal.h"
#include"rc522.h"
extern SPI_HandleTypeDef hspi1;
//SPI1 发送数据
uint8_t SPI1SendByte(uint8_t data)
{
    unsigned char writeCommand[1];
    unsigned char readValue[1];
    writeCommand[0]=data;
    HAL_SPI_TransmitReceive(&hspi1,(uint8_t*)&writeCommand,(uint8_t*)
&readValue,1,10);
    return readValue[0];
}
//SPI1 写寄存器
    void SPI1_WriteReg(uint8_t address, uint8_t value)
{
    RC522_CS_RESET();
    SPI1SendByte(address);
    SPI1SendByte(value);
    RC522_CS_SET();
}
//SPI1 读寄存器
uint8_t SPI1_ReadReg(uint8_t address)
{
    uint8_tval;
    RC522_CS_RESET();
    SPI1SendByte(address);
    val= SPI1SendByte(0x00);
    RC522_CS_SET();
    return val;
}
//RC522 写寄存器
void MFRC522_WriteRegister(uint8_t addr, uint8_t val)
{
    addr=(addr< 1)&0×7E;
    SPI1_WriteReg(addr, val);
}
//RC522 读寄存器
uint8_t MFRC522_ReadRegister(uint8_t addr)
```

```
    {
        uint8_t val;
        addr=((addr< <1)&0×7E) |0×80;
        val=SPI1_ReadReg(addr);
        return val;
    }
void MFRC522_SetBitMask(uint8_t reg, uint8_t mask)
    {
        MFRC522_WriteRegister(reg, MFRC522_ReadRegister(reg) | mask);
    }
void MFRC522_ClearBitMask(uint8_t reg, uint8_t mask)
    {
        MFRC522_WriteRegister(reg, MFRC522_ReadRegister(reg)&(~ mask));
    }
uint8_t MFRC522_Request(uint8_t reqMode, uint8_t*TagType)
    {
        uint8_t status;
        uint16_t backBits;
        MFRC522_WriteRegister(MFRC522_REG_BIT_FRAMING, 0x07);
        TagType[0]=reqMode;
        status=MFRC522_ToCard(PCD_TRANSCEIVE,TagType,1,TagType,&backBits);
        if ((status ! =MI_OK)||(backBits ! =0x10)) status=MI_ERR;
        return status;
    }
```

（2）移植 RC522 驱动程序。

将 rc522.c 和 rc522.h 驱动文件分别放入工程目录 src 和 inc 文件夹中,在 Application/User 用户应用层目录上右击,选择 Add Existing files to Application/User,将 rc522.c 文件添加到应用层目录,添加文件后目录如图 7-1-12 所示。

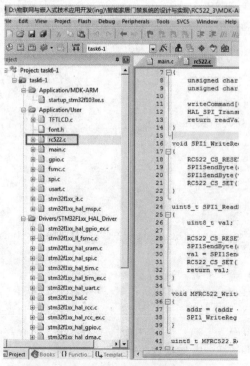

图 7-1-12　嵌入 RC522 驱动文件

(3)完善 HAL 库代码。

打开 main.c,将 rc522.h 等文件包含进来,并完善主函数,完善后的主程序代码见程序清单 7-2。

程序清单 7-2

```
# include "main.h"
# include "spi.h"
# include "usart.h"
# include "gpio.h"
# include "fsmc.h"
/*  USER CODE BEGIN Includes * /
# include "TFTLCD.h"
# include "rc522.h"
# include < stdbool.h>
# include "stdio.h"
/*  USER CODE END Includes * /
/*  USER CODE BEGIN PTD * /
int fputc(int ch, FILE * f)   //重写 fputc,可以使用 printf
{
    HAL_UART_Transmit(&huart1,(uint8_t*)&ch,1,0xffff);//使用串口 1 发送
    return ch;
}
//写数据
unsigned charwritedata[16]=
{0x01,0x02,0x03,0x04,0xff,0xff,0xff,0xff,0xff,0xff,0xff,0xff,0xff,0xff,
0xff,0xff};
//读取数据
unsigned charreaddata[16]=
{0xff,0xff,0xff,0xff,0xff,0xff,0xff,0xff,0xff,0xff,0xff,0xff,0xff,0xff,
0xff,0xff};
unsigned char key[6]= {0xff,0xff,0xff,0xff,0xff,0xff}; //密钥
unsigned char num[10];//卡号
unsigned char cStr [50];
    int main(void)
    { //外设初始化
      HAL_Init();
      SystemClock_Config();
     MX_GPIO_Init();
      MX_FSMC_Init();
      MX_SPI1_Init();
      MX_USART1_UART_Init();
     LCD_Init();
     MFRC522_Init(); //初始化 RC522
```

```
            LCD_Clear(WHITE);
        LCD_ShowString(0,0,200,16,16,"RC522 TEST",BLACK);
    //寻卡,读卡号,写卡数据,读卡数据。
        while (1)
        {
        MFRC522_Init();   //初始化 RC522
        if(!MFRC522_Request(PICC_REQALL, num)) //寻卡
        {
            printf("find card ok\r\n");
            HAL_Delay(50);
    if(!MFRC522_Anticoll(num))     //防碰撞
    {
            printf("read card num ok\r\n");
            LCD_ShowString(0,40,130,16,16,"read card num ok",BLACK);//LCD 显示
            //发送格式化输出到字符串 cStr
            sprintf ( cStr,"ID:0x% 02X% 02X% 02X% 02X",num[0],num[1],num[2],num
[3] );
            LCD_ShowString(130,40,230,16,16,cStr,BLACK);/* LCD 显示卡号* /
            printf("% s\r\n",cStr);
            HAL_Delay(50);
            if(MFRC522_SelectTag(num))   //选卡
              printf("select card ok\r\n");
              HAL_Delay(50);
    //校验密钥,第 10 数据块对应的密钥放在第 11 控制块里
     if(!MFRC522_Auth(0x60,0x0B,key,num))
     {
            printf("auth card ok\r\n");
            LCD_ShowString(0,80,100,16,16,"auth card ok ",BLACK);
            HAL_Delay(50);
            if(!MFRC522_Write(0x0A,writedata))//给第 10 数据块写数据,写 16 字节
            {
            printf("write card ok \r\n");
            LCD_ShowString(0,100,100,16,16,"write card ok ",BLACK);
            sprintf(cStr,"WD:0x% 02X% 02X% 02X% 02X",writedata[0],writedata[1],
            writedata[2],writedata[3] );
            printf("% s\r\n",cStr);  //串口打印显示写的 16 字节数据的前 4 字节
            LCD_ShowString(0,120,200,16,16,cStr,BLACK);  //LCD 显示前 4 字节数据
            HAL_Delay(50);
            }
            if(!MFRC522_Read(0x0A,readdata))  // 读第 10 数据块的数据,读 16 字节
            {
            printf("read card ok\r\n");
            LCD_ShowString(0,140,100,16,16,"read card ok ",BLACK);
```

```
        sprintf(cStr,"RD:0x% 02X% 02X% 02X% 02X",readdata[0],readdata[1],
        readdata[2],readdata[3]);
        printf("% s\r\n",cStr);
        LCD_ShowString(0,160,200,16,16,cStr,BLACK);//LCD 显示前 4 字节数据
        }
      }
    }
  }
  HAL_Delay(2000);
}
```

步骤 3： 工程编译和调试

程序编写并调试无误后，连接 USB 串口下载线，选择编译生成的 task7-1.hex 文件，下载运行程序，将 IC 卡接近读卡区域，可以观察到串口和 LCD 上显示了获取的卡号和读写数据，如图 7-1-13 和图 7-1-14 所示。

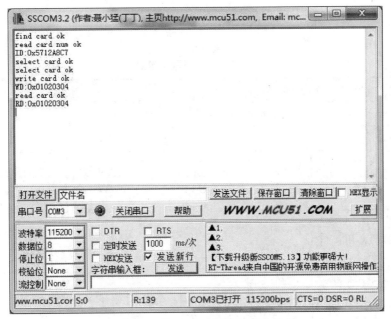

图 7-1-13　串口打印卡号和读写卡信息

图 7-1-14　LCD 显示卡号和数据读写信息

工作任务 2   RFID 门禁系统的设计

任务描述

本任务要求 RC522 每隔 2 s 读卡，若读取到卡号，按 S1 键可将卡号存储在 W25Q64 存储器中，若读取的卡号与存储的卡号一致，则开门（LED3 点亮模拟），同时蜂鸣器发出"嘀"一声，LCD 显示"door open"，若不一致，蜂鸣器出现报警声，LCD 显示"failed"。按下 S2 键实现关门（LED3 灭灯模拟）。

学习目标

（1）了解数据存储的种类；

（2）了解读写 W25Q64 存储器的工作原理；

（3）掌握 W25Q64 存储器时序的识读和编程；

（4）能调用函数读写 W25Q64 存储器里的数据。

任务导学

任务工作页及过程记录表

任务	RFID 门禁系统的设计		工作课时	2 课时
课前准备：预备知识掌握情况诊断表				
问题		回答/预习转向		
问题 1：简述智能系统中常用的数据存储的工作原理	会→问题 2； 回答：＿＿＿＿＿＿＿		不会→查阅资料，理解并记录常用数据存储的检索过程	
问题 2：SPI 的常用接口与微控制器的常用接口有什么区别？	会→问题 3； 回答：＿＿＿＿＿＿＿		不会→查阅资料，理解并记录 STM32 的不同接口	
问题 3：W25Q64 可以存多少字节数据？	会→课前预习； 回答：＿＿＿＿＿＿＿		不会→查阅 W25Q64 数据手册	
课前预习：预习情况考查表				
预习任务	任务结果	学习资源		学习记录
查找常用数据存储芯片的种类	查阅并记录各自的特点，选择本项目合适的数据存储芯片	（1）网络查阅； （2）教材		
研究 STM32 与 W25Q64 模块的接口电路	使用 Altium Designer 绘制引脚接口电路图	（1）开发板电路图； （2）网上查询典型电路设计		
W25Q64 模块和扇区的区别	归纳总结两者在读写时的异同	（1）教材； （2）W25Q64 数据手册		

续表

课上:学习情况评价表					
序号	评价项目	自我评价	互相评价	教师评价	综合评价
1	学习准备				
2	引导问题填写				
3	规范操作				
4	完成质量				
5	关键技能要领掌握				
6	完成速度				
7	5S 管理、环保节能				
8	参与讨论主动性				
9	沟通协作能力				
10	展示效果				
课后:拓展实施情况表					
拓展任务	完成要求				
设计密码锁	按 S1,密码设置值加 1;按 S2,存储密码设置值到 W25Q64;按 S3,密码输入值加 1;按 S4,确认开锁。如果密码输入值与 W25Q64 里存储的密码设置值一样,LED2 灯亮,否则蜂鸣器响 3 s。密码设置值和密码输入值通过 TFT 显示出来				

 新知预备

1. 认识 W25Q64 Flash 芯片

W25Q64 是一种容量为 64 Mb 的串行 Flash 存储器,如图 7-2-1 所示,Flash 属于广义的 EEPROM,因为它也是电擦除 ROM,在灵活性和性能方面远远超过普通的串行 Flash 器件,该存储器被组织成 32 768 页,其中每一页有 256 字节,每页每次最多可以写入 256 字节。

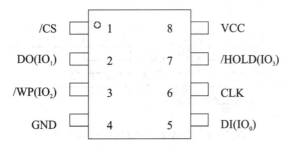

图 7-2-1　W25Q64 存储器的引脚分布

W25Q64 将 8 MB 的容量分为 128 个块,每个块大小为 64 KB(Byte),每个块又分为 16

个扇区,每个扇区为 4 KB。W25Q64 的最小擦除单位为一个扇区,也就是每次必须擦除 4 KB,或者可以按 128 个页进行擦除(32 KB),也可以按 256 个页(64 KB)进行擦除,以及还可以对整个芯片进行擦除,所以,需要给 W25Q64 开辟一个至少 4 KB 的缓存区,这样必须要求微控制器有 4 KB 以上的 SRAM 才能有很好的操作,其主要参数如下。

(1)页(Page):256 B。

(2)扇区(Sector):16 Pages(4 KB)。

(3)块(Block):16 Sectors(64 KB)。

W25Q64 支持标准的 SPI 通信,也支持双输出 SPI 和四输出 SPI 操作,最大 SPI 时钟可达 80 MHz,擦写周期超过 10 万次和数据保存时间达 20 年,支持 2.7~3.6 V 的电压供电。

2. W25Q64 的操作使用

W25Q64 允许通过 SPI 兼容总线进行操作,其芯片主要引脚说明如表 7-2-1 所示,除常规 SPI 通信协议标准中的功能引脚外,Hold 和 WP 引脚(Write Protect)为 W25Q64 的使用提供了更强的控制灵活性。本任务中 STM32 微控制器与 W25Q64 Flash 存储器芯片的接口电路如图 7-2-2 所示。

表 7-2-1　W25Q64 Flash 芯片主要引脚说明

引脚	I/O 类型	功能描述
CS	片选信号	CS 处于高电平时,其他引脚成高阻态;CS 处于低电平时,器件被选中,可以读写数据
DI	串行数据输入(MOSI)	标准 SPI 指令使用单向 DI 引脚在时钟 CLK 的上升沿串行写入指令、地址或数据到 Flash 中
DO	串行数据输出(MISO)	标准 SPI 指令使用单向 DO 引脚在时钟 CLK 的下降沿读取 Flash 数据或者状态
CLK	串行时钟(SLCK)	从外部获取时间,为输入输出功能提供时钟脉冲信号
Hold	保持输入	当它有效时允许设备暂停,即低电平时,DO 引脚呈高阻态,DI 和 CLK 引脚的信号被忽略;高电平时,设备重新开始,一般用于多个设备共享相同 SPI 信号的情况
WP	写保护输入	低电平时阻止状态寄存器被写入,高电平时可以正常写入

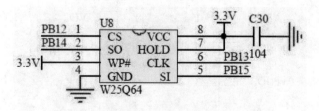

图 7-2-2　STM32 与 W25Q64 接口电路

W25Q64 的指令集包含 27 个完全受 SPI 总线控制的基本指令,指令以片选信号 CS 的下降沿开始,以 CS 的上升沿结束。DI 输入的第一个字节是指令码,数据在时钟上升沿被采样,

MSB 高位在前,芯片支持 SPI 工作模式 0 和 3(CPOL＝0、CPHA＝0 和 CPOL＝1、CPHA＝1)。指令的长度从 1 字节到多字节,指令码后面可能跟随有地址字节(address bytes)、数据字节(data bytes)、虚拟字节(dummy bytes),在某些情况下,指令码也跟随有组合字节形式。在 CS 引脚的上升沿完成指令的传输,所有的读指令都能在任意时钟位完成,但是所有的写、编程和擦除指令必须在某类字节的边界后才能完成,否则,指令将不起作用。

通过 SPI 接口,用标准的 SPI 协议发送相应指令给 W25Q64 Flash,然后 W25Q64 根据命令进行各种相关操作。W25Q64 Flash 存储器常用指令如表 7-2-2 所示。

表 7-2-2　W25Q64 Flash 存储器常用指令表

指令名称	字节 1(CODE)	字节 2	字节 3	字节 4	字节 5	字节 6
写使能	06h					
写禁能	04h					
读状态寄存器 1	05h	(S7～S0)				
读状态寄存器 2	35h	(S15～S8)				
读数据	03h	A23～A16	A15～A8	A7～A0	D7～D0	直至读完所有
写状态寄存器	01h	(S7～S0)	(S15～S8)			
页编程	02h	A23～A16	A15～A8	A7～A0	D7～D0	直至 256 字节
块擦除(64 KB)	D8h	A23～A16	A15～A8	A7～A0		
半块擦除(32 KB)	52h	A23～A16	A15～A8	A7～A0		
扇区擦除(4 KB)	20h	A23～A16	A15～A8	A7～A0		
芯片擦除	C7/60h					
芯片掉电	B9h					
释放掉电/器件 ID	ABh	伪字节	伪字节	伪字节	ID7～ID0	
制造/器件 ID	90h	伪字节	伪字节	00h	MF7～MF0	ID7～ID0
JEDEC ID	9Fh	MF7～MF0	ID15～ID8	ID7～ID0		

任务实施

步骤 1：　建立 STM32CubeMX 工程并生成 HAL 库初始代码

在本任务工程 task7-2 中,生成的 HAL 库已经做好了系统时钟初始化、GPIO 初始化、FSMC 接口初始化、串口 1 通信配置和 RC522 模块的 SPI2 模式配置,同时移植了 LCD 显示屏驱动。

(1)根据本任务的要求,继续配置按键和蜂鸣器的 I/O 端口,并设置用户标签,如图 7-2-3 所示。

(2)W25Q64 存储器使用的是 SPI 接口,需要使能 SPI2,设置 PB12 为输出模式,用于输出片选信号 CS,相关配置如图 7-2-4 所示。

(3)使能定时器 TIM2,控制 RC522 读卡周期,相关配置如图 7-2-5 所示,最后打开 TIM2 中断,如图 7-2-6 所示。

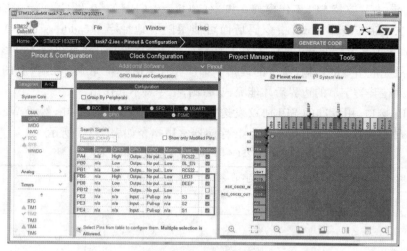

图 7-2-3　GPIO 端口配置

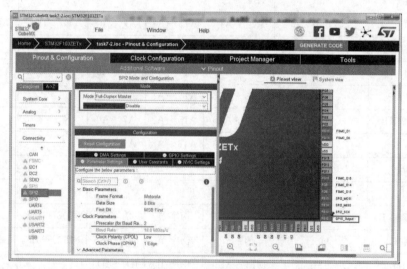

图 7-2-4　SPI2 配置

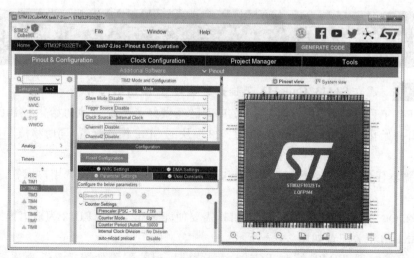

图 7-2-5　TIM2 配置

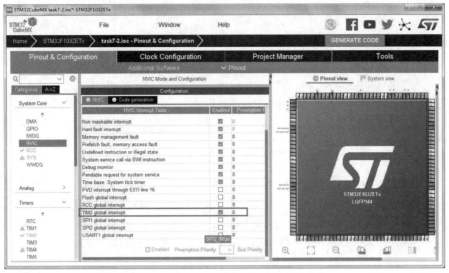

图 7-2-6 使能 TIM2 中断

步骤 2: 基于 HAL 库的代码完善

(1)编写 W25Q64 驱动程序。

W25Q64 支持标准的 SPI 通信协议,通过 SPI 驱动来完成对 W25Q64 存储器的读写操作。本任务中驱动程序 w25q64.c 的主要程序代码见程序清单 7-3。

程序清单 7-3

```
#include "stm32f1xx_hal.h"
#include "w25q64.h"
#include "STDIO.h"
extern SPI_HandleTypeDef hspi2;
uint8_t w25x_read_id=0x90;//读 ID
uint8_t m_addr[3]    ={0,0,1};    // 数据存储地址 0x000001
uint8_t check_addr  =0x05;// 检查芯片是否忙碌(简称"查忙")
uint8_t enable_write=0x06;    //使能写
uint8_t erase_addr  =0x20;    // 擦除数据命令
uint8_t write_addr  =0x02;//写数据命令
uint8_t read_addr    =0x03;    // 读数据命令
void ReadID(void)//读 ID
{
  uint8_t temp_ID[5] =  {0,0,0,0,0};    // ID 数据数组
  HAL_GPIO_WritePin(GPIOB, GPIO_PIN_12, GPIO_PIN_RESET);// 使能 CS
  HAL_SPI_Transmit(&hspi2, &w25x_read_id, 1, 100);    // 发送读 ID 指令
  HAL_SPI_Receive(&hspi2, temp_ID, 5, 100);    // 读取 ID
  HAL_GPIO_WritePin(GPIOB, GPIO_PIN_12, GPIO_PIN_SET);// 关闭使能 CS
  printf("readID is % x% x\n",temp_ID[3],temp_ID[4]);         //打印 ID
}
void CheckBusy(void)//检查芯片 W25Q64 是否忙碌
{
```

```
    uint8_t status=1;
    uint32_t timeCount=0;
    do
    {
        timeCount++;
        if(timeCount>0xEFFFFFFF) //等待超时
        {
            return ;
        }
        HAL_GPIO_WritePin(GPIOB, GPIO_PIN_12, GPIO_PIN_RESET);// 使能 CS
        HAL_SPI_Transmit(&hspi2, &check_addr, 1, 100);    // 发送读忙指令
        HAL_SPI_Receive(&hspi2, &status, 1, 100);   // 读取忙碌状态
        HAL_GPIO_WritePin(GPIOB, GPIO_PIN_12, GPIO_PIN_SET);// 关闭使能 CS
    }
    while((status&0x01)==0x01);
}
void WriteData(uint8_t temp_wdata[5])      //写数据
{
    CheckBusy();      //查询是否忙碌
    //发送写数据指令
    HAL_GPIO_WritePin(GPIOB, GPIO_PIN_12, GPIO_PIN_RESET);
    HAL_SPI_Transmit(&hspi2, &enable_write, 1, 100);
    HAL_GPIO_WritePin(GPIOB, GPIO_PIN_12, GPIO_PIN_SET);
    //发送地址和擦除数据指令
    HAL_GPIO_WritePin(GPIOB, GPIO_PIN_12, GPIO_PIN_RESET);
    HAL_SPI_Transmit(&hspi2, &erase_addr, 1, 100);
    HAL_SPI_Transmit(&hspi2, m_addr, 3, 100);
    HAL_GPIO_WritePin(GPIOB, GPIO_PIN_12, GPIO_PIN_SET);
    CheckBusy();//查询是否忙碌
    //发送写数据指令
    HAL_GPIO_WritePin(GPIOB, GPIO_PIN_12, GPIO_PIN_RESET);
    HAL_SPI_Transmit(&hspi2, &enable_write, 1, 100);
    HAL_GPIO_WritePin(GPIOB, GPIO_PIN_12, GPIO_PIN_SET);
    //发送地址和写数据
    HAL_GPIO_WritePin(GPIOB, GPIO_PIN_12, GPIO_PIN_RESET);
    HAL_SPI_Transmit(&hspi2, &write_addr, 1, 100);
    HAL_SPI_Transmit(&hspi2, m_addr, 3, 100);
    HAL_SPI_Transmit(&hspi2, temp_wdata, 5, 100);
    HAL_GPIO_WritePin(GPIOB, GPIO_PIN_12, GPIO_PIN_SET);
}
uint8_t  ReadData(uint8_t temp_rdata[5])//读数据
{
    CheckBusy();//查询是否忙碌
```

```
//发送读数据指令和读数据的地址
HAL_GPIO_WritePin(GPIOB, GPIO_PIN_12, GPIO_PIN_RESET);
HAL_SPI_Transmit(&hspi2, &read_addr, 1, 100);
HAL_SPI_Transmit(&hspi2, m_addr, 3, 100);
HAL_SPI_Receive(&hspi2, temp_rdata, 5, 100);
HAL_GPIO_WritePin(GPIOB, GPIO_PIN_12, GPIO_PIN_SET);
  return 1;
}
```

（2）移植 W25Q64 驱动程序。

将 w25q64.c 和 w25q64.h 驱动文件分别放入工程目录 src 和 inc 文件夹中，在 Application/User 用户应用层目录上右击，选择 Add Existing files to Application/User，将 w25q64.c 文件添加到应用层目录，添加文件后目录如图 7-2-7 所示。

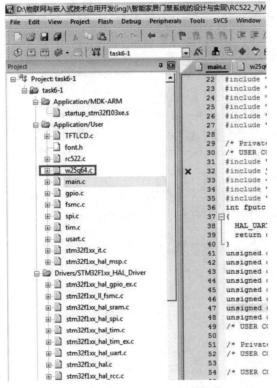

图 7-2-7　嵌入 W25Q64 驱动文件

（3）完善 HAL 库代码。

打开 main.c，将 w25q64.h 等文件包含进来，并完善主函数，完善后的主程序代码见程序清单 7-4。

程序清单 7-4

```
#include "main.h"
#include "spi.h"
#include "tim.h"
#include "usart.h"
#include "gpio.h"
```

```c
#include "fsmc.h"
/*USER CODE BEGIN Includes */
#include "TFTLCD.h"
#include "rc522.h"
#include <stdbool.h>
#include "stdio.h"
#include "w25q64.h"
int fputc(int ch, FILE *f)//重写 fputc
{
    HAL_UART_Transmit(&huart1, (uint8_t * )&ch, 1, 0xffff);
    return ch;
}
unsigned charwritedata[16]=
{0x01,0x02,0x03,0x04,0xff,0xff,0xff,0xff,0xff,0xff,0xff,0xff,0xff,0xff,0xff,
0xff};//写数据
unsigned charreaddata[16]=
{0xff,0xff,0xff,0xff,0xff,0xff,0xff,0xff,0xff,0xff,0xff,0xff,0xff,0xff,0xff,
0xff};//读取数据
unsigned char key[6]={0xff,0xff,0xff,0xff,0xff,0xff};　//密钥
unsigned char temp[5]={0x11,0xff,0xff,0xff,0xff};　//用户设置的开门密码
unsigned char num[5]={0x11,0x22,0x33,0x44,0x55};//RFID 读取的卡号
unsigned char cStr [50];//字符串
unsigned char read_flag=0;//读到卡号标志位
unsigned char error_flag=0;//错误标志位
int main(void)
{
    //外设初始化
    HAL_Init();
    SystemClock_Config();
    MX_GPIO_Init();
    MX_FSMC_Init();
    MX_SPI1_Init();
    MX_SPI2_Init();
    MX_TIM2_Init();
    MX_USART1_UART_Init();
    LCD_Init();
MFRC522_Init();
    LCD_Clear(WHITE);
LCD_ShowString(0,0,200,16,16,"RC522 TEST",BLACK);
HAL_TIM_Base_Start_IT(&htim2);//使能 TIM2
//主程序里的大循环,按键判断,标志位判断
while (1)
{
```

```c
    if(HAL_GPIO_ReadPin(GPIOE,S1_Pin)==0)   //S1 录入用户密码
    {
            HAL_Delay(20);
            if(HAL_GPIO_ReadPin(GPIOE,S1_Pin)==0)
              {
                    WriteData(num); //写密码到 W25Q64,需要先刷卡
              }
    }
    if(HAL_GPIO_ReadPin(GPIOE,S2_Pin)= = 0)   //S2 关闭 LED3
    {
            HAL_Delay(20);
            if(HAL_GPIO_ReadPin(GPIOE,S2_Pin)= = 0)
              {
              HAL_GPIO_WritePin(GPIOB,LED3_Pin, GPIO_PIN_SET); //LED3 关闭
              }
    }
    if(HAL_GPIO_ReadPin(GPIOE,S3_Pin)= = 0)    //S3 LCD 显示用户密码
    {
            HAL_Delay(20);
            if(HAL_GPIO_ReadPin(GPIOE,S3_Pin)= = 0)
              {
                    ReadData(temp);   //读 W25Q64 里面存储的密码
                    sprintf (cStr, "KEY:0x% 02X% 02X% 02X% 02X% 02X",
temp[0],temp[1],temp[2],temp[3],temp[4] );
                    printf("% s\r\n",cStr);
                    LCD_ShowString(0,40,200,16,16,cStr,BLACK);//显示密码
              }
    }
    if(read_flag= = 1)   //读到卡号,蜂鸣器响一下
    {
        HAL_GPIO_WritePin(GPIOB,BEEP_Pin, GPIO_PIN_SET);
        HAL_Delay(100);
        HAL_GPIO_WritePin(GPIOB,BEEP_Pin, GPIO_PIN_RESET);
        read_flag= 0;
    }
    if(error_flag= = 1)   //密码错误,蜂鸣器响 3 s
    {
        HAL_GPIO_WritePin(GPIOB,BEEP_Pin, GPIO_PIN_SET);
        HAL_Delay(3000);
        HAL_GPIO_WritePin(GPIOB,BEEP_Pin, GPIO_PIN_RESET);
        error_flag= 0;
    }
}
```

```
    }
          //定时器 TIM2 定时 2 s 读一次卡
void HAL_TIM_PeriodElapsedCallback(TIM_HandleTypeDef * htim) //定时读卡
{
    if (htim->Instance ==htim2.Instance)
    {
      MFRC522_Init();
    if (!MFRC522_Request(PICC_REQALL, num))
    {
        printf("find card ok\r\n");
      if(!MFRC522_Anticoll(num))
      {
            printf("read card num ok\r\n");
            sprintf ( cStr, "ID:0x% 02X% 02X% 02X% 02X",num[0],num[1],num[2],
num[3] );
            printf("% s\r\n",cStr);
            LCD_ShowString(0,20,200,16,16,cStr,BLACK);//LCD 显示读到的卡号
            ReadData(temp); //读取密码卡号
            if((num[1]==temp[1])&&(num[2]==temp[2])&&(num[3]==temp[3]))//卡号
正确
            {
                HAL_GPIO_WritePin(GPIOB,LED3_Pin, GPIO_PIN_RESET);//LED3亮
                LCD_ShowString(0,60,200,16,16,"DOOR OPEN",BLACK);
                read_flag= 1;  //蜂鸣器响一下
            }
            else  //卡号错误
            {
                LCD_ShowString(0,60,200,16,16,"ERROR      ",BLACK);
                error_flag= 1;  //蜂鸣器响 3s
            }
        }
      }
    }
    }
}
```

步骤 3: **工程编译和调试**

程序编写并调试无误后,连接 USB 串口下载线,选择编译生成的 task7-2.hex 文件,下载运行程序,第一次刷卡会提示错误,蜂鸣器声音停止后,按 S1 键录入卡号"0x5712A8C7",再次刷卡 LCD 显示"DOOR OPEN",LED3 亮,按 S2 键可以关闭 LED3,按 S3 键可以显示用户的密码,如图 7-2-8 和图 7-2-9 所示。再次刷其他卡,由于没录入卡号,LCD 提示"ERROR",蜂鸣器报警 3 s,LED3 不亮,如图 7-2-10 所示。

图 7-2-8　首次刷卡提示错误	图 7-2-9　LCD 显示正确开门	图 7-2-10　LCD 显示开门错误

工作任务 3　手机蓝牙无线门禁系统的设计与实现

任务描述

　　本任务要求通过手机端蓝牙网络串口调试助手 App 控制 STM32 蓝牙门锁终端的运行，当 STM32 微控制器接收到蓝牙 App 开门指令"A"后，步进电机正转 1 圈模拟开门，当收到关门指令"B"后，步进电机反转 1 圈模拟关门，同时，STM32 收到开关门指令后，均通过蓝牙模块回发手机端 App"OK"，表示指令已收到。此外，按键 S1 和 S2 也可以控制门锁的开关。

学习目标

　　(1) 了解蓝牙模块的工作原理；
　　(2) 掌握蓝牙收发数据的串口编程；
　　(3) 了解步进电机的工作原理及应用；
　　(4) 会使用手机端 App 调试蓝牙模块。

任务导学

任务工作页及过程记录表

任务	手机蓝牙无线门禁系统的设计与实现		工作课时	2 课时
课前准备:预备知识掌握情况诊断表				
问题		回答/预习转向		
问题 1:智能家居中常用的无线通信有哪些种类?	会→问题 2； 回答:_____		不会→查阅资料,理解并记录智能家居应用场景中常用的无线通信技术及硬件模块	
问题 2:蓝牙通信和红外通信有什么区别?	会→问题 3； 回答:_____		不会→查阅资料,理解并记录两者的不同特点和应用领域	
问题 3:蓝牙模块的 AT 控制指令有哪些?	会→课前预习； 回答:_____		不会→查阅蓝牙模块手册	

续表

课前预习：预习情况考查表			
预习任务	任务结果	学习资源	学习记录
查找蓝牙模块的分类	查阅并记录各自的特点，选择本项目合适的蓝牙模块型号	(1)网络查阅； (2)教材	
研究 STM32 与蓝牙模块的接口电路	使用 Altium Designer 绘制引脚接口电路图	(1)开发板电路图； (2)网上查询典型电路设计	
蓝牙模块串口调试	归纳总结蓝牙模块读写数据的过程，并进行基础调试	(1)教材； (2)蓝牙模块手册	

课上：学习情况评价表					
序号	评价项目	自我评价	互相评价	教师评价	综合评价
1	学习准备				
2	引导问题填写				
3	规范操作				
4	完成质量				
5	关键技能要领掌握				
6	完成速度				
7	5S 管理、环保节能				
8	参与讨论主动性				
9	沟通协作能力				
10	展示效果				

课后：拓展实施情况表	
拓展任务	完成要求
设计蓝牙温度计	使用温度传感器和蓝牙模块设计蓝牙温度计，实现手机端蓝牙网络调试助手 App 的温度监测

 新知预备

1. 认识蓝牙技术

蓝牙技术最早是由电信巨头爱立信公司于 1994 年创制的，1998 年 2 月，爱立信、诺基亚、IBM、东芝及 Intel 等五家公司组成了蓝牙技术联盟（Bluetooth SIG，Bluetooth Special

Group,蓝牙特别兴趣组),采用技术标准公开的策略来推广蓝牙技术,他们共同的目标是建立一个全球性的小范围无线通信网络,并于 1998 年 5 月联合提出了蓝牙技术,其宗旨是提供一种短距离、低成本的无线传输应用。这项技术迅速超越了受限严重的红外通信技术,在全球范围内掀起了一股蓝牙热潮。

蓝牙作为一种短距离无线通信技术,工作在 2 400~2 483.5 MHz 的 ISM 频段,这是全球范围内无须取得执照(但并非无管制的)的工业、科学和医疗用波段,通过蓝牙技术可实现固定设备、移动设备和局域网间的短距离数据交换,它在物联网中的典型作用如图 7-3-1 所示,通过蓝牙网关,可以实现远程控制本地的低功耗蓝牙设备。

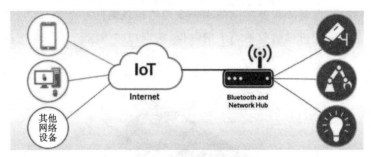

图 7-3-1　物联网蓝牙网关架构

蓝牙技术经过近几年的发展,已经经历了多个版本,蓝牙 5.0 是由蓝牙技术联盟在 2016 年提出的蓝牙技术标准,蓝牙通信的干扰小,可靠性高,目前已广泛应用于生活的方方面面,如家居、音响、汽车等,使得设备不再被线束束缚。

此外,蓝牙通信的功耗较少,它的通信距离一般选定在 10 m 范围内。设备之间的距离越近,功耗越小,当传输范围为 10 m 时,最大发送功率为 1 MW,实际使用中要综合考虑距离、尺寸和功耗等参数,现实中也有 100 m 的蓝牙天线配件,它在增大发射功率的同时,也增加了功耗。所有没有连接的蓝牙设备一开始都处于待机状态,定时监听其他设备的消息,当它主动参与微网通信或收发数据时就处于激活(active)模式,当它需要与网络保持连接但不参与当前的数据流时则处于低功耗的休眠状态。

无线蓝牙的网络拓扑结构分为星形结构和广播结构,星形拓扑结构如图 7-3-2 所示。

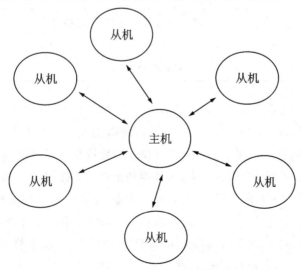

图 7-3-2　星形网络拓扑结构

它的主要角色和特点包括以下两个方面。

（1）中央设备——主机（客户端），扫描广播启动连接，当单一或多链路层连接时作为主机，支持同时连接三个从机。

（2）外围设备——从机（服务器），作为广播发送者，是可连接的设备，当单一链路层连接时作为从机。

2. 认识 HC-05 蓝牙模块

HC-05 是主从一体的嵌入式蓝牙串口通信模块，如图 7-3-3 所示，即当手机端蓝牙 App 与蓝牙串口模块配对连接成功后，可以不管蓝牙内部的具体通信协议，直接将蓝牙当作串口使用。当建立连接后，两蓝牙设备共同使用一个通道也就是同一个串口，一个设备发送数据到通道中，另一个设备便可以接收通道中的数据，实现透明传输。HC-05 模块的引脚接口说明如表 7-3-1 所示。

图 7-3-3　HC-05 蓝牙模块

表 7-3-1　HC-05 模块引脚接口

序号	引脚名称	功能描述	备注
1	RXD	接收端	与 STM32PA2(TXD)连接
2	TXD	发送端	与 STM32PA3(RXD)连接
3	GND	模块接地	
4	VCC	模块电源＋5V	
5	STATE	蓝牙状态指示，有连接时输出高电平，无连接时输出低电平	
6	EN	使能端，需要进入 AT 模式时拉高	

HC-05 蓝牙串口模块目前只支持一种数据格式：数据位 8 位，停止位 1 位，无校验位，没有流控。当 HC-05 和 STM32 串口连接通信时，两者的波特率要选择一致，支持 4 800～1 382 400 b/s 的标准波特率，原始模式和正常模式的波特率分别是 38 400 b/s 和 9 600 b/s。HC-05 蓝牙模块采用 AT 命令进行配置，按住模块上唯一的按键或将 EN 脚拉高，此时灯是慢闪（1 s 亮一次），进入 AT 命令模式，默认波特率是 38 400 b/s，原始模式下一直处于 AT 命令模式状态。本任务中 HC-05 使用出厂默认配置即可，即工作在正常模式，默认波特率为 9 600 b/s，默认配对密码为 1234，默认名称为 HC-05，如需修改这些参数，可参考如表 7-3-2 所示的 AT 指令进行修改。

表 7-3-2　HC-05 模块常用 AT 指令

序号	AT 指令	功能描述
1	AT＋NAME＝"XXX"	修改蓝牙模块名称为 XXX
2	AT＋ROLE＝0	修改蓝牙为从机模式（1 为主机模式）
3	AT＋CMODE＝1	蓝牙连接模式为任意地址连接模式，即模块可以被任意蓝牙设备连接
4	AT＋PSWD＝4321	蓝牙配对密码为 4321
5	AT＋UART＝115 200,0,0	蓝牙通信串口波特率为 115 200 b/s，停止位 1 位，无校验位

3. 步进电机原理及其控制方法

步进电动机作为典型的执行器件，是机电一体化的关键产品之一，广泛应用于各种物联网控制系统中。随着电子信息技术的不断发展，步进电动机的需求量与日俱增，在各个国民经济领域都有应用。

步进电动机控制系统包括步进电动机、驱动器和控制器三部分，如图 7-3-4 所示。本系统中控制器为 STM32，驱动器采用的是 ULN2003 驱动模块，如图 7-3-5 所示。ULN2003 是大电流驱动器，采用达林顿管阵列电路，可输出 500 mA 电流，并且能够在关闭状态时承受 50 V 电压，输出还可以在高负载电流下并行运行，同时起电路隔离作用，各输出端与 COM 间有反相二极管，为断电后的电动机绕组提供一个放电回路，起放电保护作用。STM32 微控制器将 I/O 端口输出的时序方波作为步进电动机的控制信号，信号经过芯片 ULN2003 驱动步进电动机。本任务中步进电机驱动模块与 STM32 的硬件电路连接关系如表 7-3-3 所示。

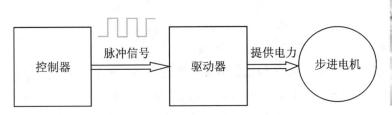

图 7-3-4　步进电动机控制系统组成　　　　图 7-3-5　步进电机驱动模块

表 7-3-3　ULN2003 驱动模块连接说明

模块引脚	STM32 开发板引脚
ULN2003 驱动模块 VCC	5.0V
ULN2003 驱动模块 GND	GND
ULN2003 驱动模块 IN1	PC0
ULN2003 驱动模块 IN2	PC1
ULN2003 驱动模块 IN3	PC2
ULN2003 驱动模块 IN4	PC3

步进电动机又称脉冲电动机,如图 7-3-6 所示,它是一种将电脉冲转化为角位移的执行机构,通俗来说,当步进电机驱动器接收到一个脉冲信号,它就驱动步进电动机按设定的方向转动一个固定的角度,称为步距角。步进电机的控制参数主要包括转动角度和转动速度,具体控制方法如下:

(1)通过控制脉冲个数来控制角位移量,从而达到准确定位的目的;

(2)通过控制脉冲频率来控制电动机转动的速度和加速度,从而达到调速的目的。

在非超载的情况下,电动机的转速、停止位置只取决于脉冲信号的频率和脉冲数,而不受负载变化的影响,即给电动机加一个脉冲信号,电动机则转过一个步距角。

通常电动机的转子为永磁体,当电流流过定子绕组时,定子绕组产生一矢量磁场,如图 7-3-7 所示。该磁场会带动转子旋转一个角度,使得转子的一对磁场方向与定子的磁场方向一致。当定子的矢量磁场旋转一个角度时,转子也随着该磁场转一个角度。每输入一个电脉冲,电动机转动一个角度前进一步。

图 7-3-6　步进电机

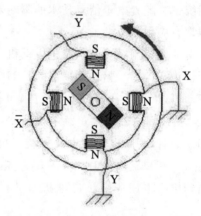

图 7-3-7　步进电动机的转子和定子

步进电动机输出的角位移与输入的脉冲数成正比,转速与脉冲频率成正比,改变绕组通电的顺序,电动机就会反转。步进电动机运转量与脉冲数的比例关系如下。

$$步进电动机运转量[角度] = 步距角 \times 脉冲数$$

所以,控制脉冲数量、频率及电动机各相绕组的通电顺序就可控制步进电动机的转动圈数。本任务中采用的步进电动机的步距角为 $5.625°/64$,步进电机转一圈需要的脉冲数是 $360°/(5.625°/64) = 4096$。通过控制脉冲个数来控制角位移量,从而达到准确定位的目的。改变脉冲的顺序就可改变步进电动机的转动方向。

四相反应式步进电动机主要由定子和转子组成,如图 7-3-8 所示,在定子上均匀分布有 8 个磁极,磁极和磁极之间的夹角是 $45°$,每个磁极上均绕有线圈,每 2 个相对绕组组成一相,共组成 A、B、C、D 四相。步进电动机转子上没有绕线圈,只有 0~5 共 6 个齿,转子齿与齿之间的夹角(齿距角)为 $60°$。

四相步进电动机按照通电顺序的不同,可分为单四拍、双四拍、八拍三种工作方式。八拍工作方式的步距角是单四拍和双四拍的一半,因此,八拍工作方式既可以保持较高的转动力矩又可以提高控制精度。当依次接通 Sa、Sb、Sc、Sd 开关,即 PC0、PC1 、PC2、PC3 时,A、B、C、D 四相依次得电,线圈的通电顺序为 A→B→C→D→A,一个脉冲电信号就是一拍或一步,这种通电方式称为四相四拍通电方式,拍数通常等于相数或相数的整数倍。

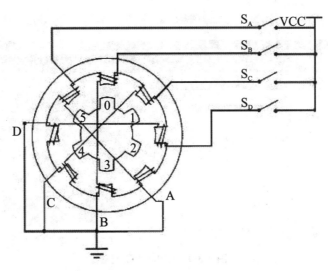

图 7-3-8 四相反应式步进电动机结构原理图

在四相四拍方式下,当 A 相通电,B、C、D 相不通电时,由于磁场作用,齿 1 与 A 相对齐。紧接着,当 B 相通电,A、C、D 相不通电时,齿 2 应与 B 相对齐,以此类推。

四相步进电动机控制绕组 A、B、C、D 相在各工作方式下的通电顺序如表 7-3-4 所示。

表 7-3-4 四相步进电动机绕组的通电顺序

工作方式	正转绕组的通电顺序	反转绕组通电顺序
四相四拍	A→B→C→D→A	A→D→C→B→A
四相八拍	A→AB→B→BC→C→CD→D→DA→A	A→DA→D→DC→C→CB→B→BA→A
双四拍	AB→BC→CD→DA	AD→CD→BC→AB

对于本任务控制系统设计中所使用的门禁步进电机,若要使它在四相八拍的工作方式下正转,则应依次让 STM32 给 PC 端口送 0x08→0x0C→0x04→0x06→0x02→0x03→0x01→0x09 信号,反转则依次送 0x09→0x01→0x03→0x02→0x06→0x04→0x0C→0x08 信号。

 任务实施

步骤 1: 建立 STM32CubeMX 工程并生成 HAL 库初始代码

在本任务工程 task7-3 中,生成的 HAL 库已经做好了系统时钟初始化、GPIO 初始化、FSMC 接口初始化,同时移植了 LCD 显示屏驱动。

(1)根据本任务的要求,继续配置步进电机和按键的 I/O 端口,如图 7-3-9 所示,设置 PC0、PC1、PC2、PC3 为步进电机的驱动引脚,设置 PE3 和 PE4 为按键输入引脚。

(2)配置串口 2 和定时器 TIM2。

STM32 微控制器串口 2 用于和蓝牙模块之间的双向通信,串口 2 通信的配置如图 7-3-10 所示,波特率为 9 600 b/s,与蓝牙模块的波特率相匹配,其他参数保持默认即可。

定时器 TIM2 用于步进电机旋转方向和角度的控制,相关配置如图 7-3-11 所示。

最后,分别使能串口 2 和定时器 TIM2 中断,并设置优先级,如图 7-3-12 所示。

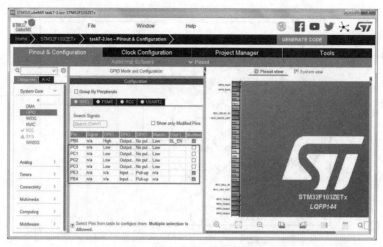

图 7-3-9　GPIO 端口配置

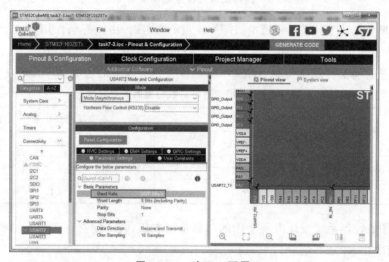

图 7-3-10　串口 2 配置

图 7-3-11　TIM2 配置

图 7-3-12　使能串口 2 和 TIM2 中断

步骤 2：　基于 HAL 库的代码完善

本步骤主要任务工程是完善 HAL 库代码，编程实现 STM32 微控制器与蓝牙模块的串口通信，对串口数据分析处理后控制步进电机的转动来模拟开关门。打开 main.c，完善主程序，完善后的主函数、串口中断和定时器中断处理程序见程序清单 7-5。

程序清单 7-5

```c
# include "main.h"
# include "tim.h"
# include "usart.h"
# include "gpio.h"
# include "fsmc.h"
/* USER CODE BEGIN Includes* /
# include "TFTLCD.h"
# include "stdio.h"
# include "string.h"
int fputc(int ch, FILE *f)
{
  HAL_UART_Transmit(&huart2, (uint8_t *)&ch, 1, 0xffff);
  return ch;
}
uint8_t aRxBuffer;//串口接收缓存变量
uint8_t st_flag= 0;   //步进电机转动标志位
uint8_t st_flag2= 0;   // 步进电机正反转标志位
uint16_t kk= 0;
uint16_t kk2= 4096;
uint16_t kk3= 0;
//步进电机逆时针相序表
uint8_t Motor_StepDat[8] = {0x08,0x0C,0x04,0x06,0x02,0x03,0x01,0x09};
    // 主程序
```

```
int main(void)
{
    HAL_Init();
    SystemClock_Config();
    MX_GPIO_Init();
    MX_FSMC_Init();
    MX_USART2_UART_Init();
    MX_TIM2_Init();
HAL_UART_Receive_IT(&huart2, (uint8_t*)&aRxBuffer,1);//开启串口接收中断
HAL_TIM_Base_Start_IT(&htim2);//启用 TIM2
    while (1)
    {
        if(HAL_GPIO_ReadPin(GPIOE,GPIO_PIN_3)==0) //S2控制步进电机逆转一圈
        {
                HAL_Delay(20);
                if(HAL_GPIO_ReadPin(GPIOE,GPIO_PIN_3)==0)
                    {
                        st_flag2= 1;
                        st_flag= 0;
                    }
        }
        if(HAL_GPIO_ReadPin(GPIOE,GPIO_PIN_4)= = 0)//S1控制步进电机正转一圈
        {
                HAL_Delay(20);
                if(HAL_GPIO_ReadPin(GPIOE,GPIO_PIN_4)= = 0)
                    {
                        st_flag2= 1;
                        st_flag= 1;
                    }
        }
    }
}
/*定时器定时中断服务函数,定时实现步进电机相序的切换,实现步进电机的正反转控制*/
/*USER CODE BEGIN 4*/
void HAL_TIM_PeriodElapsedCallback(TIM_HandleTypeDef*htim)//定时 1 ms
{
        if(htim- > Instance = =  htim2.Instance)
        {
        if(st_flag2= = 1)//步进电机开始转动
        {
        if(st_flag= = 0)//步进电机反转
        {
            kk++;//加计数,反转
```

```
                    if(kk==4096)//步进电机步距角5.625°/64,转一圈360°/(5.625°/64)=4096
                    {
                            kk=0;
                            st_flag2=0;
                            printf("ok\r\n");
                    }
                    kk3=kk%8;//求余数
                    GPIOC->ODR |=((unsigned short)Motor_StepDat[kk3]); //输出相序信号
                    GPIOC->ODR&=(((unsigned short)Motor_StepDat[kk3])|0xFFF0);
            }
        else   //正转
            {
            kk2--;//减计数,正转
            if(kk2==0)
            {
                    kk2=4096;
                    st_flag2=0;
                    printf("ok\r\n");
            }
            kk3=kk2%8;//求余数
            GPIOC->ODR |=((unsigned short)Motor_StepDat[kk3]);//输出相序信号
            GPIOC->ODR&=(((unsigned short)Motor_StepDat[kk3])|0xFFF0);
        }
        }
    }
}

    //串口接收中断服务函数
    void HAL_UART_RxCpltCallback(UART_HandleTypeDef* huart)
    {
/*Prevent unused argument(s) compilation warning*/
  UNUSED(huart);
  if(aRxBuffer=='A') //收到 A,正转一圈
  {
            st_flag2=1;
            st_flag=1;
  }
  else if(aRxBuffer=='B') //收到 B,反转一圈
  {
            st_flag2=1;
            st_flag=0;
  }
  //串口重新打开接收中断
```

```
        HAL_UART_Receive_IT(&huart2, (uint8_t * )&aRxBuffer, 1);
    }
```

步骤3： **工程编译和调试**

程序编写并调试无误后,连接 USB 串口下载线,选择编译生成的 task7-3.hex 文件,下载运行程序,按 S1 步进电机反转一圈,按 S2 步进电机正转一圈。打开手机端 App 和蓝牙开关,扫描周边蓝牙设备,如图 7-3-13 所示,连接 HC05 蓝牙模块,输入默认配对密码 1234,如图 7-3-14 所示,模块配对成功后,此时状态指示 LED 双闪(一次闪 2 下,2 s 闪一次)。进入手机蓝牙串口调试助手 App,发送 A 指令步进电机正转一圈,发送 B 指令步进电机反转一圈,手机端 App 如图 7-3-15 所示,发送成功后返回 ok。

图 7-3-13　扫描可用的蓝牙设备

图 7-3-14　输入配对密码

图 7-3-15　发送"A"
和"B"开关门指令

项目小结

项目导入

温湿度的监测在农业生产中有着重要的地位,特别是大棚种植、粮食存储等领域,对温湿度的控制要求都较高。本项目基于温湿度传感器 DHT11 和无线 Wi-Fi 收发模块 ESP8266,设计一个大棚远程温湿度数据采集、发送和监测控制系统,以 STM32 嵌入式微控制器为系统控制核心,以 DHT11 传感器采集大棚内的温湿度数据,通过 Wi-Fi 无线网络将数据发送至云端,实现温湿度数据的远程实时监测和灯光风扇智能控制,改变传统的农业生产方式。

素养目标

(1)能按 5S 规范完成项目工作任务;

(2)能参与小组讨论,注重团队协作;

(3)能养成探索新技术、了解科技前沿的习惯;

(4)能严格按照技术开发流程进行操作,具有较强的标准意识;

(5)了解温湿度数据的采集和监测在农业生产中的重要性。

知识、技能目标

(1)了解 Wi-Fi 通信技术;

(2)了解 TCP 通信及其连接方法;

(3)掌握 DHT11 数字传感器时序的识读和编程;

(4)会使用串口 AT 指令配置 Wi-Fi 模块的组网通信;

(5)会物联网新大陆云平台的搭建、接入和应用。

项目内容

智慧农业大棚温湿度采集及灯光风扇控制系统的设计与实现

- 工作任务1 Wi-Fi模块的配置及网络调试
  - 认识Wi-Fi
  - Wi-Fi模块及其配置
  - Wi-Fi网络数据传输调试
- 工作任务2 基于Wi-Fi的局域网数据通信
  - 认识DHT11温湿度传感器
  - DHT11的工作过程及时序协议
  - DHT11驱动函数定义及主程序设计
- 工作任务3 基于新大陆云的大棚温湿度采集和灯光风扇控制系统
  - 认识新大陆云
  - 新大陆云平台的建立和配置
  - 新大陆云端数据采集和控制的实现

项目实施

工作任务1 **Wi-Fi 模块的配置及网络调试**

任务描述

本任务要求使用串口通信技术,通过 AT 指令配置 ESP8266 Wi-Fi 模块进入 STA 网络工作模式,并与手机端网络调试工具进行 TCP 收发通信,将 ESP8266 模块配置成服务器端,将手机端网络调试助手设置成客户端。

学习目标

(1)了解 Wi-Fi 通信的原理及特点;

(2)了解 ESP8266 Wi-Fi 模块的工作模式;

(3)能根据各 AT 指令的功能,配置 ESP8266 Wi-Fi 模块;

(4)会使用手机端网络调试工具,能完成 TCP 数据传输。

任务导学

任务工作页及过程记录表

任务	Wi-Fi 模块的配置及网络调试		工作课时	2 课时
课前准备:预备知识掌握情况诊断表				
问题	回答/预习转向			
问题 1:智能系统中常用的无线通信技术有哪些?	会→问题 2; 回答:_____		不会→查阅资料,理解并记录常用无线通信技术的检索过程	
问题 2:Wi-Fi 通信模块与微控制器的常用接口有哪些?	会→问题 3; 回答:_____		不会→查阅资料,理解并记录 Wi-Fi 不同接口,了解与 STM32 微控制器的连接方式	
问题 3:Wi-Fi 通信模块的控制方式有哪些?	会→课前预习; 回答:_____		不会→查阅 ESP8266 官方网站的产品介绍文档,记录相关使用方法	
课前预习:预习情况考查表				
预习任务	任务结果	学习资源		学习记录
查看各种类型的 Wi-Fi 通信模块	查阅并记录各自的驱动方式和特点,选择适合本项目的 Wi-Fi 模块	(1)Wi-Fi 数据手册; (2)网络查阅		
研究 STM32 与 Wi-Fi 模块的接口电路	使用 Altium Designer 绘制引脚接口电路图	(1)开发板电路图; (2)网络查询典型电路设计		

续表

预习任务	任务结果	学习资源	学习记录
了解 ESP8266 Wi-Fi 模块的 AT 指令配置参数	归纳总结相关 AT 指令的功能和配置顺序	(1)教材; (2)ESP8266 数据手册	

课上:学习情况评价表

序号	评价项目	自我评价	互相评价	教师评价	综合评价
1	学习准备				
2	引导问题填写				
3	规范操作				
4	完成质量				
5	关键技能要领掌握				
6	完成速度				
7	5S 管理、环保节能				
8	参与讨论主动性				
9	沟通协作能力				
10	展示效果				

课后:拓展实施情况表

拓展任务	完成要求
多客户端连接模式下的网络数据收发实现	下载 PC 端网络调试助手,与手机端同时连接 Wi-Fi 模块,实现数据的收发

 新知预备

1. 认识 Wi-Fi

Wi-Fi 是一种基于 IEEE 802.11 系列协议标准实现的无线通信技术,该通信技术于 1996 年由澳大利亚的研究机构 CSIRO 提出,凭借其独特的技术优势,被公认为目前主流的无线局域网技术标准。随着 Wi-Fi 无线通信技术的不断优化和发展,当前主要有 6 种通信协议标准,即 IEEE 802.11a、IEEE 802.11b、IEEE 802.11g、IEEE 802.11n、IEEE 802.11ac 和 IEEE 802.11ax,如表 8-1-1 所示。根据不同的协议标准主要有两个工作频段,分别为 2.4 GHz 和 5.0 GHz。

表 8-1-1　Wi-Fi 通信标准技术特点

序号	通信标准	时间	技术特点
1	IEEE 802.11a	1999 年	支持最高 54 Mb/s 的传输速率;与 IEEE 802.11b、IEEE 802.11g 标准不兼容;无线传输距离相对较近;在直线范围内使用

续表

序号	通信标准	时间	技术特点
2	IEEE 802.11b	1999 年	支持最高 11 Mb/s 的传输速率；信号传输稳定不易受阻挡；覆盖范围较广；数据安全性较高；支持无负载平衡
3	IEEE 802.11g	2003 年	支持最高 54 Mb/s 的传输速率；与 IEEE 802.11b 标准完全兼容；与 IEEE 802.11a 相比，无线传输距离相对较远；覆盖范围是 IEEE 802.11a 的 2 倍
4	IEEE 802.11n	2009 年	支持最高 108 Mb/s 的传输速率，且理论值达到 600 Mb/s；覆盖范围大幅提升；与 IEEE 802.11a、IEEE 802.11b、IEEE 802.11g 标准完全兼容
5	IEEE 802.11ac	2013 年	传输速率理论上可以达到 6.9 Gb/s，仅在 5GHz 频段工作，与 IEEE 801.11a/b/g/n 标准兼容
6	IEEE 802.11ax	2017 年	传输速率理论上可以达到 10 Gb/s，仍然保持与 IEEE 801.11a/b/g/n/ac 标准的兼容性

Wi-Fi 与蓝牙技术一样，同属于短距离无线技术，也是一种网络传输标准。在日常生活中，它早已得到普遍应用，如手机、平板、打印机等，给人们的生活带来了极大的方便。Wi-Fi 主要采用星型拓扑结构，组网相对简单，如图 8-1-1 所示。

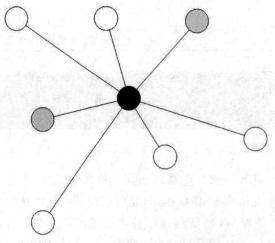

图 8-1-1　Wi-Fi 网络拓扑结构

Wi-Fi 具有网络拓扑结构简单、通信安全、工作频段开放、与以太网的兼容性较好、传输速率高等优点，常应用于无线热点、手机、远程控制、现代农业、网络媒体、医疗器械等众多领域。

2. 认识 ESP8266Wi-Fi 通信模块

ESP8266 是由乐鑫公司出品的一款低成本 Wi-Fi 芯片，该芯片可工作于 3 种模式下，分别是 AP 模式、STA 模式和 STA＋AP 模式，各模式的功能说明如表 8-1-2 所示。

表 8-1-2　ESP8266 工作模式功能说明

序号	工作模式	功能描述
1	AP	模块作为热点,实现手机端或者 PC 端直接与模块通信,实现局域网无线收发数据
2	STA	模块通过路由器连接互联网,手机端或者 PC 端通过互联网实现对设备的远程控制
3	STA+AP	共存模式,既可以通过路由器连接到互联网,并远程控制设备;也可以作为 Wi-Fi 热点,将其他 Wi-Fi 设备连接到该模块,从而实现局域网和广域网的无缝切换

ESP8266 芯片是一个完整且自成体系的 Wi-Fi 网络解决方案,专为物联应用、移动设备和可穿戴电子产品设计,能够独立运行,也可以作为从机搭载于其他主微控制器运行。ESP8266 强大的片上处理和存储能力,使其可通过 GPIO 端口集成传感器及其他应用的特定设备,前期开发费用低,运行中占用系统资源少。

此外,ESP8266 支持软件工具包(software development kit,SDK)开发和 AT 指令开发。SDK 包含丰富的关于物联网开发的软件、组件和工具,能够帮助用户快速开发物联网应用,整合软件库和网络协议支持,用户不必关心底层网络(如 TCP/IP、Wi-Fi 等)的具体实现,只需要利用相应接口完成网络数据收发,完成物联网上层应用程序的开发即可。而 AT 开发是指外部微控制器通过串口与 Wi-Fi 模块通信,其通信的指令中包含 AT 前缀,这种开发方式虽然比 SDK 开发成本高,但是开发周期短。本任务选择采用 AT 指令开发。

Wi-Fi 模块为串口或 TTL 电平转 Wi-Fi 通信的一种传输转换模块,采用 ESP8266 芯片,内置无线网络协议 IEEE 802.11 协议栈以及 TCP/IP 协议栈,能够实现用户串口或 TTL 电平数据到无线网络之间的转换。本任务中采用的 Wi-Fi 模块如图 8-1-2 所示,最低 4 线即可工作(VCC、GND、TXD、RXD),默认波特率为 115200 b/s,通过 STM32 的串口发送相应的 AT 指令对 ESP8266 进行控制。ATK-ESP8266 Wi-Fi 模块的引脚功能如表 8-1-3 所示。

图 8-1-2　ATK-ESP8266 Wi-Fi 模块

表 8-1-3　ATK-ESP8266 模块各引脚功能描述

序号	名称	说明
1	VCC	电源(3.3～5V)
2	GND	电源地
3	TXD	模块串口发送引脚(TTL 电平,不能直接接 RS232 电平),可接微控制器的 RXD 引脚
4	RXD	模块串口接收引脚(TTL 电平,不能直接接 RS232 电平),可接微控制器的 TXD 引脚
5	RST	复位(低电平有效)
6	IO－0	用于进入固件烧写模式,低电平是烧写模式,高电平是运行模式(默认状态)

3. ESP8266 模块 AT 指令

AT 指令是应用于终端设备与 PC 应用之间的连接与通信指令,它是以 AT 为首、回车(＜CR＞)结尾的特定字符串,每个指令执行成功与否都有相应的返回。本任务通过 PC 端串口向 ESP8266 模块发送 AT 指令来配置其网络参数,控制其进入 STA 工作模式。乐鑫官方的 AT 指令有将近 100 条,但常用的就十几条,如表 8-1-4 所示。使用这些指令一步一步地通过 TCP 连接远程客户端,实现数据收发。

表 8-1-4　ESP8266 常用 AT 指令

序号	指令格式	功能描述
1	AT＋RST	该指令用于在当前模式下重启 ESP8266 模块。如果返回 OK,则表明重启成功
2	AT＋CWMODE＝1	该指令将 ESP8266 设置到 STA 模式,如果返回 OK,则表明设置 STA 模式成功
3	AT＋CWLAP	该指令用于搜索可用的 WLAN AP 接入点,如果返回: ＋CWLAP:(热点 1 信息) ＋CWLAP:(热点 2 信息) ……… OK 则表明扫描热点成功
4	AT＋CWJAP＝"热点名称","热点密码"	该指令用于发起 Wi-Fi 模块连接指定 AP 热点任务,如果返回: Wi-Fi　CONNECTED Wi-Fi　GOT IP OK 则表示热点连接成功
5	AT＋CIFSR	设置模块作为服务器端,并返回模块的 IP 地址
6	AT＋CIPMUX＝1	该指令用于设置模块为多连接模式,支持客户端 ID 号 0～4
7	AT＋CIPSERVER＝1,8000	该指令用于设置模块的服务器端,端口号为 8000

4. TCP 网络通信

网络通信中最常用的是 HTTP 通信和 Socket 通信。HTTP 通信连接使用的是请求-响应方式,即在请求时建立连接通道,当客户端向服务器发送请求后,服务器端才能向客户端返回数据。Socket 通信在双方建立起连接后就可以直接进行数据的传输,连接时可实现信息的主动推送,而不需要每次由客户端向服务器发送请求。

Socket 译称"套接字",用于描述 IP 地址和端口,为程序提供与外界通信的通道。

Socket 的主要特点是数据丢失率低，使用简单且易于移植。Socket 是一种抽象层，应用程序通过它来发送和接收数据，使用 Socket 可以将应用程序添加到网络中，与处于同一网络中的其他应用程序进行通信。Socket 有两种通信方式，分别是基于 TCP 协议的网络通信和基于 UDP 协议的网络通信。

TCP(transmission control protocol，传送控制协议)，是 TCP/IP 协议栈中的传输层协议。TCP 是面向连接的可靠传输协议，具有数据确认和数据重传机制，可以保证发送的数据一定能到达通信的对方，适用于对数据完整性要求比较高的场合，例如文件的传输。

UDP(user datagram protocol，用户数据报协议)，是 ISO 参考模型中一种无连接的传输层协议。UDP 协议不具有数据确认和数据重传机制，适用于对数据完整性要求比较低的场合，例如音频、视频数据的传输。

本项目采用 TCP 网络通信，TCP 通信分为服务器端（网络应用程序）和客户端（网络应用程序），TCP 通信过程中，首先打开服务器，监听自己的网络通信端口（假设为 8000），打开客户端，设置好要连接的 IP 地址和服务器的网络通信端口（8000），这样服务器一旦监听到网络通信端口有连接，二者就建立了连接。

任务实施

步骤 1： **搭建 ESP8266 模块与 PC 串口通信电路**

ESP8266 模块通过 USB 转串口模块与 PC 相连，如图 8-1-3 所示，USB 转串口模块的芯片是 CH340，安装驱动后可在设备管理器中看到相应的端口，如图 8-1-4 所示。

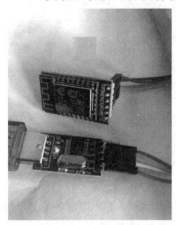

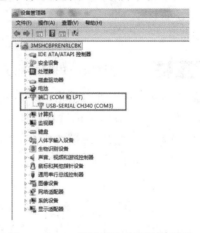

图 8-1-3 ESP8266 模块和 CH340　　　　　图 8-1-4 PC 端识别和分配的串口号
　　　　　USB 转串口连接

步骤 2： **PC 端串口调试助手设置**

PC 端串口调试助手设置如图 8-1-5 所示，主要分为以下三个步骤。

(1)选串口，选波特率，打开串口。

打开串口调试助手，选择串口 COM3，ESP8266 模块的默认波特率是 115 200 b/s，串口调试助手的波特率也是 115 200 b/s，最后打开串口。

(2)选回车加换行功能。

选择串口调试助手的发送数据附带的回车加换行功能，ESP8266 模块 AT 指令通过回车加换行来判断数据收发是否完成。

(3)选扩展功能。

串口调试助手每次只可以发送一句指令,可以点击串口调试助手扩展按钮,可以把需要输入的指令输入到跳出的多行文本输入框,方便接下来的调试和保存指令。

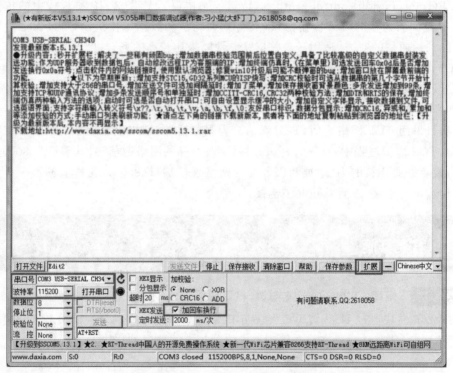

图 8-1-5　PC 端串口调试助手设置

步骤3： **模块连接路由器和服务器端配置**

ESP8266 模块服务器端串口调试过程如图 8-1-6 所示,主要有如下配置:

(1)AT 指令测试,开机后查询模块是否正常启动,返回 OK。

(2)设置模块为 STA 模式指令为"AT+CWMODE=1",返回 OK。

(3)复位模块指令为"AT+RST"。

(4)连接路由器指令为"AT+CWJAP="TP-LINK_4592","301301301"",第一个参数是要连接的路由器名称,第二个参数是路由器密码(根据实际网络环境配置),返回 OK。

(5)查询模块的 IP 地址指令为"AT+CIFSR",模块当作服务器端,客户端连接模块需要知道模块被路由器分配到的 IP 地址。返回模块的 IP 地址。

(6)设置模块的多连接模式指令为"AT+CIPMUX=1",服务器端可以被多个客户端连接,返回 OK。

(7)设置模块的服务端端口号指令为"AT+CIPSERVER=1,8000",端口号为 8000,返回 OK。

步骤4： **手机端网络调试助手连接 Wi-Fi 模块,完成数据收发**

在安卓或者苹果 IOS 系统应用商店下载、安装和配置网络调试助手,调试过程如图 8-1-7 所示,相关操作如下:

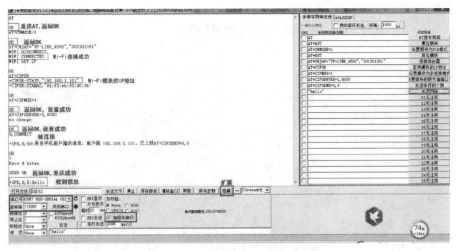

图 8-1-6 ESP8266 串口调试过程

（1）选择手机 App 端网络调试助手的模式为 TCP 客户端。

（2）设置模块服务器的 IP 地址为 192.168.1.101 和端口号为 8000（根据实际网络环境配置）；

（3）连接模块服务器，然后 Wi-Fi 串口输出"0，CONNECT"，表示收到编号为 0 的客户端连接请求。

（4）在发送消息之前需要先发送字符的个数指令"AT＋CIPSEND＝0，9"，发送 9 字节，"hello"是 7 字节，包括回车和换行总共 9 字节。返回 OK。

（5）然后发送消息"hello"，返回"SEND OK"。手机端网络调试助手收到"hello"。

（6）手机端网络调试助手发送消息"Hello"，观察到 Wi-Fi 串口输出"＋IPD，0，5：Hello"，表示收到编号为 0 的客户端发送来的 5 字节信息"Hello"。

图 8-1-7 网络调试助手 App 数据收发调试

工作任务 2　基于 Wi-Fi 的局域网数据通信

任务描述

　　本任务要求编写 DHT11 传感器驱动程序,通过 Wi-Fi 网络实现局域网中温湿度数据的采集,并通过 LCD 显示本地的温湿度,格式为"Temp:XX Humi:XX",同时,手机端网络调试工具能够收到温湿度数据,当湿度大于 80% 时,风扇能够自动打开(使用 LED2 模拟),并能通过手动发送指令"X"和"Y"控制 LED3 的亮灭。

学习目标

　　(1)了解温湿度传感器的基本原理及硬件电路设计方法;

　　(2)了解 DHT11 的 STM32 微控制器的驱动设计方法;

　　(3)会分析处理串口的接收数据;

　　(4)能够搭建局域网本地数据采集系统。

任务导学

任务工作页及过程记录表

任务	基于 Wi-Fi 的局域网数据通信	工作课时	2 课时
课前准备:预备知识掌握情况诊断表			
问题	回答/预习转向		
问题 1:智能系统中常用的温湿度传感器主要有哪些?	会→问题 2; 回答:＿＿＿＿	不会→查阅资料,理解并记录常用温湿度传感器的检索过程	
问题 2:单总线数字传感器 DHT11 如何工作?	会→问题 3; 回答:＿＿＿＿	不会→查阅 DHT11 传感器的数据手册,理解并记录 DHT11 传感器与 STM32 微控制器的硬件连接电路,并分析其工作时序特点	
问题 3:如何通过 STM32 控制 Wi-Fi 通信模块工作?	会→课前预习; 回答:＿＿＿＿	不会→复习 STM32 串口通信程序设计,记录相关的使用方法	
课前预习:预习情况考查表			
预习任务	任务结果	学习资源	学习记录
搜索各种类型的温湿度传感器	查阅并记录各类温湿度传感器的驱动方式和特点,选择本项目合适的温湿度传感器	(1)温湿度传感器数据手册; (2)网络查阅	
研究 STM32 微控制器与 DHT11 传感器的接口电路	使用 Altium Designer 绘制引脚接口电路图	(1)开发板电路图; (2)网上查询典型电路设计	

续表

预习任务	任务结果	学习资源	学习记录
了解 DHT11 驱动程序的设计	归纳总结各阶段 DHT11 工作时序的特点,编写相应的驱动函数	(1)教材; (2)DHT11 数据手册	

课上:学习情况评价表

序号	评价项目	自我评价	互相评价	教师评价	综合评价
1	学习准备				
2	引导问题填写				
3	规范操作				
4	完成质量				
5	关键技能要领掌握				
6	完成速度				
7	5S 管理、环保节能				
8	参与讨论主动性				
9	沟通协作能力				
10	展示效果				

课后:拓展实施情况表

拓展任务	完成要求
比较 DHT11 和 SHT11 两类传感器的异同	从通信协议、硬件接口、性能、价格和应用领域等方面进行比较

 新知预备

1. 认识温湿度传感器

DHT11 数字温湿度传感器是一款含有已校准数字信号输出的温湿度复合传感器,如图 8-2-1 所示。它应用专用的数字模块采集技术和温湿度传感技术,确保产品具有极高的可靠性和卓越的长期稳定性。传感器包括一个电阻式感湿元件和一个 NTC 测温元件,并与一个高性能 8 位单片机连接。因此该传感器具有超快响应、抗干扰能力强、性价比高等优点。每个 DHT11 传感器都在极为精确的温湿度校验室中进行校准。校准系数以程序的形式储存在 OTP 内存中,传感器内部在处理检测型号的过程中要调用这些校准系数。传感器采用单线制串行接口,使系统集成变得简易快捷。它具有超小的体积、极低的功耗、信号传输距离可达 20 m 以上等优点,是各类应用场合的最佳选择。

DHT11 传感器相关的技术参数如下:

(1)供电电压:3.3~5.5V DC。

(2)输出:单总线数字信号。

图 8-2-1 DHT11 传感器外形图

(3)测量范围：湿度 20%～90%RH，温度 0～50 ℃。

(4)测量精度：湿度±5%RH，温度±2 ℃。

(5)分辨率：湿度 1%RH，温度 1 ℃。

(6)互换性：可完全互换。

(7)长期稳定性：小于±1%RH/年。

2. 硬件电路的搭建

DHT11 可以与包括 STM32 在内的任何微控制器进行通信并获得即时数据，DHT11 的引脚说明如表 8-2-1 所示。

表 8-2-1 DHT11 引脚说明

引脚号	引脚名称	类型	引脚说明
1	VDD	电源	正电源输入，3.3～5.5V DC
2	DATA	输出	单总线，数据输入/输出引脚
3	NC	空	空脚，扩展未用
4	GND	地	电源地

根据 DHT11 传感器的引脚特点，它与 STM32 微控制器的接口电路设计如图 8-2-2 所示。

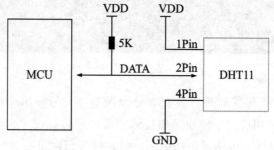

图 8-2-2 DHT11 与 STM32 接口电路

其中，DHT11 的供电电压 V_{DD} 为 3.3～5.5 V，使用 3.3 V 电压供电时连接线长度不得大于 100 cm，否则线路电压降会导致传感器供电不足，造成测量偏差。传感器上电后，要等待 1 s 以越过不稳定状态，其间不能发送任何指令。电源引脚(V_{DD},GND)之间可增加一个 100 nF 的电容，用以去耦滤波。DATA 引脚是微控制器与 DHT11 之间数据通信和同步的唯一引脚，本任务采用 STM32 的 PB6 引脚与之相连，需要接 4.7kΩ 左右的上拉电阻。

3. DHT11 的数据时序解读

DHT11 采用单总线数据格式，一次通信时间 4 ms 左右，数据分整数部分和小数部分，一次完整的数据传输为 40 b，高位先出。具体数据格式为"8 b 湿度整数数据＋8 b 湿度小数数据＋8 b 温度整数数据＋8 b 温度小数数据＋8 b 校验和"，数据传送正确时校验和数据等于"8 b 湿度整数数据＋8 b 湿度小数数据＋8 b 温度整数数据＋8 b 温度小数数据"所得结果的末 8 位。

1)DHT11 工作时序

用户主机(STM32 微控制器)发送一次开始信号后，DHT11 从低功耗模式转换到高速模式，待主机开始信号结束后，DHT11 作为从机发送响应信号，送出 40 b 的数据，并触发一次信息采集。DHT11 的一次完整工作时序如图 8-2-3 所示。

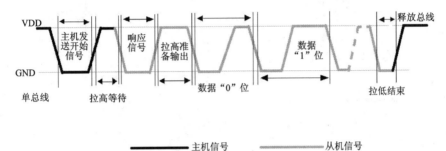

图 8-2-3　DHT11 工作时序图

微控制器每次读出的温湿度数值是上一次测量的结果，若需要获取实时数据，需连续读取 2 次，以第二次获得的值为实时温湿度值。但不建议连续多次读取传感器，每次读取传感器的时间间隔宜大于 5 s。

2)STM32 微控制器时序的发送和数据读取

STM32 微控制器和 DHT11 之间的通信可通过以下几个步骤完成(即微控制器发送和读取数据的步骤)。

(1)DHT11 上电后(DHT11 上电后要等待 1 s 以越过不稳定状态，其间不能发送任何指令)，测试环境温湿度数据，并记录数据。同时 DHT11 的 DATA 数据线由上拉电阻拉高，并保持在高电平，此时 DHT11 的 DATA 引脚处于输入状态，时刻检测外部信号。

(2)将 STM32 微控制器的 I/O 端口设置为输出低电平，且低电平保持时间不能小于 18 ms，然后将微控制器的 I/O 端口设置为输入状态，由于电路中接有上拉电阻，单片机的 I/O 端口即 DHT11 的 DATA 数据线也随之变高，等待 DHT11 发出应答信号。起始信号发送时序如图 8-2-4 所示。

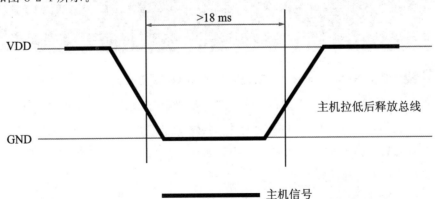

图 8-2-4　微控制器主机发送起始信号

(3)DHT11 的 DATA 引脚检测到外部信号有低电平时,等待外部信号低电平结束,结束后 DHT11 的 DATA 引脚处于输出状态,输出 80 μs 的低电平作为应答信号,紧接着输出 80 μs 的高电平通知外设准备接收数据,此时微控制器的 I/O 端口处于输入状态,检测到 I/O 口有低电平(DHT11 应答信号)后,等待 80 μs(高电平)后开始接收数据。DHT11 响应信号时序如图 8-2-5 所示。

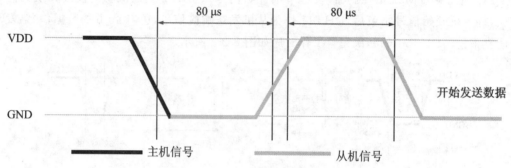

图 8-2-5　DHT11 响应信号时序

(4)由 DHT11 的 DATA 引脚输出 40 b 数据,微控制器根据 I/O 电平的变化接收 40 b 数据,数据位"0"的格式为:50 μs 低电平和 26～28 μs 高电平。数据位"1"的格式为:50 μs 低电平和 70 μs 高电平。数据位"0"和"1"的信号时序格式如图 8-2-6 所示。

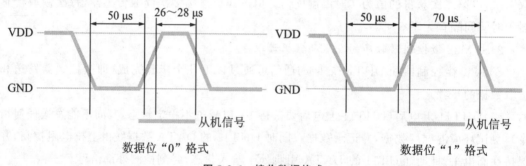

图 8-2-6　接收数据格式

(5)DHT11 的 DATA 引脚输出 40 b 数据后,继续输出 50 μs 低电平后转为输入状态。DHT11 内部重测环境温湿度数据,并记录数据,等待外部信号的到来。

 任务实施

步骤 1：　**建立 STM32CubeMX 工程并生成 HAL 库初始代码**

在本任务工程 task8-2 中,生成的 HAL 库已经做好了系统时钟初始化、GPIO 初始化、USART2 串口初始化,并启用了串口 2 中断,同时移植了 LCD 显示屏驱动,重写了 USART2 的 printf 重定向代码。STM32CubeMX 的主要配置如图 8-2-7、图 8-2-8 和图 8-2-9 所示,相关操作方法可以参考前述项目和任务。

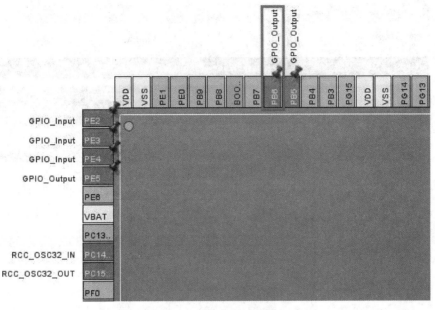

图 8-2-7　GPIO 端口配置

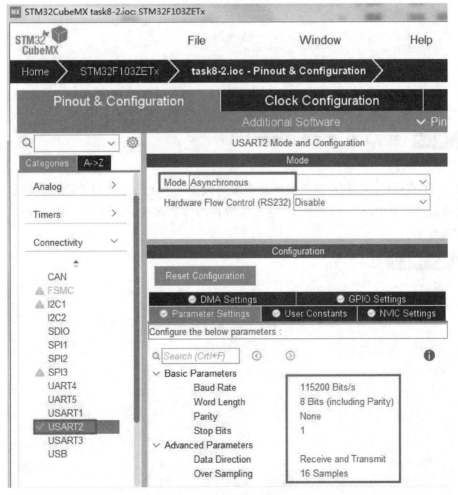

图 8-2-8　串口 2 基本参数配置

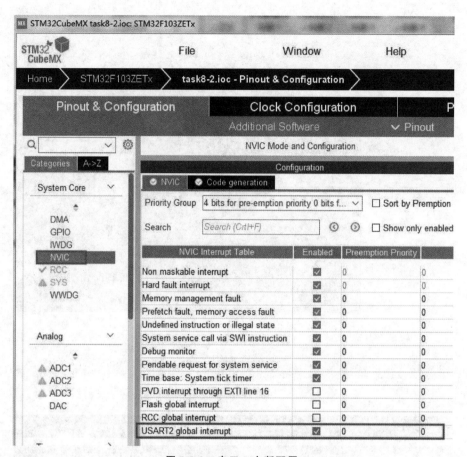

图 8-2-9　串口 2 中断配置

步骤 2： 基于 HAL 库的代码完善

(1)编写 DHT11 驱动程序。

DHT11 驱动程序的编程需要做的就是按照数据手册上的工作时序，通过 STM32 微控制器去拉低或拉高 PB6 引脚的电平，进而读取传感器的数据。本任务中驱动程序 dht11.c 见程序清单 8-1。

程序清单 8-1

```c
#include"dht11.h"
void delay_nus(uint32_t n)
{
    uint8_t j;
    while(n--)
    {
        j=8;
        while(j--);
    }
}
//复位 DHT11
```

```c
void DHT11_IO_OUT(void)
{
    GPIO_InitTypeDef GPIO_InitStruct={0};
    GPIO_InitStruct.Pin=GPIO_PIN_6;
    GPIO_InitStruct.Mode=GPIO_MODE_OUTPUT_PP;
    GPIO_InitStruct.Pull=GPIO_PULLUP;
    GPIO_InitStruct.Speed=GPIO_SPEED_FREQ_HIGH;
    HAL_GPIO_Init(GPIOB,&GPIO_InitStruct);
}
void DHT11_IO_IN(void)
{
    GPIO_InitTypeDef GPIO_InitStruct={0};
    GPIO_InitStruct.Pin=GPIO_PIN_6;
    GPIO_InitStruct.Mode=GPIO_MODE_INPUT;
    GPIO_InitStruct.Pull=GPIO_PULLUP;
    HAL_GPIO_Init(GPIOB,&GPIO_InitStruct);
}
void DHT11_Rst(void)
{
    DHT11_IO_OUT(); //设置输出
    HAL_GPIO_WritePin(GPIOB, GPIO_PIN_6, GPIO_PIN_RESET);
    HAL_Delay(20);//拉低至少 18 ms
    HAL_GPIO_WritePin(GPIOB, GPIO_PIN_6, GPIO_PIN_SET);
    delay_nus(30);          //主机拉高 20~40 μs
}
//等待 DHT11 的回应
//返回 1:未检测到 DHT11
//返回 0:DHT11 存在
uint8_t DHT11_Check(void)
{
    uint8_t retry=0;
    DHT11_IO_IN();//SET INPUT
    while (HAL_GPIO_ReadPin(GPIOB,GPIO_PIN_6)&&retry<100)//DHT11 会拉低 40~80 μs
    {
        retry++;
        delay_nus(1);
    };
    if(retry>=100)return 1;
    else retry=0;
    //DHT11 拉低后会再次拉高 40~80 μs
```

```c
        while(! HAL_GPIO_ReadPin(GPIOB,GPIO_PIN_6)&&retry<100)
        {
            retry++;
            delay_nus(1);
        };
        if(retry>=100)return 1;
        return 0;
}
//从 DHT11 读取一个位
//返回值:1/0
uint8_t DHT11_Read_Bit(void)
{
    uint8_t retry=0;
    while(HAL_GPIO_ReadPin(GPIOB,GPIO_PIN_6)&&retry<100)//等待变为低电平
    {
        retry++;
        delay_nus(1);
    }
    retry=0;
    while(! HAL_GPIO_ReadPin(GPIOB,GPIO_PIN_6)&&retry<100)//等待变为高电平
    {
        retry++;
        delay_nus(1);
    }
    delay_nus(40);//等待 40 μs
    if(HAL_GPIO_ReadPin(GPIOB,GPIO_PIN_6))
    return 1;
    else return 0;
}
//从 DHT11 读取一个字节
//返回值:读到的数据
uint8_t DHT11_Read_Byte(void)
{
    uint8_t i,dat;
    dat=0;
    for (i=0;i<8;i++)
    {
        dat<<=1;
        dat|=DHT11_Read_Bit();
    }
    return dat;
```

```
    }
    //从 DHT11 读取一次数据
    //temp:温度值(范围:0~ 50°)
    //humi:湿度值(范围:20% ~ 90% )
    //返回值:0,(正常);1,(读取失败)
    uint8_t DHT11_Read_Data(uint8_t*temp,uint8_t*humi)
    {
        uint8_t buf[5];
        uint8_t i;
        DHT11_Rst();
        if(DHT11_Check()==0)
        {
            for(i=0;i<5;i++)//读取 40 位数据
            {
                buf[i]=DHT11_Read_Byte();
            }
            if((buf[0]+buf[1]+buf[2]+buf[3])==buf[4])
            {
                *humi=buf[0];
                *temp=buf[2];
            }
        }else return 1;
        return 0;
    }
    //初始化 DHT11 的 I/O 端口 DQ 同时检测 DHT11 的存在
    //返回 1:未检测到 DHT11
    //返回 0:DHT11 存在
    uint8_t DHT11_Init(void)
    {
      GPIO_InitTypeDef GPIO_InitStruct={0};
      GPIO_InitStruct.Pin= GPIO_PIN_6;
      GPIO_InitStruct.Mode= GPIO_MODE_OUTPUT_PP;
      GPIO_InitStruct.Pull= GPIO_PULLUP;
      GPIO_InitStruct.Speed= GPIO_SPEED_FREQ_HIGH;
      HAL_GPIO_Init(GPIOB,&GPIO_InitStruct);
      DHT11_Rst();//复位 DHT11
      return DHT11_Check();//等待 DHT11 的回应
    }
```

其中,dht11.h 代码中为相关函数的声明,见程序清单 8-2。

程序清单 8-2

```
# ifndef__DHT11_H
# define__DHT11_H
# include"stm32f1xx_hal.h"
uint8_t DHT11_Init(void);//初始化 DHT11
uint8_t DHT11_Read_Data(uint8_t * temp,uint8_t * humi);//读取温湿度
uint8_t DHT11_Read_Byte(void);//读出一个字节
uint8_t DHT11_Read_Bit(void);//读出一个位
uint8_t DHT11_Check(void);//检测是否存在 DHT11
void DHT11_Rst(void);//复位 DHT11
# endif
```

由程序可见,读取到的温湿度数据存储在指针变量 humi 和 temp 所指向的地址中。

(2)移植 DHT11 驱动程序。

将 dht11.c 和 dht11.h 驱动文件分别放入工程目录 src 和 inc 文件夹中,在 Application/ User 用户应用层目录上右击,选择 Add Existing files to Application/User,将 dht11.c 文件添加到应用层目录,添加文件后目录如图 8-2-10 所示。

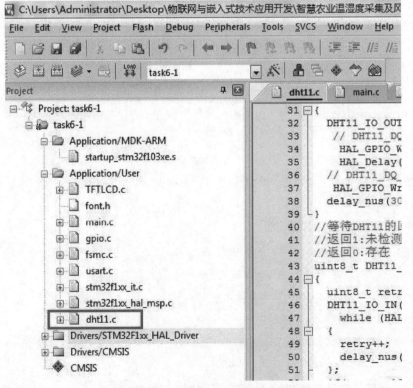

图 8-2-10　嵌入 DHT11 驱动文件

步骤 3：　完善 HAL 库代码

打开 main.c,将 dht11.h 等文件包含进来,完善主函数。完善后的主函数和串口处理函数程序代码见程序清单 8-3。

程序清单 8-3

```c
/*Includes-------------------------------------------------*/
#include"main.h"
#include"usart.h"
#include"gpio.h"
#include"fsmc.h"
/*Private includes----------------------------------------*/
/*USER CODE BEGIN Includes*/
#include"tftlcd.h"//包含 LCD 驱动头文件
#include"dht11.h"//包含 DTH11 驱动头文件
#include"stdio.h"//包含标准 C 函数
#include"string.h"//包含字符头文件
/*USER CODE END Includes*/
/*Private function prototypes-----------------------------*/
void SystemClock_Config(void);
/*USER CODE BEGIN 0*/
/*Buffer used for reception*/
uint8_t RxBuffer[50];        //定义串口接收数组
uint8_t aRxBuffer;//定时串口接收缓存变量
uint8_t Uart2_Rx_Cnt=0;//定义串口接收格式变量
uint8_t temperature; //定义温度变量
uint8_t humidity; //定义湿度变量
uint8_t uartdisp= 0; //定义 LCD 开始显示串口接收标志位
/*USER CODE END 0*/
int main(void)
{
    HAL_Init();
    SystemClock_Config();
    MX_GPIO_Init();
    MX_FSMC_Init();
    MX_USART2_UART_Init();
    /*USER CODE BEGIN 2*/
        DHT11_Init();
        LCD_Init();
        LCD_Clear(WHITE);/*清屏,使屏幕为白色*/
        LCD_ShowString(0,0,200,16,16,"Hello IoT",BLACK);/*显示 Hello IoT*/
        HAL_Delay(5000);
        printf("AT+CWMODE=1\r\n");
        HAL_Delay(1000);
        //设置 Wi-Fi 模块连接路由器 IP 地址和密码,根据实际情况修改
        printf("AT+CWJAP=\"@ happy_home\",\"123456789\"\r\n");
        HAL_Delay(8000); //等待 Wi-Fi 模块连接路由器
```

```
        uartdisp=1;  //LCD 开始显示串口 2 接收
        HAL_UART_Receive_IT(&huart2,(uint8_t*)&aRxBuffer,1);  //串口中断开始接收
        printf("  AT+CIFSR\r\n");//查询模块的 IP 地址
        HAL_Delay(2000);
        uartdisp=0;//LCD 停止显示串口 2 接收
        printf("AT+ CIPMUX=1\r\n");//设置多连接模块
        HAL_Delay(1000);
        printf("AT+CIPSERVER=1,8000\r\n");  //设置模块服务器的端口号
        HAL_Delay(1000);
    /*USER CODE END 2*/
    while (1)
    {

        DHT11_Read_Data(&temperature,&humidity);//读取 DTH11 的温湿度值
        if(humidity>80)
            HAL_GPIO_WritePin(GPIOE,GPIO_PIN_5,GPIO_PIN_RESET);//开风扇
        else
            HAL_GPIO_WritePin(GPIOE,GPIO_PIN_5,GPIO_PIN_SET);//关风扇
        LCD_ShowString(0,30,200,16,16,"Temp:",BLACK);/*显示 Temp:*/
        LCD_ShowString(0,60,200,16,16,"Humi:",BLACK);/*显示 Humi:*/
        LCD_ShowNum(60,30,temperature,2,16,BLACK);  //显示温度
        LCD_ShowNum(60,60,humidity,2,16,BLACK);    //显示湿度
        HAL_Delay(4000);
        printf("AT+CIPSEND=0,15\r\n");
        HAL_Delay(1000);
        printf("Temp:%d,Humi:%d\r\n",temperature,humidity);  //给手机发送温湿度值
    /*USER CODE END WHILE*/
    }
}
//继续在 main.c 中添加串口接收回调函数,用于配置处理串口接收到的数据
/*USER CODE BEGIN 4*/
void HAL_UART_RxCpltCallback(UART_HandleTypeDef*huart)
{
    UNUSED(huart);
    RxBuffer[Uart1_Rx_Cnt++]=aRxBuffer;
    if(aRxBuffer=='X')    //收到 X
        HAL_GPIO_WritePin(GPIOB,GPIO_PIN_5,GPIO_PIN_RESET);//LED3 亮
    else if(aRxBuffer=='Y')  //收到 Y
        HAL_GPIO_WritePin(GPIOB, GPIO_PIN_5, GPIO_PIN_SET);//LED3 灭
        //收到回车换行表示数据接收结束
        if((RxBuffer[Uart1_Rx_Cnt-1]==0x0A)&& (RxBuffer[Uart1_Rx_Cnt- 2]==0x0D))
        {
            if((uartdisp==1)&&(RxBuffer[0]=='+'))   //显示分配到的 IP 地址
            {
```

```
                LCD_ShowString(0,100,240,16,16,RxBuffer,BLACK);
                memset(RxBuffer,0x00,sizeof(RxBuffer)); //清空串口接收数组
            }
            Uart1_Rx_Cnt=0;    //串口接收字符个数清零
        }
        HAL_UART_Receive_IT(&huart2, (uint8_t*)&aRxBuffer, 1);   //串口重新开始接收
    }
/*USER CODE END 4*/
```

步骤 4：　工程编译和调试

程序编写并调试无误后，连接 USB 串口下载线，选择编译生成的 task8-2.hex 文件，下载运行程序，可以在 LCD 屏幕上看到当前的温湿度数据，如图 8-2-11 所示。当湿度大于80％时，LED2 点亮。同时，当串口收到"X"和"Y"指令时，LED3 分别点亮和熄灭。

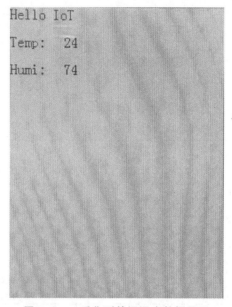

图 8-2-11　采集到的温湿度数据显示

工作任务 3　基于新大陆云的大棚温湿度采集和灯光风扇控制系统

任务描述

　　本任务要求在新大陆物联网云平台上创建温室大棚 Wi-Fi 项目，通过 STM32 嵌入式微控制器发送 AT 指令控制 Wi-Fi 模块，使 Wi-Fi 模块连接新大陆云平台，实现大棚温湿度数据的远程采集和灯光风扇的智能控制（使用 LED2 和 LED3 模拟）。

学习目标

　　（1）了解新大陆物联网云服务平台；

　　（2）能够配置云平台通信的关键参数；

　　（3）能够使用串口 AT 指令，进行 Wi-Fi 模块的云平台通信测试；

　　（4）会搭建和发布新大陆云平台的项目。

任务导学

任务工作页及过程记录表

任务	基于新大陆云的大棚温湿度采集和灯光风扇控制系统	工作课时	4 课时

课前准备:预备知识掌握情况诊断表

问题	回答/预习转向	
问题 1:目前常用的公共云服务平台有哪些?	会→问题 2; 回答:_____	不会→查阅资料,理解并记录常用云平台的检索过程
问题 2:新大陆云平台应用如何配置,需要编程吗?	会→问题 3; 回答:_____	不会→查阅新大陆云平台开发文档
问题 3:新大陆云平台应用如何匹配不同的终端设备数据?	会→课前预习; 回答:_____	不会→查阅新大陆云平台开发文档

课前预习:预习情况考查表

预习任务	任务结果	学习资源	学习记录
搜索各类云应用服务平台	查阅并记录各自的特点和使用方式	网络查阅	
熟悉新大陆云平台的组织架构	绘制平台应用架构图	(1)教材; (2)新大陆云平台开发文档	
新大陆云平台如何进行设备和传感器管理	归纳总结各类客户端与新大陆云平台应用通信的配置方法	(1)教材; (2)新大陆云平台开发文档	

课上:学习情况评价表

序号	评价项目	自我评价	互相评价	教师评价	综合评价
1	学习准备				
2	引导问题填写				
3	规范操作				
4	完成质量				
5	关键技能要领掌握				
6	完成速度				
7	5S 管理、环保节能				
8	参与讨论主动性				
9	沟通协作能力				
10	展示效果				

课后:拓展实施情况表

拓展任务	完成要求
实现多个客户端同时与新大陆云平台应用的通信	自定义各客户端和云平台应用的传感器节点协议,实现 2 个以上大棚的温湿度数据采集

新知预备

1. 认识新大陆云

新大陆物联网云平台是针对物联网教育、科研推出的一个开放的物联网云服务教学平台,相关物理架构如图 8-3-1 所示,新大陆物联网云服务平台相关的案例设计器、API 接口、SDK 工具包等为实验、实训、项目设计、比赛、毕业设计等提供了一套完整的软硬件环境,使用户能轻松快速地了解物联网行业应用,学习物联网和嵌入式系统的相关技术。

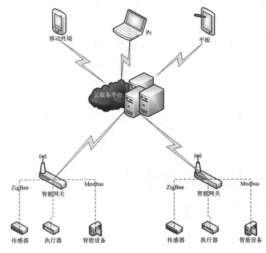

图 8-3-1　物理架构

物联网云平台是基于智能传感器、无线传输技术、大规模数据处理与远程控制等物联网核心技术和互联网、无线通信、云计算大数据技术高度融合开发的一套物联网云服务平台,是集设备在线采集、远程控制、无线传输、数据分析、预警信息发布、决策支持、一体化控制等功能于一体的物联网系统。

搭建和配置云服务平台后,普通用户及管理人员可以通过手机、平板、计算机等终端设备,实时掌握传感设备数据,及时获取报警、预警信息,并可以手动/自动调整控制设备,最终使信息管理变得更加轻松简单。

2. 新大陆云平台通信的主要特点

1)快速项目开发

无须再独立开发 App 和 WEB,通过平台提供的在线项目设计器拖拉式创建传感器、图表等组件,完成后立即发布到因特网,通过浏览器、微信等客户端实现即时浏览。

2)设备可仿真

通过物联网基础实训仿真软件,用户在未接触到硬件设备之前,就可以从仿真系统中认识、了解和熟悉这些常见的物联网设备,如传感器、执行器、网关、电源、RFID 射频设备、终端等,为今后进行实际项目开发做好认知基础。

3)跨平台

新大陆云平台基于 Web 架构开发,通过网页浏览器或者移动终端直接访问,不受操作系统的限制,任何可以上网的计算机、智能手机、平板等设备都可以随时随地地访问新大陆云平台以及通过云平台创建的项目。

步骤1: 新大陆云的注册及配置

1)新用户注册

登录新大陆云网站 http://www.nlecloud.com/,单击右上角的新用户注册,选择个人注册,输入手机号、登录密码和验证码,单击"确定",如图 8-3-2 所示。

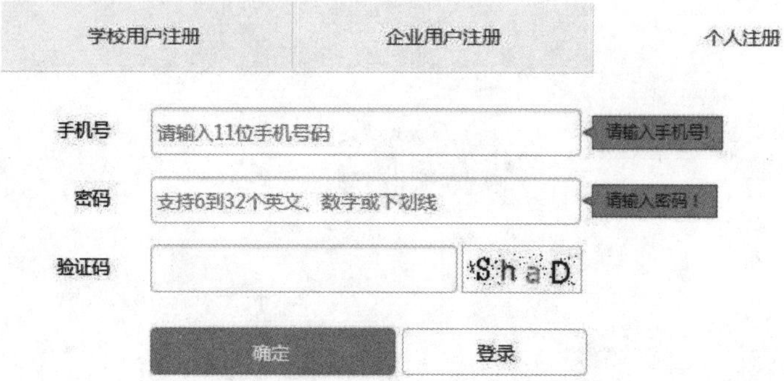

| 学校用户注册 | 企业用户注册 | 个人注册 |

手机号　请输入11位手机号码　◀ 请输入手机号!

密码　支持6到32个英文、数字或下划线　◀ 请输入密码!

验证码　　　　　　ShaD

　　确定　　登录

图 8-3-2　新用户注册

2)新增项目

在开发者中心界面新增项目,输入项目名称"温室大棚",行业类别选"智慧农业",联网方案选择"WIFI",如图 8-3-3 所示,点击"下一步"。

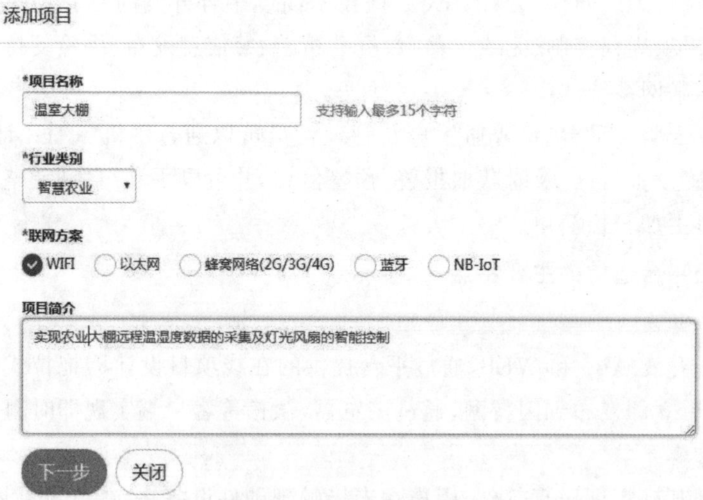

添加项目

*项目名称

温室大棚　　　　　　支持输入最多15个字符

*行业类别

智慧农业　▼

*联网方案

◉ WIFI　○ 以太网　○ 蜂窝网络(2G/3G/4G)　○ 蓝牙　○ NB-IoT

项目简介

实现农业大棚远程温湿度数据的采集及灯光风扇的智能控制

下一步　　关闭

图 8-3-3　新增项目配置

3)添加设备

添加联网终端设备,输入设备名称"ESP8266",通信协议选"TCP",输入设备标识(根据实际情况选择),注意设备标识在云平台通信中是唯一的,本任务中设定为 9 位字符,如图 8-3-4

所示,完成后单击"确定添加设备"。

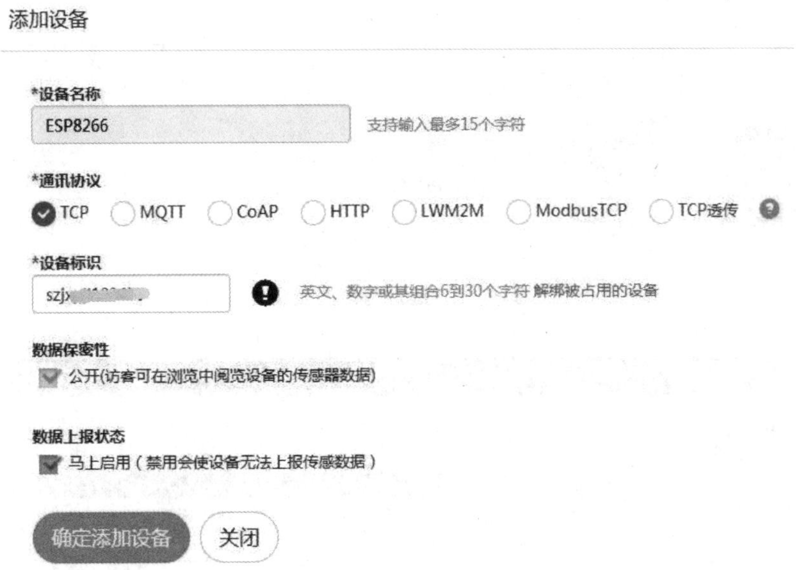

添加设备

*设备名称

ESP8266 　　　　　　　　　支持输入最多15个字符

*通讯协议

⊙ TCP ○ MQTT ○ CoAP ○ HTTP ○ LWM2M ○ ModbusTCP ○ TCP透传 ❓

*设备标识

szjx✸✸✸✸✸✸ ❗ 英文、数字或其组合6到30个字符 解绑被占用的设备

数据保密性

☑ 公开(访客可在浏览中阅览设备的传感器数据)

数据上报状态

☑ 马上启用(禁用会使设备无法上报传感数据)

确定添加设备　　关闭

图 8-3-4　添加设备

4)添加传感器

在温室大棚项目界面选择项目的设备数"1 个设备",如图 8-3-5 所示。在设备界面选择设备"ESP8266",如图 8-3-6 所示,然后在设备传感器界面单击"马上创建一个传感器",如图 8-3-7 所示。

图 8-3-5　选择项目设备

图 8-3-6　选择确定的设备

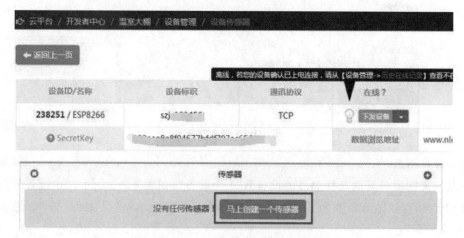

图 8-3-7　创建设备上的传感器

依次添加温度传感器和湿度传感器,输入传感器名称和标识名,标识名是数据上报及 API 调用的变量名,必须以英文字母开头。最后单击"确定并继续添加"按钮,如图 8-3-8 和图 8-3-9 所示。

图 8-3-8　添加温度传感器

图 8-3-9　添加湿度传感器

5)添加执行器件

在设备传感器界面单击"马上创建一个执行器",如图 8-3-10 所示,本任务中的执行器件为灯和风扇。

图 8-3-10　创建执行器

依次添加灯和风扇,输入传感名称和标识名,标识名是数据上报及 API 调用的变量名,必须以英文字母开头。传输类型选择为"上报和下发",操作类型选择为"开关型"。最后单击"确定"按钮,如图 8-3-11 和图 8-3-12 所示。

图 8-3-11　添加灯执行器

图 8-3-12　添加风扇执行器

传感器和执行器件添加完成后,界面分别如图 8-3-13 和图 8-3-14 所示。

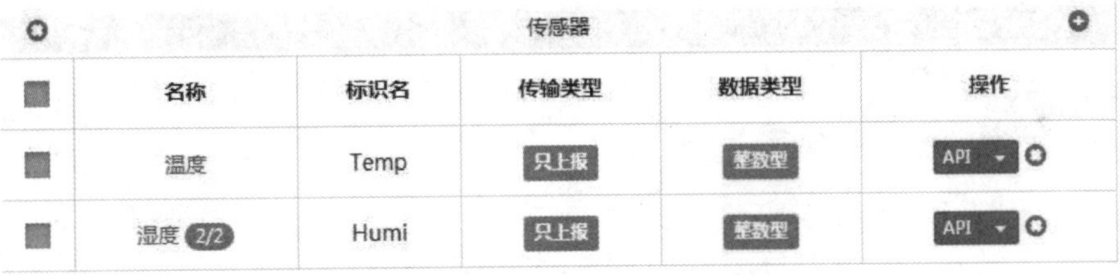

	名称	标识名	传输类型	数据类型	操作
	温度	Temp	只上报	整数型	API
	湿度 2/2	Humi	只上报	整数型	API

图 8-3-13　添加完成温湿度传感器的界面

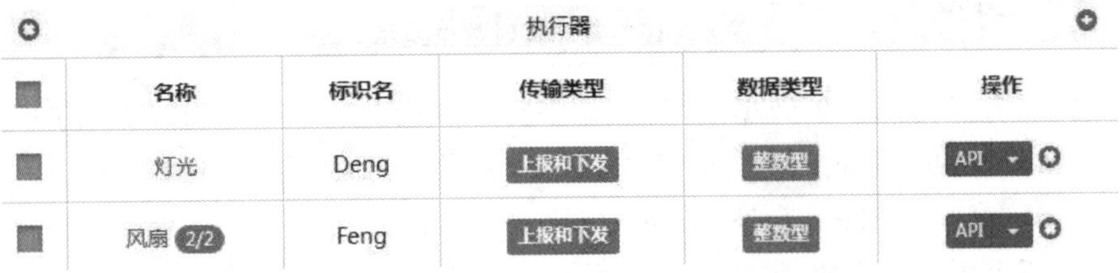

	名称	标识名	传输类型	数据类型	操作
	灯光	Deng	上报和下发	整数型	API
	风扇 2/2	Feng	上报和下发	整数型	API

图 8-3-14　添加完成灯光、风扇执行器的界面

步骤 2： 新大陆云平台与 Wi-Fi 模块的通信测试

(1)连接网络,通过电脑端串口调试助手给 Wi-Fi 模块发送连接路由器指令"AT＋CWJAP="@happy_home"," 123456789 ""。返回 OK。

(2)连接新大陆云平台,发送指令"AT＋CIPSTART=" TCP "," ndp. nlecloud. com ",8600",通信采用 TCP 通信,服务器的 IP 地址是 ndp. nlecloud. com,端口号是 8600。返回 CONNECT。

（3）连接设备，给 Wi-Fi 模块发送连接设备指令"{" t\":" 1 "," device ":" szjxiot123456\"，" Key ":"0b6b6543eae149f2b65270373d79308e "," ver ":" v1.0 "}"，使用云平台里面的"设备标识"和"传输密钥"作为参数。在发送连接设备指令之前需要发送字符的个数指令"AT＋CIPSEND＝90"，90 是连接设备指令字符串的字符个数。在云平台的设备管理界面，设备显示"在线"，表示设备连接成功，如图 8-3-15 所示，注意在没有数据传输的 90 s 后，云平台会自动断开与设备的连接。

图 8-3-15　设备连接新大陆云成功

（4）Wi-Fi 模块和新大陆云连接成功后，在云平台设备传感器界面选择"下发设备"，打开下发设备的下拉菜单，选择"实时数据开"，实现实时数据显示，如图 8-3-16 所示。

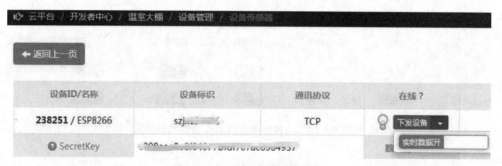

图 8-3-16　打开实时数据显示

（5）给云平台发送温湿度数据，首先发送字符个数指令"AT＋CIPSEND＝64"，再发送温湿度上传指令，其中 Temp 和 Humi 是标识名，36 是温度数据，56 是湿度数据，上传指令"{"t":3,"datatype":1,"datas":{"Temp":36,"Humi":56},"msgid":123}"，云平台显示温湿度数据，说明上传数据成功，如图 8-3-17 所示。

	名称	标识名	传输类型	数据类型	操作
■	温度	【36℃】19分36秒	只上报	整数型	API ▾ ◎
■	湿度	【56%】19分36秒	只上报	整数型	API ▾ ◎

图 8-3-17　收到温湿度数据

(6)云平台下发控制执行器指令,在云平台设备传感器界面的执行器控制部分操作目录下,可以切换灯光和风扇开关状态,如图 8-3-18 所示。

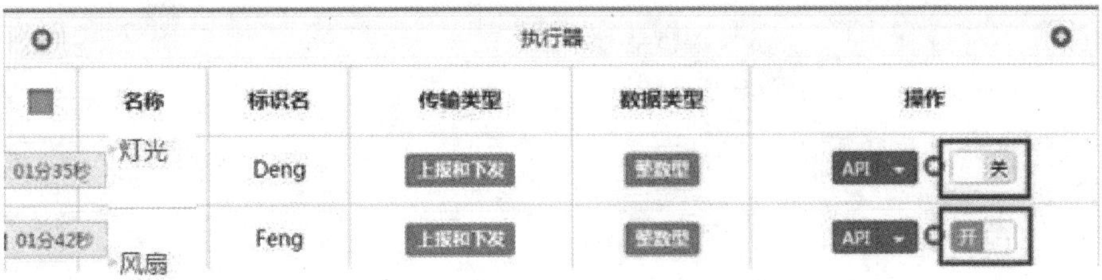

	名称	标识名	传输类型	数据类型	操作
01分35秒	灯光	Deng	上报和下发	整数型	API ⌄ ○ 关
01分42秒	风扇	Feng	上报和下发	整数型	API ⌄ ○ 开

图 8-3-18　执行器开关操作

此时,计算机端串口调试助手会收到云平台下发的数据,Deng 和 Feng 分别是灯和风扇的标识符,1 和 0 分别表示执行器的开关状态,1 表示开,0 表示关。如图 8-3-19 所示,说明云平台下发控制指令成功。

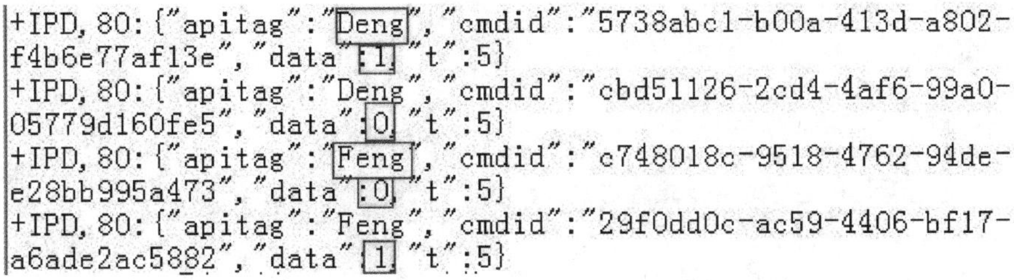

```
+IPD,80:{"apitag":"Deng","cmdid":"5738abc1-b00a-413d-a802-
f4b6e77af13e","data":1,"t":5}
+IPD,80:{"apitag":"Deng","cmdid":"cbd51126-2cd4-4af6-99a0-
05779d160fe5","data":0,"t":5}
+IPD,80:{"apitag":"Feng","cmdid":"c748018c-9518-4762-94de-
e28bb995a473","data":0,"t":5}
+IPD,80:{"apitag":"Feng","cmdid":"29f0dd0c-ac59-4406-bf17-
a6ade2ac5882","data":1,"t":5}
```

图 8-3-19　电脑端 Wi-Fi 模块收到的串口数据

步骤 3:　建立 STM32CubeMX 工程并生成和完善 HAL 库代码

在本任务工程 task8-3 中,生成的 HAL 库已经做好了系统时钟初始化、GPIO 初始化,USART2 串口初始化,并启用了串口 2 中断,同时移植了 LCD 显示屏驱动,重写了 USART2 的 printf 重定向代码,并完成了本地局域网温湿度数据采集,相关操作方法可以参考前述项目和任务。

本步骤主要进行任务工程 HAL 库代码的完善,编程实现 STM32 微控制器和新大陆云平台的通信,打开 main.c,完善主程序,完善后的主函数和串口处理程序代码见程序清单 8-4。

程序清单 8-4

```
#include"main.h"
#include"usart.h"
#include"gpio.h"
#include"fsmc.h"
/*USER CODE BEGIN Includes*/
#include"tftlcd.h"  //包含 LCD 驱动头文件
#include"dht11.h"  //包含 DTH11 驱动头文件
#include"stdio.h"
#include"string.h"
/*USER CODE END Includes*/
void SystemClock_Config(void);
/*USER CODE BEGIN 0*/
```

```
uint8_t RxBuffer[120];        //定义串口接收数组
uint8_t aRxBuffer;//定时串口接收缓存变量
uint8_t Uart2_Rx_Cnt=0;//定义串口接收格式变量
uint8_t temperature;   //定义温度变量
uint8_t humidity;   //定义湿度变量
uint8_t data=0;   //控制指令
/*USER CODE END 0*/
int main(void)
{
    /*外设初始化,连接新大陆云*/
    HAL_Init();
    SystemClock_Config();
    MX_GPIO_Init();
    MX_FSMC_Init();
    MX_USART2_UART_Init();
    /*USER CODE BEGIN 2*/
    DHT11_Init();
    LCD_Init();
    LCD_Clear(WHITE);
    LCD_ShowString(0,0,200,16,16,"Hello IoT",BLACK);//显示 Hello IoT
    HAL_Delay(5000);
    printf("AT+ RST\r\n");
    HAL_Delay(8000);
    printf("AT+ CWMODE= 1\r\n");
    HAL_Delay(1000);
    //设置 Wi-Fi 模块连接路由器 IP 地址和密码
    printf("AT+ CWJAP= \"@ happy_home\",\"123456789\"\r\n");
    HAL_Delay(5000);
    printf("AT+ CIPSTART= \"TCP\",\"ndp.nlecloud.com\",8600\r\n");//连接新大陆云
    HAL_Delay(4000);
    printf("AT+ CIPSEND= 90\r\n");//设置要发送数据的个数
    HAL_Delay(1000);
    //连接云平台设备
    printf("{\"t\":\"1\",\"device\":\"szjxiot123456\",\"Key\":\"0b6b6543eae
            149f2b65270373d79308e\",\"ver\":\"v1.0\"}\r\n");
    HAL_Delay(1000);
    HAL_UART_Receive_IT(&huart2,(uint8_t*)&aRxBuffer,1);//串口中断开始接收
    /*USER CODE END 2*/
while(1)
{
    /*温湿度本地采集显示并上传云端*/
    DHT11_Read_Data(&temperature,&humidity);//读取 DTH11 的温湿度值
    LCD_ShowString(0,30,200,16,16,"Temp:",BLACK);
```

```
    LCD_ShowString(0,60,200,16,16,"Humi:",BLACK);
    LCD_ShowNum(60,30,temperature,2,16,BLACK);//LCD 显示本地温度
    LCD_ShowNum(60,60,humidity,2,16,BLACK);   //LCD 显示本地湿度
    HAL_Delay(10000);
    printf("AT+ CIPSEND=64\r\n");  //发送数据个数
    HAL_Delay(1000);
    //给云平台发送温湿度值
    printf("{\"t\":3,\"datatype\":1,\"datas\":{\"Temp\":% d,\"Humi\":%d},\"
msgid\":123}\r\n",temperature,humidity);
    }
 }
/*串口 2 接收处理函数*/
/*USER CODE BEGIN 4*/
void HAL_UART_RxCpltCallback(UART_HandleTypeDef* huart)//串口接收中断
{
    UNUSED(huart);
    RxBuffer[Uart2_Rx_Cnt++]=aRxBuffer;  //把接收到的一个字符赋值给数组
    //收到回车换行表示接收的一段字符消息结束
    if((RxBuffer[Uart2_Rx_Cnt-1]==0x0A)&&(RxBuffer[Uart1_Rx_Cnt-2]==0x0D))
        {
        if(Uart1_Rx_Cnt> 80)   //接收到长字符串
        {
        LCD_Clear(WHITE);
        /*串口接收显示*/
        LCD_ShowString(0,100,236,16,16,RxBuffer,BLACK);
        LCD_ShowString(0,120,236,16,16,&RxBuffer[30],BLACK);
        LCD_ShowString(0,140,236,16,16,&RxBuffer[60],BLACK);
        LCD_ShowString(0,160,236,16,16,&RxBuffer[90],BLACK);
        data= RxBuffer[79];  //开关指令读取
        if(RxBuffer[19]=='F')  //风扇控制
        {
            if(data=='1')
            HAL_GPIO_WritePin(GPIOE,GPIO_PIN_5,GPIO_PIN_RESET);//风扇开
            else if(data=='0')
            HAL_GPIO_WritePin(GPIOE,GPIO_PIN_5,GPIO_PIN_SET);//风扇关
        }
        else if(RxBuffer[19]=='D')    //灯光控制
        {
            if(data=='1')
            HAL_GPIO_WritePin(GPIOB,GPIO_PIN_5,GPIO_PIN_RESET);//灯光亮
            else if(data=='0')
            HAL_GPIO_WritePin(GPIOB,GPIO_PIN_5,GPIO_PIN_SET);//灯光灭
    }
```

```
        }
            Uart1_Rx_Cnt=0;
            memset(RxBuffer,0x00,sizeof(RxBuffer));
        }
        HAL_UART_Receive_IT(&huart2,(uint8_t*)&aRxBuffer,1);//串口重新开始接收中断
    }
    /*USER CODE END 4*/
```

步骤4: 云平台控制策略设置

云平台控制策略可以通过云平台实现对系统的智能控制,如本任务使用湿度的大小来智能控制风扇的开启和停止。

1)添加控制策略

在项目管理界面,在"逻辑控制"下拉菜单中选择"策略管理",然后单击"马上添加一个策略",如图8-3-20所示。

图8-3-20 添加控制策略

2)设置控制策略

选择设备"ESP8266",控制类选择"设备控制",设置控制条件为湿度>90%,然后控制风扇为打开状态,如图8-3-21所示。

图8-3-21 设置风扇打开条件

同样，选择设备"ESP8266"，策略类型选择为"设备控制"，设置控制条件为湿度<80％，然后控制风扇为关闭状态，如图 8-3-22 所示。

图 8-3-22　设置风扇关闭条件

3）启用控制策略

在策略管理界面点击启动按钮，启动湿度智能控制策略，如图 8-3-23 所示。

图 8-3-23　开启控制策略

步骤5： **新建云平台应用**

云平台极大地方便了设计人员的调试和开发，但最终需要以客户端界面的形式发布，客户端界面可以是手机 App 或者网页等，新大陆云提供了网页版的客户端界面设计工具。

1）新建和配置应用

在云平台应用管理界面新建和配置应用，如图 8-3-24 和图 8-3-25 所示。

图 8-3-24　新建应用

图 8-3-25　配置应用

2）设计应用

在新建的应用界面上选择"设计"图标，如图 8-3-26 所示，进入项目生成器。在项目生成器网页中设计云平台应用网页，将设备 ESP8266 下传感器和执行器拖到右边的应用界面中，如图 8-3-27 所示，界面中出现采集到的温湿度数据和控制开关。

3）保存和发布应用

在项目生成器网页设计界面的右上角，依次单击"保存"和"重新发布"，如图 8-3-28 所示。

在浏览器中输入应用生成的网址后，即可访问云平台应用，如图 8-3-29 所示，实现了温湿度数据的远程实时监测和灯光风扇智能控制。

图 8-3-26　选择"设计"图标

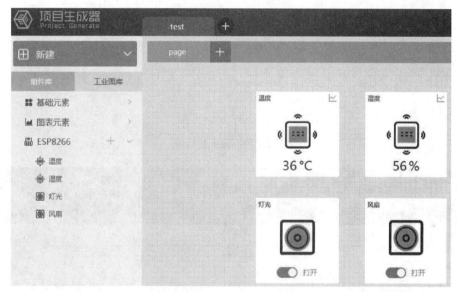

图 8-3-27　项目生成器设计

图 8-3-28　保存和发布应用

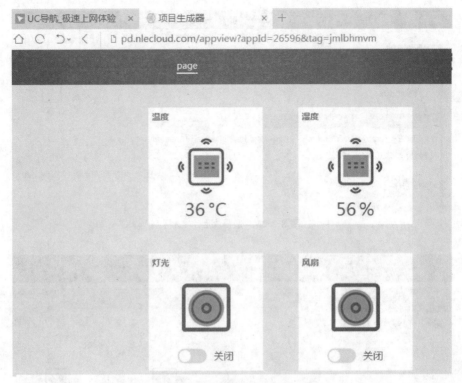

图 8-3-29　云平台应用

项目小结

项目导入

随着智慧城市建设要求的不断提高,社区水质信息作为智慧城市信息化建设的重要监测参数,受到环保管理部门和社区居民更多的关注。本系统以 STM32 微控制器为核心,通过水质检测传感器完成对水环境中总溶解固体(TDS)的信息采集,使用 BC26 模块实现对 NB-IoT 网络数据的传输功能,上传检测数据至阿里云物联网平台并实现信息的发布和传感器工作状态的控制,该系统能有效提高水环境监测效率,通信方式灵活,符合智慧城市中社区建设的发展需求。

素养目标

(1)能按 5S 规范完成项目工作任务;

(2)能参与小组讨论,注重团队协作;

(3)能养成探索新技术、了解科技前沿的习惯;

(4)能严格按照技术开发流程进行操作,具有较强的标准意识;

(5)了解水质信息的采集和监测对环境保护的重要性。

知识、技能目标

(1)了解 NB-IoT 通信技术;

(2)了解 MQTT 协议的原理及应用;

(3)掌握水质监测传感器的工作原理;

(4)会使用串口 AT 指令配置 NB-IoT 模块的组网;

(5)会物联网阿里云平台的搭建、接入,会应用 NB-IoT 项目。

项目内容

智慧城市社区水质监测系统的设计与实现

- ✓ 工作任务1 NB-IoT模块的配置及网络调试
  - 认识NB-IoT
  - NB-IoT模块及其配置
  - NB-IoT技术特点

- ✓ 工作任务2 基于NB-IoT技术的远程数据通信
  - 认识MQTT协议
  - 认识阿里云物联网平台
  - 阿里云物联网平台的网络数据通信调试

- ✓ 工作任务3 基于阿里云物联网平台的社区水质监测系统
  - 认识TDS水质传感器
  - TDS数据的计算方法
  - STM32与云平台TDS数据收发的实现

项目实施

工作任务1 NB-IoT 模块的配置及网络调试

任务描述

本任务要求使用串口通信技术,通过 AT 指令对 NB-IoT 模块进行配置和基础测试,完成 NB-IoT 模块与 TCP 测试服务器的连接和数据收发通信,同时实现 NB-IoT 模块与 MQTT 测试服务器之间的主题发布和订阅。

学习目标

(1)了解 NB-IoT 通信的原理及技术特点;

(2)会使用 AT 指令对模块进行基础测试;

(3)能根据各 AT 指令的功能,对模块进行 TCP 通信测试;

(4)能根据各 AT 指令的功能,对模块进行 MQTT 通信测试。

任务导学

任务工作页及过程记录表

任务	NB-IoT 模块的配置及网络调试		工作课时	2 课时
课前准备:预备知识掌握情况诊断表				
问题	回答/预习转向			
问题 1:NB-IoT 网络通信的技术特点?	会→问题 2; 回答:_____		不会→查阅资料,理解并记录 NB-IoT 网络通信技术特点	
问题 2:NB-IoT 通信模块与微控制器的常用接口有哪些?	会→问题 3; 回答:_____		不会→查阅资料,理解并记录不同接口的 NB-IoT 模块,了解与 STM32 微控制器的连接方式	
问题 3:NB-IoT 通信模块的控制方式有哪些?	会→课前预习; 回答:_____		不会→查阅 BC26 模块的产品介绍文档和使用手册,记录相关的控制方法	
课前预习:预习情况考查表				
预习任务	任务结果	学习资源		学习记录
查看各种类型的 NB-IoT 通信模块	查阅并记录各自的驱动方式和特点,选择本项目合适的 NB-IoT 模块	(1)BC26 模块数据手册; (2)网络查阅		

续表

预习任务	任务结果	学习资源	学习记录
研究 STM32 与 NB-IoT 模块的接口电路	使用 Altium Designer 绘制引脚接口电路图	(1)开发板电路图; (2)网上查询典型电路设计	
了解 BC26 NB-IoT 模块的 AT 指令配置参数	归纳总结相关 AT 指令的功能和配置顺序	(1)教材; (2)BC26 模块数据手册	

课上:学习情况评价表

序号	评价项目	自我评价	互相评价	教师评价	综合评价
1	学习准备				
2	引导问题填写				
3	规范操作				
4	完成质量				
5	关键技能要领掌握				
6	完成速度				
7	5S 管理、环保节能				
8	参与讨论主动性				
9	沟通协作能力				
10	展示效果				

课后:拓展实施情况表

拓展任务	完成要求
归纳总结 NB-IoT 网络中 TCP 连接和 MQTT 连接的主要异同点	完成 TCP 和 MQTT 网络调试任务后,配合 BC26 模块数据手册,比较主要的异同点,并逐条列出

新知预备

1. 认识 NB-IoT

随着智慧城市、大数据时代的来临,无线通信将实现万物互连,实现这一切的基础是要有无处不在的网络连接。运营商的网络是全球覆盖最为广泛的网络,因此在接入能力上有独特的优势。然而,目前真正承载到移动网络上的物与物连接只占到连接总数的 10%,大部分的物与物连接是通过蓝牙、Wi-Fi 等技术来承载的。

  NB-IoT(窄带物联网)技术是建立在蜂窝网络基础之上,面向低功耗、广覆盖、海量连接的新型物联网技术,是一种典型的低功耗、广覆盖技术(LPWAN)。它基于移动运营商的授权频谱,可以支持大量低吞吐率的终端连接,其典型应用架构如图 9-1-1 所示,通信时实际占用约 180 kHz 的工作带宽,可直接部署于 GSM 网络、UMTS 网络或 LTE 网络,以降低部署成本,实现平滑升级。

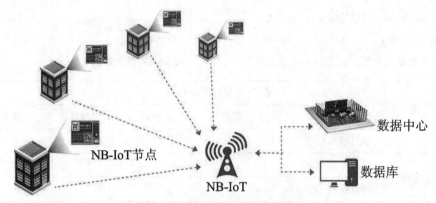

图 9-1-1 NB-IoT 网络应用架构

  NB-IoT 作为物联网行业的新星,最早由华为技术有限公司和英国电信运营商沃达丰集团共同推出,相关应用由移动运营商以及其背后的设备商推动,有着极快的发展,而且在日常的使用中,NB-IoT 确实也发挥着重要的作用。随着 NB-IoT 的正式商用,众多基于 NB-IoT 技术的物联网应用迅速发展,如图 9-1-2 所示,此外,NB-IoT 技术也广泛应用于共享单车、智慧停车、智能公交站牌等领域。

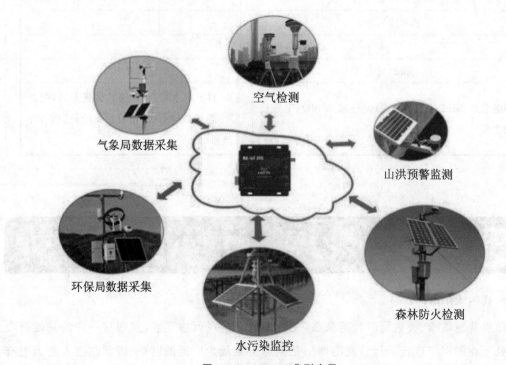

图 9-1-2 NB-IoT 典型应用

2. NB-IoT 的技术特点

1）广覆盖

NB-IoT 提供了改进的室内覆盖能力，在同样的频段下，使用 NB-IoT 的设备比使用现有的网络增益 20 dB，相当于覆盖区域的能力提升了 100 倍，即通过软件升级扩展网络覆盖后，NB-IoT 比 LTE 和 GPRS 基站提升了 20 dB 的增益，如图 9-1-3 所示，能覆盖到地下车库、地下室、地下管道等信号难以到达的地方。

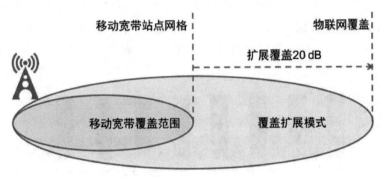

图 9-1-3　NB-IoT 网络覆盖

2）大连接

传统移动通信受限于带宽，运营商给家庭路由器仅开放 8～16 个接入口，而一个家庭中往往有多部手机、笔记本、平板电脑，未来要想实现全屋智能、上百种传感设备联网，就需要解决这个棘手的难题，而 NB-IoT 足以轻松满足未来智慧家庭中大量设备联网的需求。

NB-IoT 一个扇区能够支持约 50 000 个连接，如图 9-1-4 所示，支持低延时敏感度、超低设备成本、低设备功耗和优化的网络架构，可以简单地通过增加频点来扩展容量。

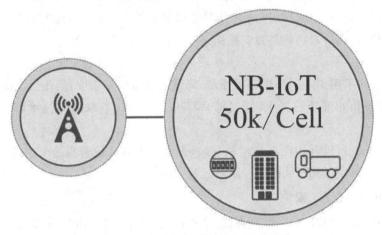

图 9-1-4　每个扇区容量约为 50 000 台

3）低功耗

NB-IoT 技术聚焦物联网应用领域中的小数据量、小速率应用，NB-IoT 终端可长时间保持注册在网，但信令不可达的状态，即可长时间驻留在深睡眠状态。此外，通过延长终端在空闲模式下的睡眠周期，减少接收单元不必要的启动，还可进一步省电，因此 NB-IoT 设备功耗可以做到非常小，设备续航时间从过去的几个月大幅提升到几年。对于一些不能经常更换电池的设备和场合,如安置于高山荒野偏远地区的 NB-IoT 传输设备,低功耗是其最基本的需求。

　　实际应用中,NB-IoT 有 DRX、eDRX 和 PSM 三种工作模式,DRX 被称为不连续接收,但对硬件产品来说是连续接收。DRX 模式可以实现随时接收数据,因此耗电量最高,目前,DRX 待机功率约为 1 mA。eDRX 为扩展不连续接收,是指打开网络一段时间,然后关闭网络一段时间,数据打开时可以接收,停止时不能接收,停止时间可以设定为数十秒到数小时。当设定接收周期为 5 分钟时,eDRX 的待机功率约为 0.2mA。DRX 与 eDRX 的区别如图 9-1-5 所示,DRX 的接收周期为 1.28 s、2.56 s、5.12 s 或者 10.24 s,eDRX 的接收周期在 20.48 s～2.92 h 之间,终端在寻呼时间窗口内周期性监听寻呼信道,判断是否有下行业务。

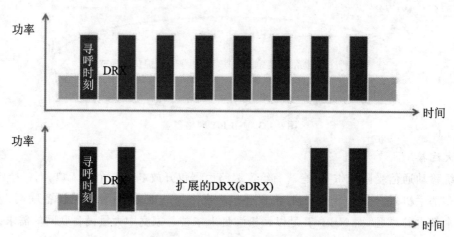

图 9-1-5　DRX 和 eDRX 的比较

　　PSM(power saving mode)即省电模式,相当于降低 eDRX 交换网络的频率,低到每隔几天开放一次网络的程度。同样,网络打开时可以接收数据,但网络没有打开时不能接收数据。在 PSM 模式下,待机功耗是微安级别,一个电池最多可用 5 年。

　　4)低成本

　　NB-IoT 芯片采用 180 kHz 的窄带系统,降低了基带的复杂度,简化协议栈减少了内存,降低了对存储器和处理器的要求,同时低采样率、单天线、半双工等技术降低了射频设计成本。

　　此外,NB-IoT 可以利用现有技术和基站,直接采用移动运营商的 LTE 网络,重复使用已有的硬件设备,共享频谱,从而进一步降低各方面成本。

3.认识 BC26 NB-IoT 模块

　　BC26 是移远通信推出的一款高性能、低功耗、多频段的 NB-IoT 无线通信模组,凭借紧凑的尺寸、超低功耗和超宽工作温度范围,成为物联网应用领域的理想选择,常被用于无线抄表、共享单车、智能停车、智慧城市、智能安防、资产追踪、智能家电、可穿戴设备、农业和环境监测以及其他诸多行业,能够提供完善的数据传输服务。

　　本项目采用墨子号科技设计的基于 BC26 模组的模块板,如图 9-1-6 所示,模块引出了电源接口,PWR 控制引脚、主串口和调试口,用户只要外接 STM32 微控制器串口就可以进行调试。BC26 模块板的引脚说明如表 9-1-1 所示。

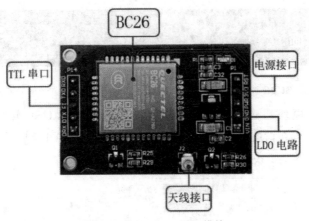

图 9-1-6　BC26 NB-IoT 模块

表 9-1-1　BC26 模块板引脚对应关系

左边	名称	功能	右边	名称	功能
1	RXD	TTL 串口输入	1	RST	复位引脚
2	TXD	TTL 串口输出	2	3V3	默认与 PWR 连接
3	RI	保留 RI 输入	3	PWR	开机引脚,默认拉高开机
4	DTX	DBG 串口输出	4	GND	电源地
5	DRX	DBG 串口输入	5	VIN	电源输入

　　BC26 NB-IoT 模块使用 AT 指令控制和查询模块的工作状态,同时提供了回环测试服务器,保证用户在没有服务器的情况下,可以测试模块是否工作正常。本模块常用的基础 AT 指令和通过网络协议连接服务器的相关 AT 指令如表 9-1-2 所示。

表 9-1-2　BC26 模块常用 AT 指令

序号	指令格式	功能描述
1	AT	查询模块通信是否正常,若正常,返回 OK
2	AT+CIMI	查询是否有卡,若有卡,返回以 460 开头的卡号,若无卡,返回 ERROR
3	AT+CSQ	查询信号质量。若注册网络成功,会有信号产生,最大为 31。若信号小于 10,说明当前网络信号不佳
4	AT+CGATT?	查询入网状态,如果入网成功,返回 1;如果入网失败,返回 0
5	AT+CGPADDR=1	显示获取到的网络地址
6	AT + QIOPEN = < TCP_connectID>," TCP ","<host_name >",< port >	启动一个 socket 服务,建立 TCP 连接
7	AT + QISEND = < TCP_connectID >,<Data_Length >,<Data>	TCP 数据发送指令

任务实施

步骤 1： 搭建 BC26 NB-IoT 模块与 PC 串口通信电路

BC26 NB-IoT 模块通过 USB 转串口模块和 PC 相连,USB 转串口模块的芯片是 CH340,安装驱动后可在设备管理器中看到相应的端口,如图 9-1-7 所示。

图 9-1-7　PC 端识别和分配的串口号

步骤 2： PC 端串口调试助手设置

PC 端串口调试助手设置如图 9-1-8 所示,主要分为以下三个方面:

(1)选串口,选波特率,打开串口。

打开串口调试助手,选择串口 COM3,BC26 模块的默认波特率是 115 200 b/s,串口调试助手的波特率也设置为 115 200 b/s,最后打开串口。

(2)选回车加换行功能。

选择串口调试助手的发送数据附带的回车加换行功能,BC26 模块 AT 指令通过回车加换行来判断接收数据的完成状态。

(3)选扩展功能。

串口调试助手每次只能发送一句指令,可以点击串口调试助手扩展按钮,增加一个多行

文本输入框,把需要输入的指令输入到每一行,方便接下来的指令调试和保存。

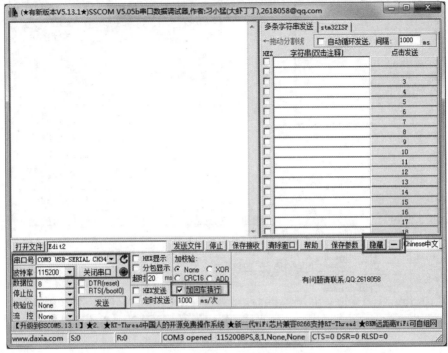

图 9-1-8　PC 端串口调试助手设置

步骤 3：　模块基础测试

BC26 NB-IoT 模块的基础测试过程如图 9-1-9 所示,主要分为以下几个配置:

(1)串口调试助手发送 AT 指令,测试硬件电路连接是否正常,串口返回 OK,表示正常。

(2)发送指令"AT+CIMI",查询是否有卡。如果有卡,返回以 460 开头的卡号;如果没有卡,返回 ERROR。

(3)发送指令"AT+CSQ",查询信号质量,返回"+CSQ:19,0",表示当前信号质量为 19。

(4)发送指令"AT+CGPADDR=1",查询是否分配 IP 地址。本任务返回 IP 地址为100.73.155.134。

步骤 4：　模块 TCP 通信测试

完成基础测试后,可以连接 TCP 服务器进行通信测试,测试过程如图 9-1-10 所示。

(1)发送指令"AT+QIOPEN=1,0,"TCP","47.92.146.210",8888,0,1",连接已经搭建好的、IP 地址为 47.92.146.210、端口号为 8888 的服务器,返回 OK 和"+QIOPEN:0,0",表示连接服务器成功。若最后一位返回值不是 0,则表示连接失败,此时要查看服务器是否工作正常。

(2)发送指令"AT+QISEND=0,10,1234567890",该指令为数据发送指令,支持字符串和十六进制两种发送方式。由于测试服务器支持自动下发,因此返回的数据有 URC 上报,可以看到数据发送成功并且接收到服务器回发的数据"1234567890",表明 TCP 收发测试完成。

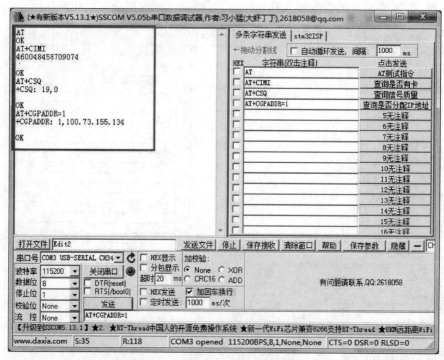

图 9-1-9　BC26 模块基础测试过程

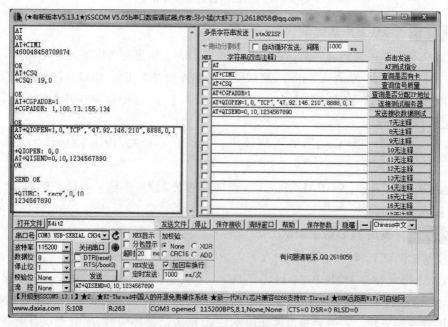

图 9-1-10　模块 TCP 通信测试

步骤 5：　模块 MQTT 通信测试

本任务只对 MQTT 的通信进行测试，MQTT 通信协议的相关知识将在本项目工作任务 2 中做介绍。MQTT 的测试过程如图 9-1-11 所示。

(1)发送指令"AT＋QMTOPEN＝0,"47.92.146.210",1883"，连接已经搭建好的、IP 地址为 47.92.146.210、端口号为 1883 的服务器，返回 OK 和"＋QIOPEN:0,0"，表示连接

服务器成功。若最后一位返回值不是 0，则表示连接失败，此时要查看服务器是否工作正常。

（2）发送指令"AT＋QMTCONN＝0，"0484587090""，发送一个登录 ID 为 0484587090 的账号给服务器，这个 ID 是唯一的，方便 MQTT 服务器对不同设备的管理，本测试服务器无须密码。如果服务器审核通过，则返回"＋QMTCONN：0，0，0"，否则表示审核失败或者连接断开。

（3）发送指令"AT＋QMTPUB＝0，0，0，0，"plm_bc26"，"hello IoT""，表示发布的主题为 plm_bc26，发布的数据内容为 hello IoT。

（4）发送指令"AT＋QMTSUB＝0，1，"plm_bc26"，0"，订阅 plm_bc26 主题。

（5）再次发送主题发布指令"AT＋QMTPUB＝0，0，0，0，"plm_bc26"，"hello IoT""，可以接收到订阅名称为 plm_bc26 的主题，其中内容为 hello IoT，表明当前的 MQTT 测试收发是正常的。

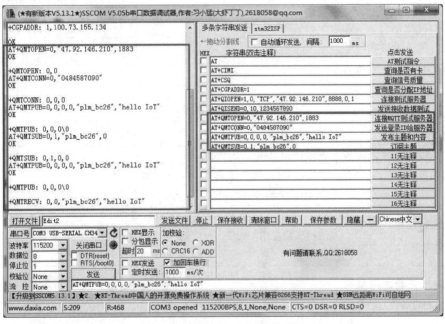

图 9-1-11　模块 MQTT 通信测试

工作任务 2　基于 NB-IoT 技术的远程数据通信

任务描述

本任务要求在阿里云物联网平台上创建基于 MQTT 协议的水质监测 NB-IoT 项目，通过电脑端串口发送 AT 指令控制 NB-IoT 模块，使得 NB-IoT 模块通过 MQTT 协议连接阿里云物联网平台，实现数据的远程双向通信。

学习目标

（1）了解阿里云物联网平台；

（2）了解 MQTT 通信协议；

（3）能够使用串口 AT 指令进行 NB-IoT 模块的云平台通信测试；

（4）会阿里云物联网平台的项目搭建和配置。

任务导学

任务工作页及过程记录表

任务	基于 NB-IoT 技术的远程数据通信	工作课时	4 课时

课前准备:预备知识掌握情况诊断表

问题	回答/预习转向	
问题 1:阿里云物联网平台的特点有哪些?	会→问题 2; 回答:＿＿＿＿＿＿	不会→查阅资料,理解并记录阿里云物联网平台特点的检索过程
问题 2:阿里云物联网平台应用如何建立和配置,需要编程吗?	会→问题 3; 回答:＿＿＿＿＿＿	不会→查阅阿里云物联网平台开发文档
问题 3:阿里云物联网平台应用如何匹配不同的终端设备数据?	会→课前预习; 回答:＿＿＿＿＿＿	不会→查阅阿里云物联网平台开发文档

课前预习:预习情况考查表

预习任务	任务结果	学习资源	学习记录
搜索各典型的网络通信协议,特别是 MQTT 协议	查阅并记录各自的特点和使用方式,哪些场景适合 MQTT 协议	网络查阅	
熟悉阿里云物联网平台的组织架构	绘制平台应用架构图	(1)教材; (2)阿里云物联网平台开发文档	
了解阿里云物联网平台的产品和设备管理方法	归纳总结各终端与阿里云物联网平台应用通信的配置方法	(1)教材; (2)阿里云物联网平台开发文档	

课上:学习情况评价表

序号	评价项目	自我评价	互相评价	教师评价	综合评价
1	学习准备				
2	引导问题填写				
3	规范操作				
4	完成质量				
5	关键技能要领掌握				
6	完成速度				
7	5S 管理、环保节能				
8	参与讨论主动性				
9	沟通协作能力				
10	展示效果				

续表

课后:拓展实施情况表	
拓展任务	完成要求
实现多个终端设备同时与阿里云物联网平台连接的通信调试	根据不同设备的三元组信息,实现 2 个以上 NB-IoT 模块终端和平台的数据收发

新知预备

1. MQTT 协议

MQTT(message queuing telemetry transport,消息队列遥测传输协议)是基于 TCP/IP 协议栈构建的异步通信消息协议,是一种轻量级的发布(publish)、订阅(subscription)信息传输协议,由 IBM 发布,专门为设计能力有限,且工作在低带宽、不可靠网络下的远程传感器和控制设备通信等应用场景而设计。使用 MQTT 协议,消息发送者与接收者不受时间和空间的限制,因此 MQTT 协议在物联网、小型设备通信、移动通信等方面有较广阔的应用前景。

MQTT 协议中包含 MQTT 客户端和 MQTT 代理服务器(broker),其中 MQTT 客户端又细分为订阅者(subscriber)、发布者(publisher),订阅者和发布者可以是同一个设备。MQTT 客户端相当于手机、网页以及其他硬件设备,而 MQTT 服务器是连接手机、网页和硬件通信设备的中间重要组件。

MQTT 作为一种发布/订阅传输协议,它的基本原理和实现方式如图 9-2-1 所示,MQTT 客户端和 MQTT 服务器是基于发布(publish)/订阅(subscribe)模式来进行通信及数据交换的,与 HTTP 的请求(request)/应答(response)模式有本质不同。在现实生活中,可以使用手机微信订阅很多公众号,订阅后的微信公众号可以推送一些消息给手机终端。在这个过程中,手机终端就充当了订阅者的身份,微信公众号就充当了发布者的身份,只有订阅了这个微信公众号的手机才能收到这个微信公众号推送的消息。这里的微信公众号也是由个人或者组织创建的,他们可以对订阅的终端推送消息,也可以订阅其他个人或者组织的微信公众号,如同一个微信号加了 A 群,也可以加入 B 群,用户既可以在 A 群中聊天,也可以在 B 群中聊天,所以这也很好理解订阅者和发布者可以是同一个设备。

图 9-2-1　MQTT 协议实现方式

订阅者(subscriber)会向消息代理服务器(broker)订阅一个主题(topic)。成功订阅后,消息代理服务器会将该主题下的消息转发给所有的订阅者,消息订阅者接收到的内容称为负载(payload)。为了方便理解 MQTT 的订阅和发布模式,同样以微信来举例子,当需要订阅某个公众号时首先要清楚订阅公众号的名称或者 ID,这个名称或 ID 就可以看作是主题,比如甲、乙、丙、丁 4 个人,其中甲、乙、丙订阅了 A 公众号,甲、丁订阅了 B 公众号,那么当 A 公众号要推送消息时只有甲、乙、丙能收到,因为他们订阅了同一个公众号(即主题);同理,当 B 推送消息时只有甲、丁能收到消息,因为乙、丙都没有订阅 B 公众号。

2. 认识阿里云物联网平台

阿里云物联网平台为终端设备提供了安全可靠的连接通信能力,向下连接海量设备,支撑设备数据采集上云;向上提供云端 API,服务端通过调用云端 API 将指令下发至设备端,实现远程控制。阿里云物联网平台的通信流程如图 9-2-2 所示,要实现设备消息的完整通信流程,需要完成设备端的硬件和驱动开发、云端服务器的搭建和配置、数据库的创建、手机 App 的开发。用户通过手机等移动端应用接入平台,及时监测远程设备的信息,并根据具体情况对设备进行手动或者自动控制。

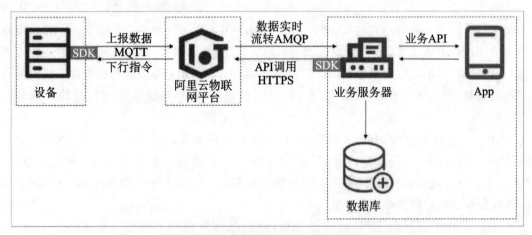

图 9-2-2   阿里云物联网平台的通信流程

目前,MQTT 协议已经慢慢成为物联网通信的标准,阿里云物联网平台支持设备使用 MQTT 协议接入。本任务中水质监测终端通过 MQTT 协议与阿里云物联网平台建立长连接,上报数据(通过 publisher 发布 topic 和 payload)到物联网平台。物联网平台通过 MQTT 协议,使用 publisher 发送数据(指定 topic 和 payload)到水质监测设备端。BC26 NB-IoT 模块通过 MQTT 协议连接阿里云物联网平台的相关 AT 指令和功能如表 9-2-1 所示。

表 9-2-1   BC26 模块 MQTT 协议相关 AT 指令

序号	指令格式	功能描述
1	AT＋QMTCFG＝"aliauth",＜TCP_connectID＞[,＜product_key＞,＜device_name＞,＜device_secret＞]	把阿里云生成的三元组通过 AT 指令配置到模组,其中 TCP_connectID 是 MQTT Socket 标识符,范围为 0～5,一般取 0 即可。后面为阿里云的三元组
2	AT＋QMTOPEN＝＜TCP_connectID＞,＜host_name＞,＜port＞	为 MQTT 客户机打开网络,连接阿里云服务器端。阿里云的 MQTT 服务器地址为 iot-as-mqtt.cn-shanghai.aliyuncs.com,端口为 1883

续表

序号	指令格式	功能描述
3	AT + QMTCONN = < TCP _ connectID>,< clientID>[,< username>[,<password>]]	对接阿里云物联网平台创建的设备,clientID 取值为设备名称(DeviceName),后面中括号中的内容可以忽略
4	AT + QMTSUB = < TCP _ connectID >, < msgID >, < topic1 >, < qos1 >[, < topic2 >,<qos2>…]	设备的主题(topic)订阅内容
5	AT + QMTPUB = < TCP _ connectID>,<msgID>,<qos>, < retain >, < topic >, < msg>	发布主题和对应的消息内容

终端设备要接入阿里云物联网平台,主要包含三个主要步骤:

(1)接入云平台:主要在云平台上进行产品定义(设备的属性、事件等)。

(2)设备端开发:基于阿里云 IoT 提供的 AliOS、SDK 或者按照相关通信协议进行设备端开发,建立阿里云连接通道。

(3)设备上下行调试:在云平台上申请测试设备的三元组,将其写入设备端,就可以进行设备和云端的上下行调试,确保设备能够连上云平台。

设备调试通过后,就可以在云平台上批量申请三元组,进行设备批量生产。三元组是指 ProductKey、DeviceName 和 DeviceSecret,该信息是物联网平台中产品和设备认证识别的重要参数,可以理解为终端设备上云的身份账号,ProductKey 是物联网平台为创建产品而颁发的全局唯一标识符;DeviceName 是自定义的设备唯一标识符,用于设备认证和通信;DeviceSecret 是物联网平台为设备颁发的设备密钥,用于认证加密,需与 DeivceName 成对使用。在创建好产品,并在产品下添加了一个新设备后,这个设备就会拥有一个在云端的唯一三元组信息,需要用户妥善保管。

物联网云平台操作完毕后,真实的 STM32 设备端即可凭借三元组信息被物联网平台识别,进而接入平台,并基于主题实现数据在设备端与云端之间的传输。当设备将数据上报至物联网平台后,通过配置服务端订阅,或使用消息队列等其他产品,便可以让平台上的数据流转至用户应用端。

 任务实施

步骤 1: **阿里云物联网平台的注册及服务开通**

1)阿里云平台注册

登录阿里云网站 https://www.aliyun.com,点击阿里云主页右上角"立即注册",如图 9-2-3所示。使用阿里云物联网平台需要实名认证,支持支付宝快捷访问,使用手机支付宝 App 扫描注册页面的二维码,在手机上输入注册会员号和手机号,即可完成注册。

回到阿里云主页,点击右上角的"登录"按钮,选择"账号密码登录",进行实名认证,在主页右上角选择"我的阿里云"→"立即认证",然后依次选择"个人认证"和"个人支付宝授权认证",如图 9-2-4 所示。

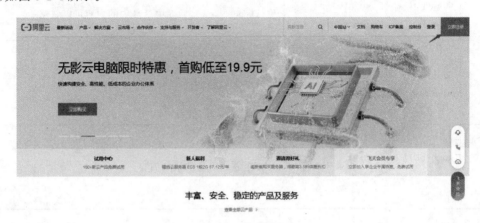

图 9-2-3　阿里云主页

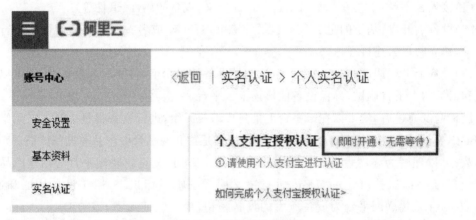

图 9-2-4　阿里云实名认证

2)开通阿里云物联网平台服务

在阿里云网页搜索物联网平台,选择"立即开通",如图 9-2-5 所示。在物联网云平台控制台 https://iot.console.aliyun.com 页面,选择右下角的"立即试用",开通阿里云物联网云平台的免费试用服务,如图 9-2-6 所示。

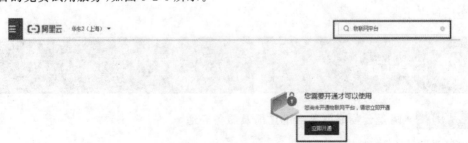

图 9-2-5　开通物联网平台服务

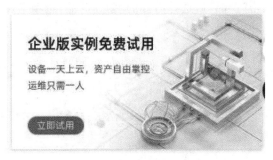

图 9-2-6　试用物联网平台服务

步骤 2： **接入云平台配置**

使用阿里云物联网平台实现设备接入，首先需要在云端创建产品，然后创建对应的设备，产品为一组具有相同功能的设备集合，阿里云物联网平台为每个产品颁发全局唯一的产品密钥（ProductKey），每个产品下可以有成千上万个设备，阿里云物联网平台为每个设备颁发产品内唯一的证书设备名（DeviceName）。设备可以直接连接物联网平台，也可以作为子设备通过网关连接物联网平台。

1）创建产品

进入阿里云物联网平台，点击正在运行中的项目实例，选择正在运行中的设备，如图 9-2-7 和图 9-2-8 所示，目前的设备数为 0。

图 9-2-7　选择运行中的项目实例

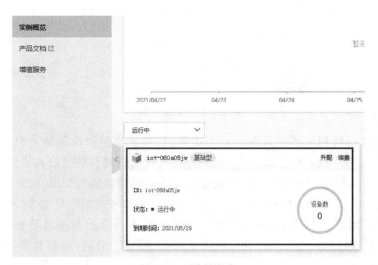

图 9-2-8　选择设备

选择"设备管理",点击"产品"后选择右侧的"创建产品"选项卡,如图 9-2-9 所示。

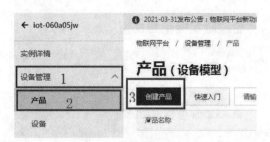

图 9-2-9　选择创建产品

在新建产品页面中输入产品名称"NB-IoT 水质监测",选择"自定义品类"和"直连设备",连网方式为"其他",点击"确认",如图 9-2-10 所示,完成本项目中云平台产品的新建。

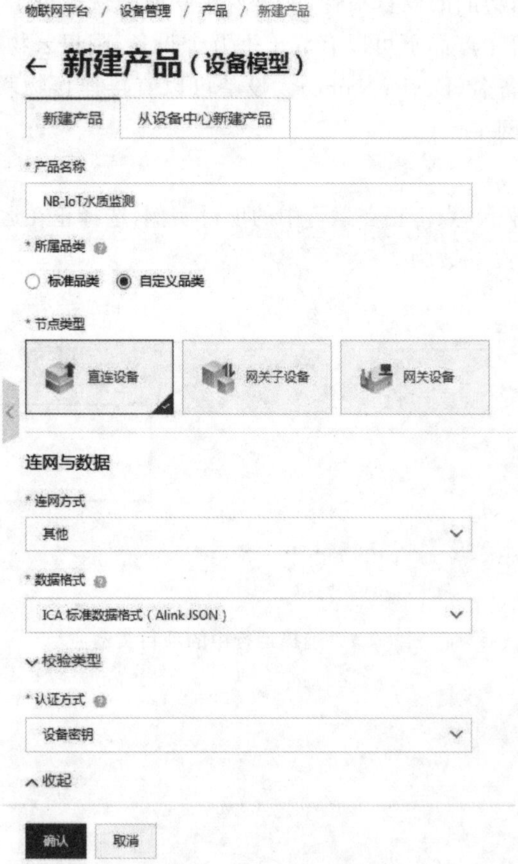

物联网平台　/　设备管理　/　产品　/　新建产品

← 新建产品（设备模型）

新建产品	从设备中心新建产品

* 产品名称

NB-IoT水质监测

* 所属品类 ⓘ

○ 标准品类　　◉ 自定义品类

* 节点类型

直连设备	网关子设备	网关设备

连网与数据

* 连网方式

其他 ⌄

* 数据格式 ⓘ

ICA 标准数据格式（Alink JSON） ⌄

⌄ 校验类型

* 认证方式 ⓘ

设备密钥 ⌄

⌃ 收起

确认　取消

图 9-2-10　新建产品

产品的属性一般用于描述设备运行时的状态,如水质监测设备所读取的当前 TDS 值等。属性支持 GET 和 SET 请求方式。应用系统可发起对属性的读取和设置请求。在产品界面,点击"查看",查看产品信息,选择"功能定义"→"编辑草稿",如图 9-2-11 所示。接下来为产品添加自定义的功能,选择"添加自定义功能",如图 9-2-12 所示。

在自定义功能页面,配置产品的相关功能属性,输入水质监测项目相关的功能名称、标识符、数据类型、单位等,点击"确定",如图 9-2-13 所示。最后,将新建的产品发布上线,如图 9-2-14 所示。

图 9-2-11 选择"编辑草稿"

图 9-2-12 选择"添加自定义功能"

添加自定义功能 ✕

* 功能类型 ⓘ

属性 服务 事件

* 功能名称 ⓘ

水质TDS值

* 标识符 ⓘ

TDSValue

* 数据类型

int32 (整数型) ∨

取值范围

最小值 ~ 最大值

步长

请输入步长

单位

百万分率 / ppm ∨

* 读写类型

⦿ 读写   ◯ 只读

图 9-2-13 配置产品功能属性

图 9-2-14　产品发布上线

2) 创建设备

在设备选项卡中选择"添加设备",如图 9-2-15 所示,在新建的产品中添加设备,并配置设备的 DeviceName 为 BC26,如图 9-2-16 所示,点击"确认"后可以在设备列表中看到新建的 BC26 设备信息,该设备处于未激活状态,如图 9-2-17 所示。

图 9-2-15　选择"添加设备"

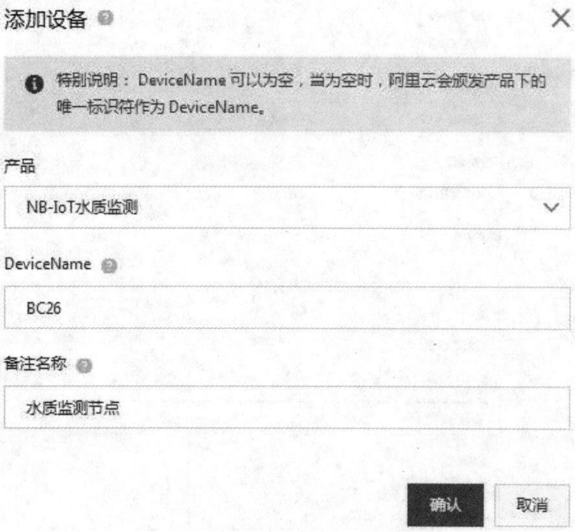

图 9-2-16　配置设备信息

图 9-2-17　新建的 BC26 设备

步骤 3： 阿里云物联网平台与 NB-IoT 模块的通信测试

(1)查看设备三元组信息。三元组信息与设备一一对应,十分重要。在物联网平台的设备详情界面,点击"查看",可以看到物联网设备的三元组信息,如图 9-2-18 和图 9-2-19所示。

图 9-2-18　选择"查看"

设备证书

设备证书 —键复制

ProductKey	g7l9rn8aKbB　复制
DeviceName	BC26　复制
DeviceSecret	5200ad23d63db136b2c4889998e2db5a　复制

图 9-2-19　设备对应的三元组信息

其中,g7l9rn8aKbB 是物联网云平台的 ProductKey(产品密钥),BC26 是物联网云平台上 DeviceName(设备),5200ad23d63db136b2c4889998e2db5a 是物联网云平台的 DeviceSecret(设备密钥)。这些参数是连接阿里云物联网平台设备所必需的。

(2)配置模块。电脑端串口调试助手发送 AT 指令,把给阿里云生成的三元组信息配置

到 NB-IoT 模组,指令内容为"AT＋QMTCFG＝"ALIAUTH","0","g7l9rn8aKbB",
"BC26","5200ad23d63db136b2c4889998e2db5a"",返回 OK 表示配置成功。

(3)连接阿里云服务器端,发送指令"AT＋QMTOPEN＝0,"iot-as-mqtt.cn-shanghai.
aliyuncs.com",1883",使用 MQTT 连接阿里云华东区服务器,返回 OK 表示连接成功。

(4)连接阿里云物联网平台设备,发送指令"AT＋QMTCONN＝0,"BC26"",BC26 是物
联网云平台上设备的名称,返回 OK 表示连接成功。此时刷新物联网平台的设备界面,显示
设备在线,如图 9-2-20 所示。

图 9-2-20　连接成功,设备在线

电脑端串口调试助手给 BC26 模块连接阿里云发送的 AT 指令和返回的数据如
图 9-2-21所示。

图 9-2-21　连接阿里云串口调试过程

(5)数据双向通信调试,首先将终端数据上报到阿里云物联网平台,发送指令"AT＋
QMTPUB＝0,1,1,0,"/sys/g7l9rn8aKbB/BC26/thing/event/property/post","{params:
{TDS_Value:200}}"",通过 MQTT 的 Publish 方法上报,数据上报的内容包括主题和负载。
主题是/sys/ productKey / deviceName /thing/event/property/post,其中 productKey 和
deviceName 是阿里云物联网平台产品和设备的信息,g7l9rn8aKbB 是物联网云平台上的产
品密钥等,BC26 是物联网云平台上的设备名称。负载的物模型格式包括上报参数,TDS_
Value 是水质 TDS 值的标识符,200 是水质 TDS 值,此处为模拟数据,真实数据由传感器测
出(在本项目工作任务 3 中具体介绍),返回 OK 表示发送成功。

物联网平台收到数据后,在设备的物模型数据里面可以看到 BC26 模块发送的 TDS 值
为 200 ppm,如图 9-2-22 所示。

图 9-2-22　平台显示收到的数据

(6)BC26 模块订阅阿里云物联网平台设备发送的消息,发送指令"AT＋QMTSUB＝0,1,"/g7l9rn8aKbB/BC26/user/get",0",物联网平台收到 BC26 模块订阅设备的主题并在设备端 Topic 列表中显示出来,如图 9-2-23 所示。

图 9-2-23　设备主题列表

(7)物联网平台设备给 BC26 模块发送订阅主题的消息,在物联网平台的设备 Topic 列表中选择/g7l9rn8aKbB/BC26/user/get 主题后再选择"发布消息",在弹出的对话框中输入消息内容 Hello,点击"确认"后发送,如图 9-2-24 所示。

BC26 模块收到订阅的主题消息后,通过串口发送给电脑,在电脑端串口调试助手打印出来,如图 9-2-25 所示。

图 9-2-24　输入发布的消息内容

图 9-2-25　BC26 模块收到消息

至此,BC26 模块连接到阿里云物联网平台,两者直接实现了远程数据收发。

工作任务3　基于阿里云物联网平台的社区水质监测系统

任务描述

　　本任务要求 STM32 微控制器通过串口 AT 指令控制,将采集到的水质传感器 TDS 数据通过 NB-IoT 网络发送到阿里云物联网平台,同时物联网平台可以下发消息给 STM32,以控制 TDS 传感器的供电(通过 LED3 亮灭来模拟 TDS 传感器的供电情况)和上传数据的周期(5 s,10 s 和 15 s),从而降低系统功耗和延长 TDS 传感器的使用时间,物联网平台的相关信息需在本地 LCD 上同步显示。

学习目标

　　(1)了解 TDS 水质传感器的基本原理;

　　(2)进一步掌握 STM32 串口数据的收发方法;

　　(3)进一步掌握 STM32 ADC 和定时器的应用;

　　(4)会分析和处理传感器数据。

任务导学

任务工作页及过程记录表

任务	基于阿里云物联网平台的社区水质监测系统	工作课时	4 课时

课前准备:预备知识掌握情况诊断表

问题	回答/预习转向	
问题 1:智能系统中常用的水质传感器及其原理主要有哪些?	会→问题 2; 回答:_____	不会→查阅资料,理解并记录常用水质传感器的检索过程
问题 2:TDS 水质模拟传感器如何工作?	会→问题 3; 回答:_____	不会→查阅 TDS 水质模拟传感器数据手册,理解并记录传感器与 STM32 的硬件连接电路,并复习定时器和 ADC 功能的使用
问题 3:如何通过 STM32 控制 NB-IoT 通信模块工作?	会→课前预习; 回答:_____	不会→复习 STM32 串口通信的程序设计,记录相关的使用方法

课前预习:预习情况考查表

预习任务	任务结果	学习资源	学习记录
搜索各种类型水质传感器,并进行选型	查阅并记录各自的驱动方式和特点,选择适合本项目的水质传感器	(1)各水质传感器数据手册; (2)网络查阅	
研究 STM32 与 TDS 传感器模块的接口电路的差异	使用 Altium Designer 绘制引脚接口电路图	(1)开发板电路图; (2)网上查询典型电路设计	
学习 TDS 水质传感器 ADC 驱动程序的设计	使用 STM32 ADC 功能模块,编写相应的 ADC 驱动程序	教材	

课上:学习情况评价表

序号	评价项目	自我评价	互相评价	教师评价	综合评价
1	学习准备				
2	引导问题填写				
3	规范操作				
4	完成质量				
5	关键技能要领掌握				
6	完成速度				
7	5S 管理、环保节能				

续表

序号	评价项目	自我评价	互相评价	教师评价	综合评价
8	参与讨论主动性				
9	沟通协作能力				
10	展示效果				

课后:拓展实施情况表

拓展任务	完成要求
优化 STM32 串口 AT 指令控制程序,修改发送指令的方式,加快指令的响应速度,提高程序的执行效率	判断 BC26 模块串口返回信息,当收到 OK 时及时给 BC26 模块发送下一条指令

 新知预备

1. 认识水质传感器

本项目采用 TDS(total dissolved solids)传感器模块及配套的防水探头,如图 9-3-1 所示,TDS 为总溶解固体,又称为溶解性固体总量,表示 1 L 水中含有溶解性固体的质量,单位为毫克(mg)。一般来说,TDS 值越高,表示水中含有的溶解物越多,水就越不洁净。因此,TDS 值的大小,可作为反映水洁净程度的依据之一,也是反映水质情况的重要参考值。一般来说 TDS 值<40 的水质是安全可饮用的。

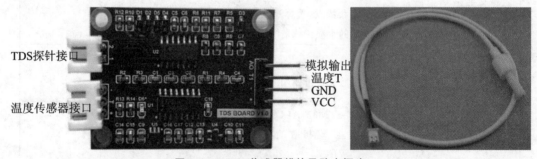

图 9-3-1　TDS 传感器模块及防水探头

TDS 传感器应用于生活用水、水培等领域的水质检测,使用简单方便,即插即用,兼容 5 V 和 3.3 V 控制系统,能非常方便地接到 STM32 和 NB-IoT 组成的控制通信系统中,相关技术指标如表 9-3-1 所示。

表 9-3-1　TDS 传感器的技术指标

供电电压	3.3～5.0 V
测量范围	0～1000 ppm
测量精度	±5% F.S.(25 ℃)
输出信号	0～2.3 V

工作电流	$3\sim6$ mA
接口型号	XH2.54

2. 传感器标准曲线及温度校准

ppm(parts per million)为浓度单位,是 TDS 值的常用单位之一,是指溶质质量占全部溶液质量的百万分比,也称百万分比浓度。TDS 的测量单位有时也用 mg/L 表示,与 ppm 的换算关系为 1 mg/L=1 ppm。TDS 传感器模块标准曲线如图 9-3-2 所示。

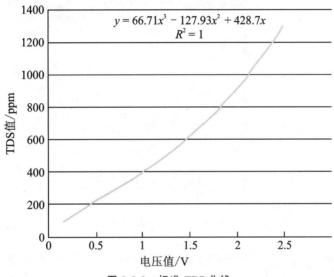

图 9-3-2 标准 TDS 曲线

由于 TDS 探针的个体差异或者未进行温度补偿等,测量值会有一定的误差。为获得更精确的 TDS 值,在测量之前,应进行校准。另外,建议连接温度传感器进行温度补偿,以提高测量精度。本项目将直接使用模块手册提供的 TDS 计算公式来获取 TDS 值:

$$tds\_value=66.71\times V^3-127.93\times V^2+428.7\times V$$

忽略水温的影响,其中 V 为 STM32 微控制器模数转换后推算出的电压值,注意 TDS 探头的使用上限温度是 55 ℃。

 任务实施

步骤 1：　**建立 STM32CubeMX 工程并生成 HAL 库初始代码**

在本任务工程 task9-3 中,生成的 HAL 库已经做好了系统时钟初始化、GPIO 初始化、USART2 串口初始化,并启用了串口 2 中断、FSMC 初始化,同时移植了 LCD 显示屏驱动,重写了 USART2 的 printf 重定向代码。STM32CubeMX 中 ADC 主要配置如图 9-3-3 所示,使用 ADC1 的通道 IN0,对应的 I/O 端口是 PA0,即需要将传感器模块的模拟输出引脚接到 PA0,采样周期设置成 71.5 周期。定时器的配置如图 9-3-4 和图 9-3-5 所示,相关操作方法和原理可以参考前述项目和任务。

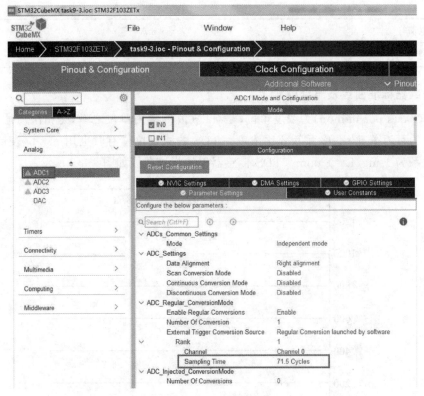

图 9-3-3　图 ADC 配置

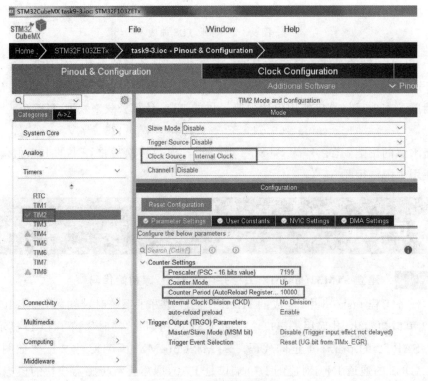

图 9-3-4　定时器基本配置

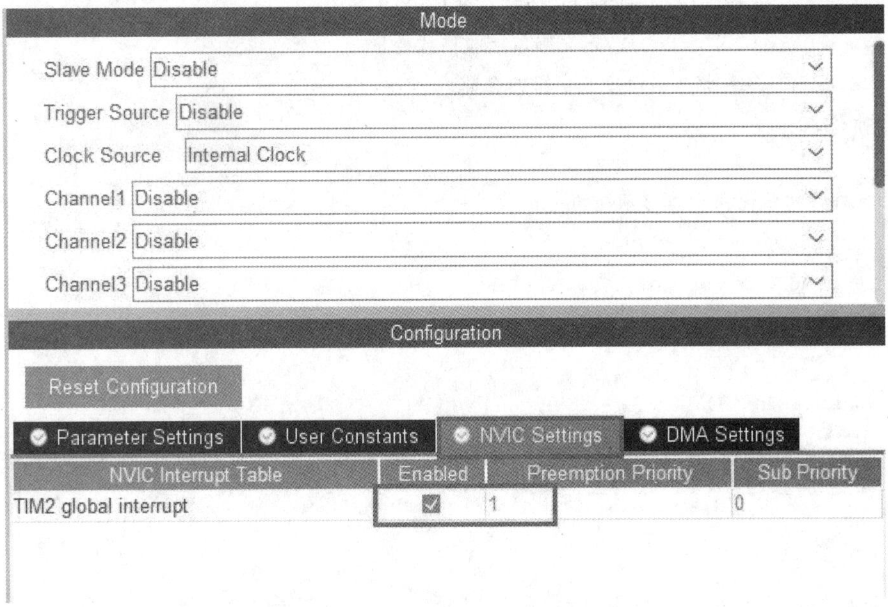

图 9-3-5　使能定时器 2 中断

步骤 2： 基于 HAL 库的代码完善

本步骤主要任务是编程实现 STM32 微控制器和阿里云物联网平台的通信。打开 main.c，完善主程序，完善后的主函数、ADC、定时器和串口处理程序代码见程序清单 9-1。

程序清单 9-1

```c
/*头文件调用和变量初始化* /
#include "main.h"
#include "adc.h"
#include "tim.h"
#include "usart.h"
#include "gpio.h"
#include "fsmc.h"
/*  USER CODE BEGIN Includes* /
#include "tftlcd.h"
#include "stdio.h"
#include "string.h"
#include "math.h"//包含数学计算头文件
uint8_t i=0;    //定时器计数值
uint8_t j=10;   //上传数据周期值
uint8_t k=10;   //上传数据周期值 2
uint16_t adc_value=0; //数字量
uint32_t adc_temp=0;
uint16_t tds_value=0;   //TDS 值
float voltage=0;
void SystemClock_Config(void);
uint8_t RxBuffer[100];   //定义串口接收数组
```

```c
uint8_t aRxBuffer;//定时串口接收缓存变量
uint8_t Uart2_Rx_Cnt=0;//定义串口接收格式变量
uint8_t RxSize=0; //串口接收字符的个数
int main(void)
{
    /*外设初始化和TFT显示初始化*/
    HAL_Init();
    SystemClock_Config();
    MX_GPIO_Init();
    MX_FSMC_Init();
    MX_ADC1_Init();
    MX_USART2_UART_Init();
    MX_TIM2_Init();
    LCD_Init();
    LCD_Clear(WHITE);
    LCD_ShowString(0,0,200,16,16,"Hello IoT",BLACK); //显示Hello IoT
    LCD_ShowString(0,20,200,16,16,"bc26 init....",BLACK); //显示bc26 init……
    LCD_ShowString(0,40,200,16,16,"adc_value:",BLACK); //显示adc_value:
    LCD_ShowString(0,60,200,16,16,"tds_value:",BLACK);//显示tds_value:
    LCD_ShowString(0,80,200,16,16,"time:",BLACK);  //显示time
    LCD_ShowxNum(80,40,adc_value,5,16,1,BLACK);   //显示ADC数字量值
    LCD_ShowxNum(80,60,tds_value,5,16,1,BLACK) ;  //显示TDS值
    HAL_GPIO_WritePin(GPIOE,GPIO_PIN_5,GPIO_PIN_SET);
    HAL_Delay(5000);
    /*BC26模块连接阿里云物联网平台设备和订阅消息,启动定时器和串口接收*/
    printf("AT+QMTCFG=\"ALIAUTH\",0,\"g914A2YTeMY\",\"BC26\",\"bcf65bef35ecc08f4104
bded47a0d8a9\"\r\n"); //配置阿里云连接信息
    HAL_Delay(2000);
    //连接阿里云服务器
    printf("AT+QMTOPEN=0,\"iot-as-mqtt.cn-shanghai.aliyuncs.com\",1883\r\n");
    HAL_Delay(5000);
    printf("AT+QMTCONN=0,\"BC26\"\r\n"); //连接物联网平台设备BC26
    HAL_Delay(2000);
    printf("AT+QMTSUB=0,1,\"/g914A2YTeMY/BC26/user/get\",0\r\n"); //订阅消息
    HAL_Delay(2000);
    LCD_ShowString(0,20,200,16,16,"bc26 init ok",BLACK);
    HAL_TIM_Base_Start_IT(&htim2);//启用定时器TIM2
    HAL_UART_Receive_IT(&huart2,(uint8_t*)&aRxBuffer,1); //串口中断开始接收
    while (1)
    {
    }
}
```

```
/*定时采集 TDS 值在 LCD 上显示,同时上传到阿里云物联网平台*/
void HAL_TIM_PeriodElapsedCallback(TIM_HandleTypeDef*htim)
{
    if (htim-> Instance==htim2.Instance)
    {
        i++; //计数
        HAL_ADC_Start(&hadc1);  //开始模数转换
        HAL_ADC_PollForConversion(&hadc1,100);
        adc_value=HAL_ADC_GetValue(&hadc1);   //得到数字量
        adc_temp=adc_temp+adc_value;//数字量累加
        if(i==j)
        {
            i=0; //计数值清零
            adc_value=adc_temp/j;   //取数字量平均值
            voltage=adc_value*3.3/4096.0;  //推算模拟量电压大小
            //由曲线公式得到 TDS 值
            tds_value=66.71*pow(voltage,3)+428.7*voltage-127.93*pow(voltage,2);
            LCD_ShowxNum(80,40,adc_value,5,16,0,BLACK);//TFT 显示 ADC 值
            LCD_ShowxNum(80,60,tds_value,5,16,0,BLACK);//显示 TDS 值
            LCD_ShowxNum(80,80,j,5,16,0,BLACK);//显示数据上传的周期
            //向阿里云物联网平台发送 TDS 值
             printf("AT+QMTPUB=0,1,1,0,\"/sys/g914A2YTeMY/BC26/thing/event/
             property/post\",\"{params:{TDS_Value:% d}}\"\r\n",tds_value);
            adc_temp=0;//清空缓存值
        }
            HAL_GPIO_TogglePin(GPIOE,GPIO_PIN_5); //LED2 状态取反
    }
}
    /*串口接收阿里云物联网平台下发指令程序*/
void HAL_UART_RxCpltCallback(UART_HandleTypeDef*huart)//串口接收中断
{
    UNUSED(huart);
    RxBuffer[Uart2_Rx_Cnt++]=aRxBuffer;   //把接收到的一个字符赋值给数组
        //收到回车换行命令,表示接收结束
    if((RxBuffer[Uart2_Rx_Cnt-1]==0x0A)&&(RxBuffer[Uart2_Rx_Cnt-2]==0x0D))
    {
        if(Uart2_Rx_Cnt> 10)   //接收到的字符串个数大于 10
        {
        if(RxBuffer[4]=='R')//接收到阿里云物联网平台下发的数据
        {
        k=RxBuffer[Uart1_Rx_Cnt-4];
        //收到 ON
        if((RxBuffer[Uart2_Rx_Cnt-5]=='O')&&(RxBuffer[Uart2_Rx_Cnt-4]=='N'))
```

```
        {
            HAL_GPIO_WritePin(GPIOB,GPIO_PIN_5,GPIO_PIN_RESET);//LED3亮
            HAL_TIM_Base_Start_IT(&htim2);//启用定时器 TIM2
        }
        //收到 OFF
        if((RxBuffer[Uart1_Rx_Cnt-6]=='O')&&(RxBuffer[Uart1_Rx_Cnt-5]
          =='F')&&(RxBuffer[Uart1_Rx_Cnt-4]=='F'))
        {
            HAL_GPIO_WritePin(GPIOB,GPIO_PIN_5,GPIO_PIN_SET);//LED3灭
            HAL_TIM_Base_Stop_IT(&htim2);   //停用定时器 TIM2
        }
        //收到的字符在 1～3 之间
        if((RxBuffer[Uart1_Rx_Cnt-5]=='T')&&((k=='1')||(k=='2')||(k=='3')))
        {
          HAL_TIM_Base_Stop_IT(&htim2);//停用定时器 TIM2
            j=(k-0x30)*5;
            i=0;
            adc_temp=0;
            HAL_TIM_Base_Start_IT(&htim2); //启用定时器 TIM2
        }
      }
    }
    Uart1_Rx_Cnt=0;//清空计数值
    memset(RxBuffer,0x00,sizeof(RxBuffer));
  }
  //串口重新开始接收
  HAL_UART_Receive_IT(&huart2,(uint8_t*)&aRxBuffer,1);
}
```

步骤 3： 工程编译和调试

程序编写并调试无误后,连接 USB 串口下载线,选择编译生成的 task9-3.hex 文件,下载运行程序,将传感器探头放入待测水中,可以观察到 LCD 的显示信息如图 9-3-6 所示,TDS 值为 112 ppm。

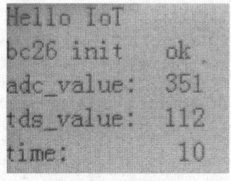

图 9-3-6 LCD 显示信息

　　登录工作任务 2 中建立的阿里云物联网平台项目,可以看到显示的 TDS 值也为 112 ppm,如图 9-3-7 所示。为节约能耗,可以通过阿里云下发关闭传感器电路电源指令和调整数据上传周期指令,如图 9-3-8 和图 9-3-9 所示。通过发送订阅主题下的 OFF 和 T3 消息,开发板 LED3 关闭,表示关闭传感器电路电源,终端数据上传的周期调整为 15 s,LCD 显示也刷新为 15 s,如图 9-3-10 所示。

图 9-3-7　平台接收到的 TDS 值

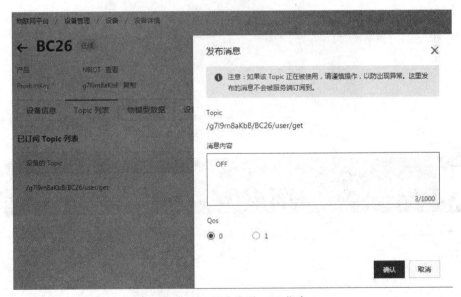

图 9-3-8　平台发送 OFF 指令

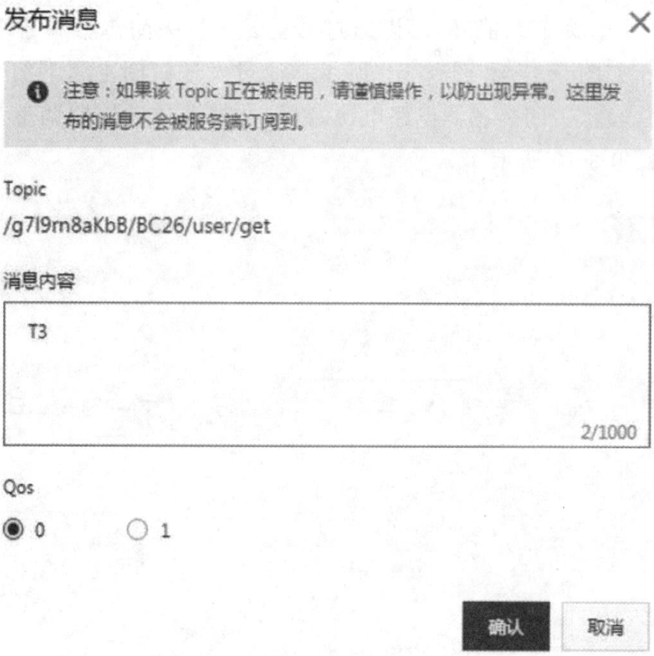

发布消息
注意：如果该 Topic 正在被使用，请谨慎操作，以防出现异常。这里发布的消息不会被服务端订阅到。
Topic
/g7l9m8aKbB/BC26/user/get
消息内容
T3
2/1000
Qos
0
1
确认
取消

图 9-3-9　平台发送 T3 指令

Hello IoT
bc26 init ok
adc_value: 353
tds_value: 113
time: 15

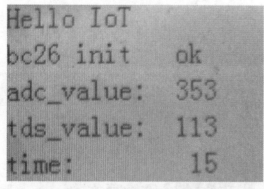

图 9-3-10　LCD 显示上传周期为 15 s

项目小结

项目 10 智慧教室无线灯光控制及环境监测系统的设计与实现

 项目导入

随着校园信息化建设的发展，借助物联网、云计算等智能技术构建起来的智慧教室逐渐进入校园，极大地推进了教育现代化的水平。本项目在物联网技术基础上设计智慧教室监控系统，用户可以通过 STM32 微控制器和低功耗窄带组网通信领域的 LoRa 无线通信技术对教室内的 CO_2 环境信息进行查看，并对智慧教室中的灯光设备进行无线控制。该系统采用的 LoRa 组网技术灵活稳定，能有效地提高智慧教室数据监测和设备控制效率，符合数字化校园的发展建设需求。

素养目标

（1）能按 5S 规范完成项目工作任务；
（2）能参与小组讨论，注重团队协作；
（3）能养成探索新技术、了解科技前沿的习惯；
（4）能严格按照技术开发流程进行操作，具有较强的标准意识；
（5）了解 CO_2 浓度信息的采集和监测对室内生活、工作环境的重要性。

知识、技能目标

（1）了解 LoRa 通信技术；
（2）掌握 CO_2 浓度传感器的工作原理和编程；
（3）会 LoRa 通信协议的使用方法；
（4）能按照协议和功能需求配置 LoRa 通信模块。

项目内容

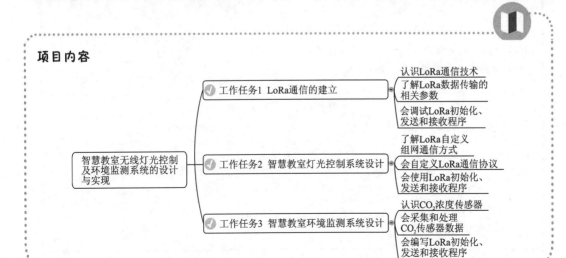

项目实施

工作任务 1　LoRa 通信的建立

任务描述

　　本项目要求使用两块 STM32 开发板和两个 LoRa 模块实现 LoRa 通信的建立,主机控制 LoRa 模块向从机发送消息"hello",从机收到消息"hello"后切换 LED3 的亮灭状态,修改主机发送消息的频率可以控制从机上 LED3 亮灭的频率。

学习目标

　　(1)了解 LoRa 通信的原理及特点;
　　(2)了解 LoRaWAN 和 LoRa 的区别;
　　(3)了解 LoRa 数据传输的工作过程;
　　(4)会调试 LoRa 初始化、发送和接收程序。

任务导学

任务工作页及过程记录表

任务	LoRa 通信的建立		工作课时	2 课时
课前准备:预备知识掌握情况诊断表				
问题		回答/预习转向		
问题 1:近距离无线通信的工作频段是多少?	会→问题 2; 回答:_____		不会→查阅资料,具体了解 ISM 频段的特点	
问题 2:LoRa 通信比其他物联网通信的优势有哪些?	会→问题 3; 回答:_____		不会→查阅资料,与 NB-IoT、Wi-Fi 等通信技术进行比较,理解并记录 LoRa 通信的优势	
问题 3:LoRa 通信模块与微控制器的接口有哪些?	会→课前预习; 回答:_____		不会→查阅资料,理解并记录 LoRa 芯片接口,了解其与 STM32 微控制器的连接方式	
课前预习:预习情况考查表				
预习任务	任务结果		学习资源	学习记录
查找 LoRa 通信的典型应用场景	列出 LoRa 通信的典型应用领域		网络查找	
查看和比较各类型的 LoRa 通信模块	查阅并记录各自的驱动方式和特点,选择适合本项目的 LoRa 模块		网络查找	

续表

预习任务	任务结果	学习资源	学习记录
研究 STM32 与 LoRa 模块的接口电路	使用 Altium Designer 绘制引脚接口电路图	(1)开发板电路图； (2)网络查询典型电路设计	

课上:学习情况评价表

序号	评价项目	自我评价	互相评价	教师评价	综合评价
1	学习准备				
2	引导问题填写				
3	规范操作				
4	完成质量				
5	关键技能要领掌握				
6	完成速度				
7	5S管理、环保节能				
8	参与讨论主动性				
9	沟通协作能力				
10	展示效果				

课后:拓展实施情况表

拓展任务	完成要求
设计校园无线聊天助手	编写实现类似 QQ 聊天软件的程序,通过计算机串口调试助手给一个开发板发送消息,该开发板通过 LoRa 模块把消息发送给其他开发板,其他开发板收到消息,同步显示在计算机的串口调试助手上

 新知预备

1. 认识 LoRa 通信技术

LoRa(long range radio,远距离无线电)是 Semtech 公司创建的低功耗局域网无线标准,它的最大优势是在同样的功耗条件下比其他无线方式传播的距离更远,实现了低功耗和远距离的统一,LoRa 主要特性如表 10-1-1 所示。LoRa 作为低功耗广域网(LPWAN)的一种长距离通信技术,近些年在物联网领域得到越来越多的应用。

表 10-1-1　LoRa 主要特性

特点		优势
灵敏度	达到-148 dBm	城镇的传输距离可达 2~5 km,郊区的传输距离可达 15 km
通信距离	>15 km	
调制方式	使用 ISM 频段,基于扩频技术,基础设施成本较低	易于建设和部署
容量	一个 LoRa 网关可以连接成千上万个 LoRa 节点	
电流	接收电流 10 mA,休眠电流<200 nA	电池寿命>10 年
通信标准	IEEE 802.15.4 g	速率越低传输距离越长
传输速率	几十到几百 Kb/s	

　　LoRa 技术包含 LoRaWAN 协议和 LoRa 协议,LoRa 是 LoRaWAN 的一个子集,LoRaWAN 是一个开放标准,它定义了基于 LoRa 芯片的 LPWAN 技术的通信协议,LoRaWAN 指的是 MAC 层的组网协议,而 LoRa 只包括物理层的定义。实际上,LoRaWAN 并不是一个完整的通信协议,因为它只定义了物理层和链路层,没有网络层和传输层,功能也并不完善,没有漫游、组网管理等通信协议的主要功能。

　　LoRaWAN 的网络架构如图 10-1-1 所示,主要使用远距离星型架构,支持多信道、多调制收发,可多信道同时解调。由于 LoRa 支持同一信道上同时多信号解调,网关使用不同于终端节点的射频器件,具有更高的容量,它作为一个透明网桥在终端设备和中心网络服务器间转发消息。具体应用场景中的终端节点包括智能水表、智能垃圾桶、物流跟踪、自动贩卖机等,使用单播的无线通信报文到一个或多个 LoRaWAN 网关,进行协议转换,把 LoRa 传感器的数据转换为 TCP/IP 格式发送到 Internet 上,最后,网关通过标准 IP 连接到网络服务器,并为分布在各地的应用服务器提供数据服务。

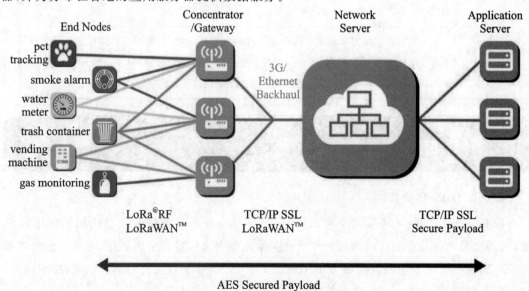

图 10-1-1　LoRaWAN 网络架构

2. LoRa 通信参数

1）LoRa 物理帧结构

LoRa 的数据报文分为上行和下行。上行是从传感器节点到 LoRa 网关的，下行是 LoRa 网关到传感器节点的，仅仅作为回复。报文包括一个前导码，接下来是包头和包头的 CRC 值，后面是数据，最后是 CRC 校验码，如图 10-1-2 所示。

前导码	包头	包头的 CRC 值	数据	CRC 校验码

图 10-1-2　LoRa 的报文结构

2）LoRa 技术相关的参数

（1）扩频因子（SF）。LoRa 采用多个信息码片来代表有效负载信息的每个信息位，扩频信息的发送速度称为符号速率（Rs），而码片速率与标称符号速率之间的比值即为扩频因子（SF，spreading factor），表示每个信息位发送的符号数量。原本使用 1 位来表示的信号变成使用多位来表示的信号，提高了信号的通信质量。通过扩频因子配置寄存器可以配置 LoRa 的扩频因子，相关选项如表 10-1-2 所示，LoRa 扩频因子越大，LoRa 的传输速率越慢，LoRa 的传输距离越远。

表 10-1-2　扩频因子选项

扩频因子寄存器配置值	扩频因子值	LoRa 解调器信噪比（SNR）/dB
6	64	−5
7	128	−7.5
8	256	−10
9	512	−12.5
10	1024	−15
11	2048	−17.5
12	4096	−20

（2）编码率（CR）。增加信号质量的冗余，可以提高数据的可靠性。编码率（或信息率）是数据流中有用部分（非冗余）的比例，也就是说，如果编码率是 k/n，则对每 k 位有用信息，编码器总共产生 n 位数据，其中（n−k）位是多余的，相关选项如表 10-1-3 所示。LoRa 采用循环纠错编码进行前向错误检测与纠错，使用该方式会产生传输开销。

表 10-1-3　编码率选项

编码率寄存器配置值	编码率	开销比率
1	4/5	1.25
2	4/6	1.5
3	4/7	1.75
4	4/8	2

（3）信号带宽（BW）。增加信号宽带，可以提高有效数据速率以缩短传输时间，但是会牺牲部分接收灵敏度。对于 LoRa 芯片 SX127x，LoRa 的信号带宽为双边带宽（全信道带宽），

而 FSK 调制方式的信号宽带是指单边带宽，相关带宽的选项如表 10-1-4 所示。

表 10-1-4　LoRa 信号带宽选项

带宽/kHz	扩频因子	编码率	标称比特率/(b·s⁻¹)
7.8	12	4/5	18
10.4	12	4/5	24
15.6	12	4/5	37
20.8	12	4/5	49
31.2	12	4/5	73
41.7	12	4/5	98
62.5	12	4/5	146
125	12	4/5	293
250	12	4/5	586
500	12	4/5	1172

LoRa 符号速率的计算公式为 $Rs=BW/2^{SF}$，LoRa 传输有用数据速率的计算公式为 $DR=SF\times(BW/2^{SF})\times CR$，LoRaWAN 主要使用了 125 kHz 信号带宽设置，其他专用协议可以利用其他的信号带宽设置。由此可见，改变 BW、SF 和 CR 也就改变了链路预算和传输时间，需要根据项目实际需求在电池寿命和传输距离上做出权衡。

3. LoRa 通信模块及主要驱动函数

本项目使用的 LoRa 模块（Ra-01）由深圳市安信可科技有限公司设计开发，如图 10-1-3 所示，该模块可用于超长距离扩频通信，其射频芯片 SX1278 主要采用 LoRa 远程调制解调器，抗干扰性强，能够最大限度降低电流消耗。借助 Semtech 公司的 LoRa 专利调制技术，SX1278 的灵敏度超过 −148 dBm、功率输出达 +20 dBm，传输距离远，可靠性高。同时，相对传统调制技术，LoRa 调制技术在抗阻塞和选择方面也具有明显优势，解决了传统设计方案无法同时兼顾距

图 10-1-3　Ra-01 型 LoRa 模块

离、抗干扰和功耗的问题。目前，LoRa 通信模块主要应用于自动抄表、家庭楼宇自动化、安防系统、工业控制和远程灌溉系统等领域。

Ra-01 型 LoRa 模块支持 FSK、GFSK、MSK、GMSK、LoRa™ 及 OOK 等调制方式，可以使用的工作频段区间为 410～525 MHz，工作电压为 3.3 V，最大输出功率为 +20 dBm，最大工作电流为 105 mA，在接收状态下具有低功耗特性，接收电流为 12.15 mA，待机电流为 1.6 mA，采用小体积双列邮票孔贴片封装，与 STM32 微控制器通过 SPI 接口进行通信，其连接关系如表 10-1-5 所示。

表 10-1-5 硬件电路连接关系表

LoRa 模块引脚	STM32 引脚
VCC	3.3V
GND	GND
NSS	PA4
SCK	PA5
MISO	PA6
MOSI	PA7
RST	PB1
DIO0	PB0

　　LoRa 模块的通信驱动主要包括数据收发的配置函数 SetTxConfig()和 SetRxConfig()，数据收发函数 SX1276Send()和 OnRxDone()。相关函数的定义如表 10-1-6、表 10-1-7 和表 10-1-8 所示。

表 10-1-6 LoRa 数据收发配置函数定义

LoRa 发送配置函数原型	void SetTxConfig(RadioModems_t modem,int8_t power,uint32_t fdev, uint32_t bandwidth,uint32_t datarate, uint8_t coderate,uint16_t preambleLen, bool fixLen,bool crcOn,bool freqHopOn, uint8_t hopPeriod,bool iqInverted,uint32_t timeout);
LoRa 接收配置函数原型	void SetRxConfig(RadioModems_t modem,uint32_t bandwidth, uint32_t datarate,uint8_t coderate, uint32_t bandwidthAfc,uint16_t preambleLen, uint16_t symbTimeout,bool fixLen, uint8_t payloadLen, bool crcOn,bool freqHopOn,uint8_t hopPeriod, bool iqInverted,bool rxContinuous);
主要输入参数取值	模式(modem)：LoRa 或 FSK 发送功率(power)：1～19 dBm 带宽(bandwidth)：125 kHz、250 kHz 等 扩频因子(datarate)：6～12 编码率(coderate)(寄存器配置值)：1 发送超时期限(timeout)：3000 ms

表 10-1-7 SX1276Send()函数定义

函数原型	SX1276Send(uint8_t *buffer,uint8_t size)
功能描述	LoRa 数据发送函数
输入参数 1	buffer：发送的数据
输入参数 2	size：发送数据的大小
返回值	无

表 10-1-8   OnRxDone()函数定义

函数原型	void OnRxDone(uint8_t *payload,uint16_t size,int16_t rssi,int8_t snr)
功能描述	接收消息完成执行该函数
输入参数 1	payload:消息实体
输入参数 2	size:消息的大小
输入参数 3	rssi:信号的强度
输入参数 4	snr:信噪比
返回值	无
备注	让 LoRa 开始接收时需要调用接收超时配置函数 Radio.Rx(RX_TIMEOUT_VALUE)

任务实施

步骤1:　　**建立 STM32CubeMX 工程并生成 HAL 库初始代码**

在本任务工程 task10-1 中,生成的 HAL 库完成了系统时钟初始化、SPI、串口、定时器和 GPIO 端口的配置,其中,SPI1 外设的主要配置如图 10-1-4 所示。将 SPI 模块配置为主模式、Motorola 帧格式,数据大小设置为 8 位,传输时高位在前,波特率分频系数为 8,时钟极性为低电平(Low),数据锁存在第一个时钟边沿,NSS Signal Type 设置为 Software。

图 10-1-4   SPI1 配置

LoRa 模块 DIO0 输出上升沿信号,配置 PB0 为外部中断输入引脚和下拉输入模式,如图 10-1-5 所示,接下来配置和使能串口 1 中断,使用默认波特率 115 200 b/s,如图 10-1-6 所示。定时器 2(TIM2)的定时时间为 5 s,相关配置如图 10-1-7 所示。

最后,查看各外设中断使能的情况,选择中断优先级为 16 级响应优先级,设置外部中断、定时器、串口接收的优先级,如图 10-1-8 所示。

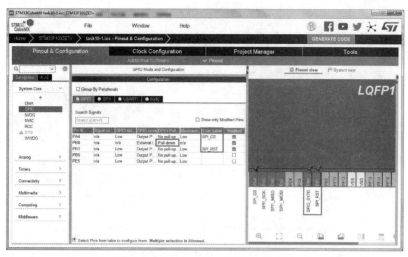

图 10-1-5　GPIO 端口 PB0 配置

图 10-1-6　配置串口 1 通信功能

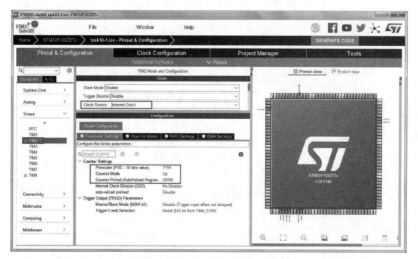

图 10-1-7　定时器 TIM2 配置

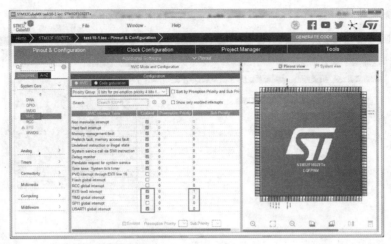

图 10-1-8　设置中断优先级

步骤2：　基于 HAL 库的代码完善

（1）移植驱动程序。新建 radio 文件夹，将 Semtech 的官方驱动程序 sx1276.c 和 sx1276-board.c 放入其中，复制 radio 文件到工程文件中，并将 radio 文件中的 sx1276.c 和 sx1276-board.c 添加到工程里，如图 10-1-9 所示和图 10-1-10 所示。

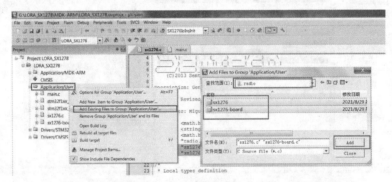

图 10-1-9　添加 sx1276.c 和 sx1276-board.c 到工程

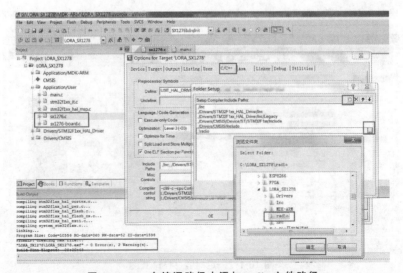

图 10-1-10　在编译路径中添加 radio 文件路径

（2）修改 sx1276-board.c 文件里的部分 LoRa 底层驱动函数，见程序清单 10-1。

程序清单 10-1

```
//定时器 2 中断服务程序,发生中断后需要调用 SX1276OnTimeoutIrq 函数
    void HAL_TIM_PeriodElapsedCallback(TIM_HandleTypeDef*htim)
    {
            if (htim-> Instance==htim2.Instance)
            {
                    HAL_TIM_Base_Stop_IT(&htim2);
                    SX1276OnTimeoutIrq();
            }
    }
//开启发送超时定时器,定时 timeoutMs (单位为毫秒)
void SX1276TxTimeoutTimerStart(uint32_t timeoutMs)
    {
    HAL_TIM_Base_Start_IT(&htim2);
    }
//关闭发送超时定时器
void SX1276TxTimeoutTimerStop(void)
{
        HAL_TIM_Base_Stop_IT(&htim2);
}
//设置 SPI 的片选脚的电平 (低电平使能,高电平取消)
void SX1276SetNSS(bool lev)
{
    if(lev)
        {
          HAL_GPIO_WritePin(SPI_CS_GPIO_Port,SPI_CS_Pin,GPIO_PIN_SET);
        }
        else
        {
          HAL_GPIO_WritePin(SPI_CS_GPIO_Port,SPI_CS_Pin,GPIO_PIN_RESET);
        }
}
DioIrqHandler**g_irqHandlers;
//初始化 DIO(上升沿)中断,将 DIO0~DIO5 的 GPIO 中断函数调用 irqHandlers[0]~irqHandlers
[5]
void SX1276IoIrqInit(DioIrqHandler**irqHandlers)
{
  GPIO_InitTypeDef GPIO_InitStruct= {0};
    g_irqHandlers= irqHandlers;
  /*使能 GPIO 端口时钟*/
  __HAL_RCC_GPIOB_CLK_ENABLE();
  /*配置 PB0 引脚*/
```

```
  GPIO_InitStruct.Pin=GPIO_PIN_0;

  GPIO_InitStruct.Mode=GPIO_MODE_IT_RISING;

  GPIO_InitStruct.Pull=GPIO_PULLDOWN;

  HAL_GPIO_Init(GPIOB,&GPIO_InitStruct);

  /*外部中断初始化*/

  HAL_NVIC_SetPriority(EXTI0_IRQn,0,0);

  HAL_NVIC_EnableIRQ(EXTI0_IRQn);

}

//外部中断线0中断处理函数,这里需要回调对应的函数

void HAL_GPIO_EXTI_Callback(uint16_t GPIO_Pin)

{

  if(GPIO_Pin==GPIO_PIN_0)

  {

      g_irqHandlers[0]();

  }

}

// SPI写函数,data是发送的数据

uint8_t Sx1276SpiOut(uint8_t data)

{

        uint8_t temp_data[1];

      temp_data[0]=data;

    HAL_SPI_Transmit(&hspi1,temp_data,1,0XFFFF);

}

// SPI读函数,返回值是接收到的数据

uint8_t Sx1276SpiIn(uint8_t data)

{

uint8_t pData=0;

if(HAL_SPI_TransmitReceive(&hspi1,&data,&pData,1,0xffff) !=HAL_OK)

return ERROR;

else

return pData;

}
```

(3)修改 sx1276.c 文件里的部分 LoRa 驱动函数,见程序清单 10-2。

程序清单 10-2

```
void SX1276Write(uint8_t addr,uint8_t data)// SX1276写单个字节变量函数

{

SX1276WriteBuffer(addr,&data,1);

}

uint8_t SX1276Read(uint8_t addr) // SX1276读单个字节变量函数

{

uint8_t data;

SX1276ReadBuffer(addr,&data,1);
```

```
return data;
}
// SX1276写多个字节变量函数
void SX1276WriteBuffer(uint8_t addr,uint8_t*buffer,uint8_t size)
{
uint8_t i;
Sx1276SetNSS(0);
Sx1276SpiOut(addr | 0x80);
for(i=0; i < size; i++)
{
Sx1276SpiOut(buffer[i]);
}
Sx1276SetNSS(1);
}
// SX1276读多个字节变量函数
void SX1276ReadBuffer(uint8_t addr,uint8_t*buffer,uint8_t size)
{
uint8_t i;
Sx1276SetNSS(0);
Sx1276SpiOut(addr & 0x7F);
HAL_SPI_Receive(&hspi1,buffer,size,0XFFFF);
Sx1276SetNSS(1);
}
/*外部中断 PB0 中断服务函数,函数内部包含部分程序,当 LoRa 模块收到数据或发送数据等事件完
成时,LoRa 模块的 DIO0 引脚输出一个上升沿信号,执行该函数*/
void SX1276OnDio0Irq(void)
{
volatile uint8_t irqFlags=0;
int16_t rssi=0;
switch(SX1276.Settings.State)
{
case RF_RX_RUNNING:
SX1276RxTimeoutTimerStop();
// LoRa 接收完成中断
switch(SX1276.Settings.Modem)
{
case MODEM_LORA:
{
int8_t snr=0;
//清除中断标志位
SX1276Write(REG_LR_IRQFLAGS,RFLR_IRQFLAGS_RXDONE);
irqFlags=SX1276Read(REG_LR_IRQFLAGS);
if((irqFlags&RFLR_IRQFLAGS_PAYLOADCRCERROR_MASK)==RFLR_IRQFLAGS_PAYLOADCRCERROR)
```

```
{
SX1276Write(REG_LR_IRQFLAGS,RFLR_IRQFLAGS_PAYLOADCRCERROR);
if(SX1276.Settings.LoRa.RxContinuous==false)
{
SX1276.Settings.State=RF_IDLE;
}
SX1276RxTimeoutTimerStop();
if((RadioEvents ! =NULL) && (RadioEvents- > RxError ! =NULL))
{
RadioEvents- > RxError();
}
break;
}
SX1276.Settings.LoRaPacketHandler.Size=SX1276Read(REG_LR_RXNBBYTES);
SX1276ReadFifo(RxTxBuffer,SX1276.Settings.LoRaPacketHandler.Size);
if(SX1276.Settings.LoRa.RxContinuous==false)
{
SX1276.Settings.State=RF_IDLE;
}
SX1276RxTimeoutTimerStop();
//接收数据完成,然后执行接收完成函数
if((RadioEvents! =NULL) && (RadioEvents-> RxDone! =NULL)){
RadioEvents-> RxDone(RxTxBuffer, SX1276. Settings. LoRaPacketHandler. Size, SX1276.
Settings.LoRaPacketHandler.RssiValue,SX1276.Settings.LoRaPacketHandler.SnrValue);
}
}
break;
default:
break;
}
break;
case RF_TX_RUNNING:
SX1276TxTimeoutTimerStop();
switch(SX1276.Settings.Modem)
{
case MODEM_LORA:
SX1276Write(REG_LR_IRQFLAGS,RFLR_IRQFLAGS_TXDONE);
}
break;
default:
break;
}
}
```

(4)完善主程序里面的头文件调用、变量定义和函数声明,见程序清单 10-3。

程序清单 10-3

```c
#include "main.h"
/*USER CODE BEGIN Includes*/
#include "stdio.h"
#include "radio.h"
#include "string.h"
#include "sx1276.h"
#include "sx1276-board.h"
#define USE_BAND_433//选择一个频率
#define USE_MODEM_LORA//选择 LoRa 模式
#if defined(USE_BAND_433)
#define RF_FREQUENCY                        433000000 // Hz
#elif defined(USE_BAND_780)
#define RF_FREQUENCY                        780000000 // Hz
#elif defined(USE_BAND_868)
#define RF_FREQUENCY                        868000000 // Hz
#elif defined(USE_BAND_915)
#define RF_FREQUENCY                        915000000 // Hz
#else
    #error "Please define a frequency band in the compiler options."
#endif
#define TX_OUTPUT_POWER                     20        //射频发送功率,单位为 dBm
#if defined(USE_MODEM_LORA)
//信号带宽 LORA_BANDWIDTH       [0:125 kHz,1:250 kHz,2:500 kHz,3:Reserved]
#define LORA_BANDWIDTH                      0
#define LORA_SPREADING_FACTOR               7         //扩频因子
//扩频因子 LORA_CODINGRATE      [1:4/5,2:4/6,3:4/7,4:4/8]
#define LORA_CODINGRATE                     1
#define LORA_PREAMBLE_LENGTH                8          // LoRa 前导码长度
#define LORA_SYMBOL_TIMEOUT                 5
#define LORA_FIX_LENGTH_PAYLOAD_ON          false
#define LORA_IQ_INVERSION_ON                false
#elif defined(USE_MODEM_FSK)
#define FSK_FDEV                            25e3      //单位为 Hz
#define FSK_DATARATE                        50e3      //单位为 b/s
#define FSK_BANDWIDTH                       50e3      //单位为 Hz
#define FSK_AFC_BANDWIDTH                   83.333e3  //单位为 Hz
#define FSK_PREAMBLE_LENGTH                 5
#define FSK_FIX_LENGTH_PAYLOAD_ON           false
#else
    #error "Please define a modem in the compiler options."
```

```
#endif
#define RX_TIMEOUT_VALUE                              5000
#define BUFFER_SIZE                                   64 //定义数组的大小
#define MSG                        "hello"   //发送的消息

uint16_t BufferSize=BUFFER_SIZE;//数据的大小
uint8_t Buffer[BUFFER_SIZE];//数组变量
int8_t RssiValue=0;//信号强弱
int8_t SnrValue=0;//信噪比
int8_t RegVersion=0x10;//版本号
static RadioEvents_t RadioEvents;//无线电事件

void OnTxDone(void);
void OnRxDone(uint8_t*payload,uint16_t size,int16_t rssi,int8_t snr);
void OnTxTimeout(void);
void OnRxTimeout(void);
void OnRxError(void);

SPI_HandleTypeDef hspi1;
TIM_HandleTypeDef htim2;
UART_HandleTypeDef huart1;

/*函数原型说明 -------------------------------------------------*/
void SystemClock_Config(void);
static void MX_GPIO_Init(void);
static void MX_SPI1_Init(void);
static void MX_TIM2_Init(void);
static void MX_USART1_UART_Init(void);
//重定向 fputc 函数,可以使用 stdio.h 里面的 printf 函数。
int fputc(int ch,FILE* f)
{
HAL_UART_Transmit(&huart1,(uint8_t*)&ch,1,0xffff);
return (ch);
}
```

(5)完善主程序 main.c 里面的主函数,外设初始化和循环执行程序,其中程序里面 bool isMaster＝true 用于设置程序为主机程序,而 bool isMaster＝false 设置程序为从机程序,见程序清单 10-4。

程序清单 10-4

```
int main(void)
{
//bool isMaster= true;//设置为主机程序
  bool isMaster= false;//设置为从机程序
```

```
    HAL_Init();
    SystemClock_Config();
    MX_GPIO_Init();
    MX_SPI1_Init();
    MX_TIM2_Init();
    MX_USART1_UART_Init();
    if(isMaster)
    {
            printf("this is master\r\n");
}
    else
    {
            printf("this is slave\r\n");
    }
// LoRa 事件初始化
RadioEvents.TxDone= OnTxDone;
RadioEvents.RxDone= OnRxDone;
RadioEvents.TxTimeout= OnTxTimeout;
RadioEvents.RxTimeout= OnRxTimeout;
RadioEvents.RxError= OnRxError;
Radio.Init(&RadioEvents);
Radio.SetChannel(RF_FREQUENCY);
Radio.SetTxConfig(MODEM_LORA,TX_OUTPUT_POWER,0,LORA_BANDWIDTH,LORA_SPREADING_
FACTOR,LORA_CODINGRATE,LORA_PREAMBLE_LENGTH,LORA_FIX_LENGTH_PAYLOAD_ON,true,0,
0,LORA_IQ_INVERSION_ON,3000);
  Radio.SetRxConfig( MODEM_LORA,LORA_BANDWIDTH,LORA_SPREADING_FACTOR,LORA_
CODINGRATE,0,LORA_PREAMBLE_LENGTH,LORA_SYMBOL_TIMEOUT,LORA_FIX_LENGTH_PAYLOAD_
ON,0,true,0,0,LORA_IQ_INVERSION_ON,true);
    RegVersion= SX1276Read(0x42);//读芯片的版本,如果值是 0x12,说明 LoRa 初始化成功。
    if(RegVersion==0x12)
        printf("lora init ok  \r\n");
    if(! isMaster)
    {
        Radio.Rx(RX_TIMEOUT_VALUE);//从机开始接收信号
    }
  while (1)
  {
    if(isMaster)
    {
            //如果是主机
        printf("sen msg\r\n");//串口打印消息
        Radio.Send((uint8_t*)MSG,strlen(MSG));//发送消息
        HAL_Delay(2000);//延时 2s
        HAL_GPIO_TogglePin(GPIOE,GPIO_PIN_5);//LED2 闪烁
    }
  }
}
```

（6）完善主程序里 LoRa 事件的函数，见程序清单 10-5。

程序清单 10-5

```
/*USER CODE BEGIN 4*/
void OnTxDone(void)//发送消息完成,执行该函数
{
     Radio.Sleep();
     printf("TxDone\r\n");
}
//接收消息完成,执行该函数,函数里面包含消息实体、消息的大小、信号的强度
void OnRxDone(uint8_t*payload,uint16_t size,int16_t rssi,int8_t snr)
{
     Radio.Sleep();
     memset(Buffer,0,BUFFER_SIZE);//将数组清零
     BufferSize= size;
     memcpy(Buffer,payload,BufferSize);//复制数组
     RssiValue= rssi;
     SnrValue= snr;
     printf("RxDone\r\nrssi:% d\r\nsnr:% d\r\nsize:% d\r\ndata:payload:% s\r\
n",rssi,snr,size,payload);//串口打印接收到的信息、信号强度等
     if(strncmp((const char*)Buffer,(const char*)MSG,4)==0)
     {
     //收到 hello 消息
      HAL_GPIO_TogglePin(GPIOB,GPIO_PIN_5);//LED3 闪烁
     }
     Radio.Rx(RX_TIMEOUT_VALUE);
}
void OnTxTimeout(void) //发送消息超时时执行该函数
{
     Radio.Sleep();
     printf("TxTIMEOUT\r\n");
}
void OnRxTimeout(void) //接收消息超时时执行该函数
{
     Radio.Sleep();
     Radio.Rx(RX_TIMEOUT_VALUE);
}
void OnRxError(void) //接收错误时执行该函数
{
     Radio.Sleep();
     printf("RxError retry receive\r\n");
     Radio.Rx(RX_TIMEOUT_VALUE);
}
/*USER CODE END 4*/
```

步骤 3：　工程编译和调试

　　主机程序（bool isMaster=true）和从机程序（bool isMaster=false）编写并调试无误后，连接 USB 串口下载线，主机程序烧写到主机开发板，从机程序可以烧写到多个从机开发板。开发板复位时串口打印"lora init ok"说明 LoRa 驱动编写正确，主机每 2 s 发送一次消息 hello，如图 10-1-11 所示。从机的 LED3 默认是亮的，当从机接收到 hello 消息后切换 LED3 的状态，从机 LED3 每 2 s 闪烁一次。从机接收到消息后，串口打印出消息内容、消息大小和无线信号强度，如图 10-1-12 所示。

图 10-1-11　主机串口打印的消息

图 10-1-12　从机串口打印的消息

工作任务2 智慧教室灯光控制系统设计

任务描述

本任务要求设计实现对多个教室灯光设备的集中开关控制,系统中的一个主机和两个从机通过 LoRa 进行组网,按键 S1 和 S2 单独控制两个从机 LED2 的亮灭,按键 S3 同时控制两个从机 LED2 的亮灭,即通过主机开发板 S1 控制从机 1 的 LED2 的亮灭、S2 控制从机 2 的 LED2 的亮灭、S3 控制从机 1 和从机 2 的 LED2 的亮灭。

学习目标

(1)了解 LoRa 自定义组网通信方式;
(2)了解 LoRa 自定义通信协议;
(3)理解 LoRa 数据传输的工作过程;
(4)会使用 LoRa 初始化、发送和接收程序。

任务导学

任务工作页及过程记录表

任务	智慧教室灯光控制系统设计		工作课时	4 课时
课前准备:预备知识掌握情况诊断表				
问题		回答/预习转向		
问题 1:智慧教室里的教师机和学生机是如何组网的?	会→问题2; 回答:＿＿＿＿＿		不会→查阅资料,了解并记录计算机的组网方式	
问题 2:你所知道的通信协议有哪些?	会→问题3; 回答:＿＿＿＿＿		不会→查阅资料,了解不同的通信协议及各自特点	
问题 3:智慧教室灯光远程控制使用有线控制还是无线控制比较好?	会→课前预习; 回答:＿＿＿＿＿		不会→查阅相关资料,说说自己的选择和理由	
课前预习:预习情况考查表				
预习任务	任务结果		学习资源	学习记录
搜索各典型的无线和有线网络通信协议	查阅并记录两种通信协议的特点和使用方式		网络查阅	

续表

预习任务	任务结果	学习资源	学习记录
认识 LoRa 通信协议的组成,并进行定义	写出本任务中可以自定义的通信协议	教材	
比较各典型的网络通信协议的校验方式	搜索并记录各自的特点,并写出校验程序算法	网络查阅	

课上:学习情况评价表

序号	评价项目	自我评价	互相评价	教师评价	综合评价
1	学习准备				
2	引导问题填写				
3	规范操作				
4	完成质量				
5	关键技能要领掌握				
6	完成速度				
7	5S 管理、环保节能				
8	参与讨论主动性				
9	沟通协作能力				
10	展示效果				

课后:拓展实施情况表

拓展任务	完成要求
基于上位机控制的智慧教室灯光控制系统的设计	实现通过计算机上的串口调试助手发送控制指令给主机,主机再发送指令来控制从机 LED2 的亮灭

 新知预备

1. LoRa 组网方式

为了实现 LoRa 通信的有序稳定,LoRa 的组网方式类似工业 Modbus 通信方式,每一个从机有不同的地址,主机向所有的从机发送带地址的控制指令,所有的从机都会收到控制指令,只有地址和下发控制指令地址一样的从机才会动作,其他从机不发生动作,然后被控制从机返回应答数据给主机。该种组网控制方式优点明显,协议简单且易开发。当然也存在通信效率低、网络规模小等缺点,它最多只能接入 254 个节点,能满足一般项目的需求。

2. 自定义通信协议

LoRa 组网通信需要按照一定的格式发送数据,本项目自定义了通信协议,通信协议包括下发指令协议和上传数据协议,下发指令协议是主机给从机发送的数据协议,上传数据协议是从机给主机发送的数据协议。下发指令帧结构和上传数据帧结构如表 10-2-1 和表 10-2-2 所示。

表 10-2-1　下发指令帧结构

起始位	Data[0]	0xA5	数据长度	Data[5]	0x01
命令	Data[1]	0x01/0x02	数据	Data[6]	0xFF
网络高字节	Data[2]	0x10	校验和	Data[7]	0xC7
网络低字节	Data[3]	0x10	包尾	Data[8]	0xDD
地址	Data[4]	0x01			

表 10-2-2　上传数据帧结构

起始位	Data[0]	0xA5	数据长度	Data[5]	0x02
命令	Data[1]	0x01/0x02	数据 1	Data[6]	0xFF
网络高字节	Data[2]	0x10	数据 2	Data[7]	0xFF
网络低字节	Data[3]	0x10	校验和	Data[8]	0xC6
地址	Data[4]	0x01	包尾	Data[9]	0xDD

下发指令帧的起始位固定是 0xA5,命令有下发控制指令 0x01 和下发读传感器指令 0x02,网络是 LoRa 组网的网络 ID,不同的网络其 ID 需要不同,网络 ID 设置成 16 位,包括高 8 位和低 8 位。地址是 LoRa 在网络里面的地址,地址范围可以是 1~254,下发指令帧的数据默认是 0xFF,所以数据长度是 1 字节,校验和是从起始位到最后一位数据之和的低 8 位。包尾固定是 0xDD。

上传数据帧的起始位固定是 0xA5,命令同样有上传控制指令 0x01 和上传读传感器指令 0x02,网络是 LoRa 组网的网络 ID,不同的网络其 ID 需要不同,网络 ID 设置成 16 位,包括高 8 位和低 8 位。地址是 LoRa 在网络里面的地址,地址范围可以是 1~254,上传数据帧的数据可以是传感器采集值,数据长度是 2 字节,校验和是从起始位到最后一位数据之和的低 8 位。包尾固定是 0xDD。

 任务实施

步骤 1:　建立 STM32CubeMX 工程并生成 HAL 库初始代码

本任务在本项目工作任务 1 的基础上继续配置 STM32CubeMX,如图 10-2-1 所示,配置 PE2、PE3、PE4 为按键输入引脚,并选择上拉(pull-up)模式,如图 10-2-2 所示,重新生成

HAL 库初始代码。

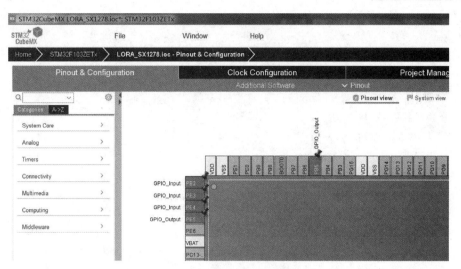

图 10-2-1　按键 IO 口初始化

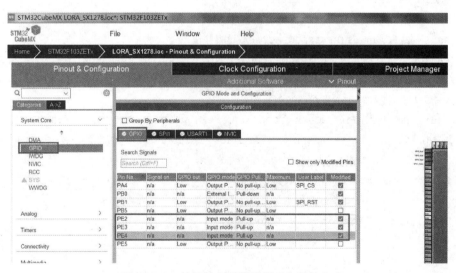

图 10-2-2　按键输入引脚配置成上拉输入

步骤 2：　基于 HAL 库的代码完善

（1）在项目 10 工作任务 1 的项目工程基础上，在主机主程序里面添加变量的定义，见程序清单 10-6。

程序清单 10-6

```
uint8_t TxBuffer[16]={0xA5,0x01,0x10,0x10,0x01,0x01,0xFF,0xC7,0xDD};//发送数组
uint8_t RxBuffer[16];//接收数组
uint8_t sum=0;//校验和
uint8_t addr_temp=0x01;//地址缓存变量
uint8_t key_flag=0;//按键标志位
```

（2）完善主机 main.c 程序里面的 main 函数，见程序清单 10-7。

程序清单 10-7

```c
int main(void)
{
    HAL_Init();
    SystemClock_Config();
    MX_GPIO_Init();
    MX_SPI1_Init();
    MX_TIM2_Init();
    MX_USART1_UART_Init();
    /*USER CODE BEGIN 2*/
        //注册相关回调函数
    RadioEvents.TxDone=OnTxDone;
    RadioEvents.RxDone=OnRxDone;
    RadioEvents.TxTimeout=OnTxTimeout;
    RadioEvents.RxTimeout=OnRxTimeout;
    RadioEvents.RxError=OnRxError;
    Radio.Init(&RadioEvents);//通信事件初始化
    Radio.SetChannel(RF_FREQUENCY);//设置频段
    Radio.SetTxConfig(MODEM_LORA,TX_OUTPUT_POWER,0,LORA_BANDWIDTH,LORA_SPREADING
_FACTOR,LORA_CODINGRATE,LORA_PREAMBLE_LENGTH,LORA_FIX_LENGTH_PAYLOAD_ON,true,
0,0,LORA_IQ_INVERSION_ON,3000);
    Radio.SetRxConfig(MODEM_LORA,LORA_BANDWIDTH,LORA_SPREADING_FACTOR,LORA_
CODINGRATE,0,LORA_PREAMBLE_LENGTH,LORA_SYMBOL_TIMEOUT,LORA_FIX_LENGTH_PAYLOAD_
ON,0,true,0,0,LORA_IQ_INVERSION_ON,true);
    RegVersion=SX1276Read(0x42);//读版本号
    if(RegVersion==0x12)//版本号是 0x12,说明 LoRa 初始化成功
        printf("lora init ok  \r\n");
    while (1)
    {
        //主机程序
        if(HAL_GPIO_ReadPin(GPIOE,GPIO_PIN_4)==0)//S1 键按下
        {
            HAL_Delay(20);
            if(HAL_GPIO_ReadPin(GPIOE,GPIO_PIN_4)==0)
            key_flag= 1;//按键标志位赋值
        }
        if(HAL_GPIO_ReadPin(GPIOE,GPIO_PIN_3)==0)//S2 键按下
        {
            HAL_Delay(20);
            if(HAL_GPIO_ReadPin(GPIOE,GPIO_PIN_3)==0)
            key_flag= 2;
        }
```

```
            if(HAL_GPIO_ReadPin(GPIOE,GPIO_PIN_2)==0)//S3 键按下
            {
                HAL_Delay(20);
                if(HAL_GPIO_ReadPin(GPIOE,GPIO_PIN_2)==0)
                key_flag=3;
            }
            if(key_flag!=0)//有按键按下
            {
                TxBuffer[1]=0X01;//控制命令
                if(key_flag==1)//S1 键按下
                TxBuffer[4]=0X01;//地址是 0x01
            else if(key_flag==2)//S2 按下
                TxBuffer[4]=0X02;//地址是 0x02
            else if(key_flag==3)//S3 按下
                TxBuffer[4]=0XFF;//地址是 0xFF
            //求校验和
            sum=(TxBuffer[0]+TxBuffer[1]+TxBuffer[2]+TxBuffer[3]
            +TxBuffer[4]+TxBuffer[5]+TxBuffer[6])% 256;
            TxBuffer[7]=sum;
            Radio.Send(TxBuffer,9);//发送数据
            Radio.Rx(RX_TIMEOUT_VALUE);//开始接收数据
            printf("key:%d \r\n",key_flag);
            key_flag=0;//标志位清零
            }
            HAL_Delay(200);
    }
}
```

(3)修改主机 main.c 程序中的 OnRxDone 函数,见程序清单 10-8。

程序清单 10-8

```
//接收完成时,执行该函数
void OnRxDone(uint8_t*payload,uint16_t size,int16_t rssi,int8_t snr)
{
  static bool ledStatus= false;
  Radio.Sleep();
  memset(Buffer,0,BUFFER_SIZE);//将数组清零
  BufferSize= size;
  memcpy(Buffer,payload,BufferSize);//复制数组
  RssiValue= rssi;
  SnrValue= snr;
  if(RxBuffer[9]==0xDD) // 判断包尾
  {
      if((RxBuffer[2]==TxBuffer[2])&&(RxBuffer[3]==TxBuffer[2]))//在同一个网络里
```

```
    {
        //求和校验。当求和溢出时应该对和做 256 取余。
        sum=(RxBuffer[0]+RxBuffer[1]+RxBuffer[2]+RxBuffer[3]+RxBuffer[4]
        +RxBuffer[5]+RxBuffer[6]+RxBuffer[7])% 256;
        if(sum==RxBuffer[8])//判断校验和是否正确
    {
        if(RxBuffer[1]==0x01)//接收到的数据是控制命令返回数据
        {
            addr_temp= RxBuffer[4];//取出从机地址
            printf("addr:% d ack ok\r\n",addr_temp); //串口打印地址和 ack ok
        }
    }
    }
}
Radio.Rx(RX_TIMEOUT_VALUE);//重新开始接收
}
```

（4）在项目 10 工作任务 1 项目工程的基础上，在从机主程序里面添加变量定义，见程序清单 10-9。

程序清单 10-9

```
uint8_t TxBuffer[16]= {0xA5,0x01,0x10,0x10,0x01,0x02,0xFF,0xFF,0xC6,0xDD}; //发送数组
uint8_t RxBuffer[16];//接收数组
uint8_t sum= 0;//校验和
uint8_t addr_temp= 0x01;//地址缓存变量
uint8_t addr= 0x01;//本机地址
uint8_t ack_flag= 0;//返回信息标志位
```

（5）完善从机主程序 main.c 里面的主函数，见程序清单 10-10。

程序清单 10-10

```
int main(void)
{
  HAL_Init();
  SystemClock_Config();
  MX_GPIO_Init();
  MX_SPI1_Init();
  MX_TIM2_Init();
  MX_USART1_UART_Init();
  /*USER CODE BEGIN 2*/
    //注册相关回调函数
  RadioEvents.TxDone= OnTxDone;
  RadioEvents.RxDone= OnRxDone;
  RadioEvents.TxTimeout= OnTxTimeout;
  RadioEvents.RxTimeout= OnRxTimeout;
```

```
    RadioEvents.RxError=OnRxError;
    Radio.Init(&RadioEvents);//通信事件初始化
    Radio.SetChannel(RF_FREQUENCY);//设置频段
    Radio.SetTxConfig(MODEM_LORA,TX_OUTPUT_POWER,0,LORA_BANDWIDTH,LORA_SPREADING
_FACTOR,LORA_CODINGRATE,LORA_PREAMBLE_LENGTH,LORA_FIX_LENGTH_PAYLOAD_ON,true,
0,0,LORA_IQ_INVERSION_ON,3000);
    Radio.SetRxConfig(MODEM_LORA,LORA_BANDWIDTH,LORA_SPREADING_FACTOR,LORA_
CODINGRATE,0,LORA_PREAMBLE_LENGTH,LORA_SYMBOL_TIMEOUT,LORA_FIX_LENGTH_PAYLOAD_
ON,0,true,0,0,LORA_IQ_INVERSION_ON,true);
    RegVersion=SX1276Read(0x42);//读版本号
    if(RegVersion==0x12)//版本号是 0x12,说明 LoRa 初始化成功
        printf("lora init ok  \r\n");
    Radio.Rx(RX_TIMEOUT_VALUE);//LoRa 开始接收信息
    while (1)
    {
    //从机程序
        if(ack_flag==1)//从机返回应答信息
        {
            TxBuffer[1]=0X01;//控制指令
            TxBuffer[4]=addr;
            sum=(TxBuffer[0]+TxBuffer[1]+TxBuffer[2]+TxBuffer[3]
            +TxBuffer[4]+TxBuffer[5]+TxBuffer[6]+TxBuffer[7])% 256;
            TxBuffer[8]= sum;
            Radio.Send(TxBuffer,10);
            ack_flag= 0;
        Radio.Rx(RX_TIMEOUT_VALUE);//从机返回应答消息
        }
    }
}
```

（6）修改从机主程序中的 OnRxDone 函数，见程序清单 10-11。

程序清单 10-11

```
//接收完成时,执行该函数
void OnRxDone(uint8_t*payload,uint16_t size,int16_t rssi,int8_t snr)
{
    static bool ledStatus= false;
    Radio.Sleep();
    memset(Buffer,0,BUFFER_SIZE);//将数组清零
    BufferSize= size;
    memcpy(Buffer,payload,BufferSize);//复制数组
    RssiValue= rssi;
    SnrValue= snr;
    if(RxBuffer[8]==0xDD) // 判断包尾
```

```
    {
        if((RxBuffer[2]==TxBuffer[2])&&(RxBuffer[3]==TxBuffer[2]))//在同一个网络里
        {
        //求和校验。当求和溢出时应该对和做 256 取余。
        sum= (RxBuffer[0]+RxBuffer[1]+RxBuffer[2]+RxBuffer[3]+RxBuffer[4]
        +RxBuffer[5]+RxBuffer[6])% 256;
        if(sum==RxBuffer[7])//判断校验和
        {
            if(RxBuffer[1]==0x01)//收到控制命令数据
            {
            if((RxBuffer[4]==0xff)||(RxBuffer[4]==addr))//控制地址一样,或者广播
地址 0xFF
            {
                HAL_GPIO_TogglePin(GPIOB,GPIO_PIN_5);//LED3 闪烁
                ack_flag= 1;//返回信息标志位置
            }
            }
        }
    }
    Radio.Rx(RX_TIMEOUT_VALUE);//重新开始接收
    }
```

步骤 3: **工程编译和调试**

程序编写并调试无误后,连接 USB 串口下载线,将主机程序下载到主机开发板里,默认的从机程序地址是 0x01,将其下载到从机 1 开发板里,修改从机程序里的地址变量 addr＝0x02,重新编译后下载到从机 2 开发板里。通过主机开发板上按键 S1 控制从机 1 的 LED2 的亮灭、按键 S2 控制从机 2 的 LED2 的亮灭、按键 S3 控制从机 1 和从机 2 的 LED2 的亮灭。主机发送控制指令后从机会返回应答信号,主机收到应答信号后串口打印从机的地址和 ack ok,如图 10-2-3 和图 10-2-4 所示,每一组的网络 ID 设置不同,且互不干扰。

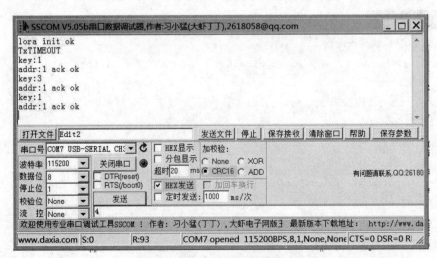

图 10-2-3 主机串口打印消息

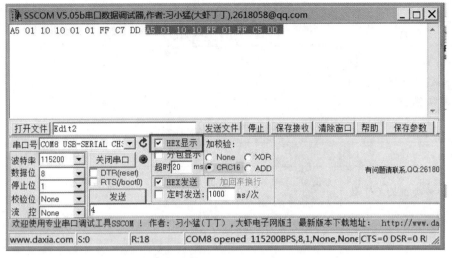

图 10-2-4　从机 1 串口打印收到的消息

工作任务 3　智慧教室环境监测系统设计

任务描述

　　本任务系统中要求有一个主机和两个从机通过 LoRa 组网,每个从机可以采集各个教室里 CO_2 浓度,主机轮询给每个从机发送 CO_2 采集指令,从机采集好信息后发送 CO_2 浓度数据和地址数据给主机,主机可以显示两个从机的 CO_2 浓度,并根据浓度数据及时提醒开窗通风。

学习目标

　　(1)了解 CO_2 传感器工作原理;
　　(2)理解 LoRa 自定义通信协议;
　　(3)会采集处理 CO_2 传感器数据;
　　(4)会编写 LoRa 初始化、发送和接收程序。

任务导学

任务工作页及过程记录表

任务	智慧教室环境监测系统设计	工作课时	4 课时
课前准备:预备知识掌握情况诊断表			

问题	回答/预习转向	
问题 1:智慧教室中常用的环境监测传感器有哪些?	会→问题 2; 回答:＿＿＿＿＿＿	不会→查阅资料,理解并记录常用环境监测传感器的功能和特性
问题 2:CO_2 模拟传感器如何工作?	会→问题 3; 回答:＿＿＿＿＿＿	不会→查阅 CO_2 传感器数据手册,理解并记录传感器与 STM32 的硬件连接电路,复习定时器和 ADC 功能的使用方法

续表

问题	回答/预习转向	
问题3:如何编写微控制器采集模拟传感器得到的实际数据的算法?	会→课前预习; 回答:＿＿＿＿＿＿	不会→记录相关的计算公式和程序算法

课前预习:预习情况考查表

预习任务	任务结果	学习资源	学习记录
搜索各种类型的CO_2传感器,并进行选型	查阅并记录各自的驱动方式和特点,选择本项目合适的CO_2传感器	(1)各CO_2传感器数据手册; (2)网络查阅	
研究STM32与CO_2传感器模块的接口电路	使用Altium Designer绘制引脚接口电路图	(1)开发板电路图; (2)网络查询典型电路设计	
CO_2传感器ADC驱动程序的设计	使用STM32ADC功能模块,编写相应的ADC驱动程序	教材	

课上:学习情况评价表

序号	评价项目	自我评价	互相评价	教师评价	综合评价
1	学习准备				
2	引导问题填写				
3	规范操作				
4	完成质量				
5	关键技能要领掌握				
6	完成速度				
7	5S管理、环保节能				
8	参与讨论主动性				
9	沟通协作能力				
10	展示效果				

课后:拓展实施情况表

拓展任务	完成要求
在本任务的基础上增加PM2.5数据采集功能	接入合适的PM2.5传感器,在本任务工程基础上继续开发,使得主机可以同时采集每个教室里(从机)的CO_2浓度和PM2.5值,并通过串口调试助手打印

新知预备

1. 认识 CO_2 浓度传感器

本任务采用的 MG-812 型 CO_2 浓度传感器是一种采用固体电解质电池原理来检测 CO_2 浓度的半导体氧化物化学传感器,如图 10-3-1 所示。当传感器保持在一定的工作温度,置于 CO_2 气体中时,电池正负极发生电极反应,传感器敏感电极和参考电极之间产生电动势,输出的信号电压与 CO_2 浓度的对数成反比例线性关系,通过测试信号电压的变化,可检测到 CO_2 浓度的变化。

MG-812 型气体传感器体积小,功耗低,对 CO_2 浓度有较高的灵敏度和良好的选择性,受温湿度变化的影响较小,传感器信号具有良好的稳定性和重复性,广泛应用于空气

图 10-3-1　CO_2 传感器模块

质量控制系统、发酵过程控制系统和温室等场所的 CO_2 浓度检测,其 CO_2 浓度检测范围为 $0 \sim 10\ 000$ ppm,加热电压为 5.0 ± 0.1 V,加热电阻为 $60.0 \pm 5\ \Omega$。传感器驱动电路比较简单,在传感器加热电阻两端加上 5 V 加热电压即可,为了减小 ADC 采集对传感器输出电动势的影响,通常在传感器输出电动势端加上电压跟随器,使传感器电路输出的电压值和传感器输出电动势一样。

传感器灵敏度特性曲线如图 10-3-2 所示,传感器输出信号电压与 CO_2 浓度也不是绝对的线性关系。为了减少程序处理的工作量,可以得到 CO_2 浓度和输出电压的大概坐标为 $(100,329),(200,312),(300,303),(400,295),(600,285),(800,276),(1\ 000,270),(1\ 500,260),(2\ 000,250)$。实际程序设计中由输出电压值使用查表法得到 CO_2 大概浓度。

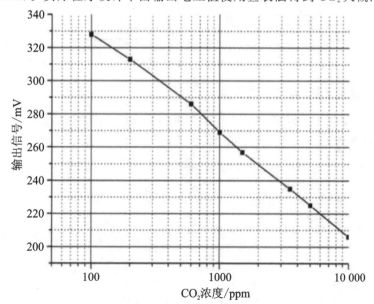

图 10-3-2　传感器灵敏度特性曲线

2. 主机主动查询传感器数据的算法

主机主动查询传感器数据算法是指防消息传输碰撞算法，它随机发送采集指令，进而产生一定范围的随机数（大于 m 小于 n）：rand()%(n−m+1)+m。随机数是随机发送采集指令的延时时间，从而防止各个网络之间发生消息传输碰撞。在主机中设置从机地址的最小值和最大值，主机主动轮询给所有在主机的从机地址段里的从机发送采集传感器数据指令，并最终获取传感器节点的数据。

任务实施

步骤 1：　**建立 STM32CubeMX 工程并生成 HAL 库初始代码**

在本任务工程 task10-3 中，生成的 HAL 库主要完成了系统时钟初始化、ADC、串口、定时器和 GPIO 口的配置，其中，ADC 使用通道 0，相关的配置如图 10-3-3 所示。

图 10-3-3　ADC1 配置

步骤 2：　**基于 HAL 库的代码完善**

(1)在项目 10 工作任务 1 主机的主程序里添加变量定义，见程序清单 10-12。

程序清单 10-12

```
uint8_t sum=0;
uint8_t addr=0x01;//地址值
uint8_t addr_min=0x00;//从机地址最小值
uint8_t addr_max=0x03;//从机地址最大值
uint8_t addr_temp=0x01;//地址缓存
uint16_t CO2=0;//传感器值
uint16_t time=0;//延时时间
```

(2)在主机的主程序 main 函数中添加如下代码,见程序清单 10-13。

程序清单 10-13

```
while (1)
{
        /*USER CODE BEGIN 3*/
        //主机的程序
        // 产生一定范围的随机数(大于 m 小于 n):rand()%(n-m+1)+m
                time=rand()%(2000-1000+1)+1000;
                addr_temp=addr_temp+1;
                    if(addr_temp> addr_max)
                    addr_temp=1;
                    TxBuffer[1]=0X02;
                    TxBuffer[4]=addr_temp;
                    sum=(TxBuffer[0]+TxBuffer[1]+TxBuffer[2]+TxBuffer[3]
            +TxBuffer[4]+TxBuffer[5]+TxBuffer[6])% 256;
                    TxBuffer[7]=sum;
                    Radio.Send(TxBuffer,9);
                    Radio.Rx(RX_TIMEOUT_VALUE);
                    HAL_Delay(time);
                    HAL_GPIO_TogglePin(GPIOE,GPIO_PIN_5);
    /*USER CODE END 3*/
}
```

(3)在主机的主程序中添加 OnRxDone 函数,见程序清单 10-14。

程序清单 10-14

```
//接收完成时,执行该函数
void OnRxDone(uint8_t*payload,uint16_t size,int16_t rssi,int8_t snr)
{
        static bool ledStatus= false;
        Radio.Sleep();
        memset(RxBuffer,0,10);//将数组清零
        BufferSize= size;
        memcpy(RxBuffer,payload,10);//复制数组
        RssiValue= rssi;
        SnrValue= snr;
        HAL_UART_Transmit(&huart1,payload,10,0xffff);
        if(RxBuffer[9]==0xDD) // 判断包尾
        {
            if((RxBuffer[2]==TxBuffer[2])&&(RxBuffer[3]==TxBuffer[3]))
            {
        //求和校验。当在求和溢出时对和做 256 取余。
```

```
        sum= (RxBuffer[0]+RxBuffer[1]+RxBuffer[2]+RxBuffer[3]+RxBuffer[4]
        +RxBuffer[5]+RxBuffer[6]+RxBuffer[7])% 256;
        if(sum==RxBuffer[8])//判断校验和是否正确
        {
            if(RxBuffer[1]==0x02)//收到传感器数据
            {
                addr_temp= RxBuffer[4];
                CO2= RxBuffer[6]*256+RxBuffer[7];
                printf("addr:% d,CO2:% d ppm\r\n",addr_temp,CO2);
            }
        }
    }
}
Radio.Rx(RX_TIMEOUT_VALUE);
}
```

（4）在项目 10 工作任务 1 从机的主程序里添加如下变量，见程序清单 10-15。

程序清单 10-15

```
uint16_t Data[21]={329,312,303,295,295,285,285,276,276,270,270,270,260,260,260,
260,260,250,250,250};//查表数组
uint8_t sum=0;//校验和
uint8_t addr_temp=0x01;//地址缓存变量
uint8_t addr=0x01;//本机地址
uint8_t ack_flag=0;//返回信息标志位
uint8_t i=0;    //循环变量
uint16_t CO2=0; //CO₂ 浓度值
uint16_t adc_value=0; //ADC 值
uint32_t adc_temp=0;   //ADC 缓存值
uint16_t voltage=0;//电压值 mV
uint8_t num=0;   //循环变量
```

（5）完善从机主程序中的 main 函数，见程序清单 10-16。

程序清单 10-16

```
while (1)
{
    /*USER CODE BEGIN 3*/
    //从机的程序
    if(ack_flag==2)//从机返回应答信息
    {
        TxBuffer[1]=0X02;//控制指令
        TxBuffer[4]=addr;
        TxBuffer[6]=CO2/256;
        TxBuffer[7]=CO2% 256;
        sum=(TxBuffer[0]+TxBuffer[1]+TxBuffer[2]+TxBuffer[3]
```

```
                                   +TxBuffer[4]+TxBuffer[5]+TxBuffer[6]+TxBuffer[7])% 256;
        TxBuffer[8]=sum;
        Radio.Send(TxBuffer,10);
        ack_flag=0;
        Radio.Rx(RX_TIMEOUT_VALUE);
        }
    i++;   //循环变量自加
    HAL_ADC_Start(&hadc1);   //启动 ADC
    HAL_ADC_PollForConversion(&hadc1,100);
    adc_value=HAL_ADC_GetValue(&hadc1);   //得到 ADC 值
    adc_temp=adc_temp+adc_value;//?????
    if(i==10)   // //采集 10 次求平均值
    {
        i=0;
        adc_value=adc_temp/10;   //求平均值
        voltage=adc_value*3.3*1000/4096.0;   //得到电压值,单位为 mV
        adc_temp=0;
        if(voltage> Data[10]) //浓度小于中间值 1000
        {
        num=0;
        while(voltage< Data[num])
            num++;
        }
        else
        {
        num=10;
        while(voltage< Data[num])
            num++;
        }
    CO2=(num+1)*100;
    printf("voltage:% d,CO2:% d\r\n",voltage,CO2);
    }
    HAL_Delay(100);
    }
/*USER CODE END 3*/
```

(6)在从机的主程序中添加 OnRxDone 函数,见程序清单 10-17。

程序清单 10-17

```
//接收完成时,执行该函数
void OnRxDone(uint8_t*payload,uint16_t size,int16_t rssi,int8_t snr)
{
    static bool ledStatus= false;
```

```
        Radio.Sleep();

        memset(RxBuffer,0,9);//将数组清零

        BufferSize=size;

        memcpy(RxBuffer,payload,9);//复制数组

        RssiValue=rssi;

        SnrValue=snr;

        HAL_UART_Transmit(&huart1,payload,9,0xffff);

        if(RxBuffer[8]==0xDD) // 判断包尾

        {

            if((RxBuffer[2]==TxBuffer[2])&&(RxBuffer[3]==TxBuffer[3]))

            {

            //求和校验。当求和溢出时对和做 256 取余。

            sum=(RxBuffer[0]+RxBuffer[1]+RxBuffer[2]+RxBuffer[3]+RxBuffer[4]

            +RxBuffer[5]+RxBuffer[6])% 256;

            if(sum==RxBuffer[7])//判断校验和

            {

                if(RxBuffer[1]==0x02)//收到控制命令数据

                {

                if(RxBuffer[4]==addr)//控制地址是相同的,地址是广播地址 0xFF

                {

                    HAL_GPIO_TogglePin(GPIOB,GPIO_PIN_5);//LED3闪烁

                    ack_flag=2;//返回信息标志位置 2

                }

                }

            }

            }

        }

        Radio.Rx(RX_TIMEOUT_VALUE);

}
```

步骤 3: **工程编译和调试**

　　程序编写并调试无误后,连接 USB 串口下载线,进行主机和从机程序的下载,本任务中主机可以接 3 个从机,如需要连接更多的从机,可以修改主机里面从机的最大地址。主机 LED2 约 2 s 闪烁并发送查询传感器数据的指令 1 次,从机 LED3 每 4~5 s 闪烁并上传传感器数据 1 次。通过主机串口打印的接收时间,可以看出主机发送查询传感器数据指令的时间间隔是不固定的,如图 10-3-4 和图 10-3-5 所示。

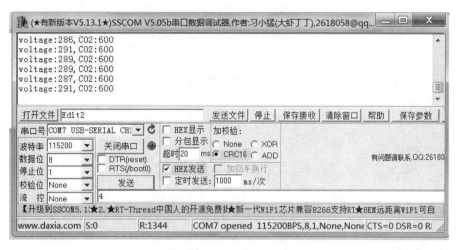

图 10-3-4　从机串口显示

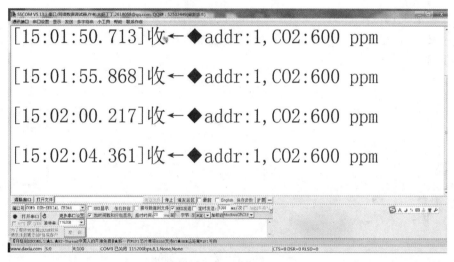

图 10-3-5　主机串口显示

参 考 文 献

[1]陈继欣,邓立.传感网应用开发(中级)[M].北京:机械工业出版社,2019.

[2]高显生.STM32F0实战:基于HAL库开发[M].北京:机械工业出版社,2018.

[3]杨百军.轻松玩转STM32Cube[M].北京:电子工业出版社,2017.

[4]浦灵敏,程瑞龙.物联网技术实训项目教程——基于蓝牙4.0[M].北京:北京邮电大学出版社,2016.

[5]顾振飞,张文静,张正球.物联网嵌入式技术[M].北京:机械工业出版社,2020.

[6]廖义奎.物联网应用开发——基于STM32[M].北京:北京航空航天大学出版社,2019.

[7]郭志勇.嵌入式技术与应用开发项目教程(STM32版)[M].北京:人民邮电出版社,2019.